HOW
PSYCHOLOGY
WORKS

"万物的运转"百科丛书
精品书目

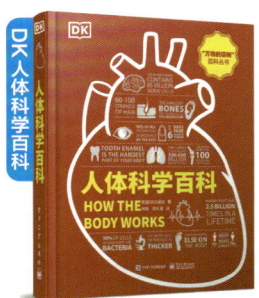

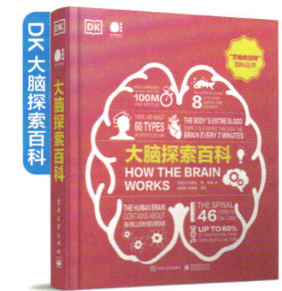

更多精品图书陆续出版，
敬请期待！

"万物的运转"百科丛书

心理生活百科

HOW PSYCHOLOGY WORKS

英国DK出版社 著

吴思为 译

电子工业出版社
Publishing House of Electronics Industry
北京·BEIJING

Original Title: How Psychology works
Copyright © 2018 Dorling Kindersley Limited
A Penguin Random House Company

本书中文简体版专有出版权由Dorling Kindersley授予电子工业出版社。未经许可，不得以任何方式复制或抄袭本书的任何部分。

版权贸易合同登记号　图字：01-2020-0943

图书在版编目（CIP）数据

心理生活百科 / 英国DK出版社著；吴思为译. —北京：电子工业出版社，2020.9
（"万物的运转"百科丛书）
书名原文：How Psychology Works
ISBN 978-7-121-39076-0

Ⅰ.①心… Ⅱ.①英… ②吴… Ⅲ.①心理学—通俗读物 Ⅳ.①B84-49

中国版本图书馆CIP数据核字（2020）第098941号

策划编辑：郭景瑶
责任编辑：郭景瑶　　文字编辑：张　昭
印　　刷：鸿博昊天科技有限公司
装　　订：鸿博昊天科技有限公司
出版发行：电子工业出版社
　　　　　北京市海淀区万寿路173信箱　邮编：100036
开　　本：850×1168　1/16　印张：16　字数：512千字
版　　次：2020年9月第1版
印　　次：2024年4月第2次印刷
定　　价：128.00元

凡所购买电子工业出版社图书有缺损问题，请向购买书店调换。若书店售缺，请与本社发行部联系，联系及邮购电话：（010）88254888，88258888。
质量投诉请发邮件至zlts@phei.com.cn，盗版侵权举报请发邮件至dbqq@phei.com.cn。
本书咨询联系方式：（010）88254210，influence@phei.com.cn，微信号：yingxianglibook。

www.dk.com

前言 9

心理学是什么？

心理学的发展	12
精神分析理论	14
行为主义取向	16
人本主义	18
认知心理学	20
生物心理学	22
大脑的工作原理	24
记忆的工作原理	30
情绪的工作原理	32

心理障碍

诊断障碍	36
抑郁	38
双相障碍	40
围产期精神疾病	42
分裂性情绪失调症（DMDD）	44
季节性情感障碍（SAD）	45
惊恐障碍	46
特定对象恐惧症	48
广场恐惧症	50
幽闭恐惧症	51
广泛性焦虑障碍（GAD）	52
社交焦虑障碍	53
分离焦虑障碍	54
选择性缄默症	55
强迫症（OCD）	56
囤积障碍	58
躯体变形障碍（BDD）	59
抠皮拔毛障碍	60
疾病焦虑障碍	61
创伤后应激障碍（PTSD）	62
急性应激反应（ASR）	63
适应性障碍	64
反应性依恋障碍	65
注意力缺损多动障碍（ADHD）	66
自闭症谱系障碍（ASD）	68
精神分裂症	70
情感分裂性精神障碍	72
紧张症	73
妄想障碍	74
痴呆	76
慢性创伤性脑病变（CTE）	78
谵妄（急性错乱状态）	79
物质使用障碍	80
冲动控制障碍与成瘾	82
赌博障碍	83
盗窃癖	84
纵火狂	85
分离性身份识别障碍（DID）	86
人格解体与现实解体	88
分离性遗忘症	89
神经性厌食症	90
神经性贪食症	92
暴食症	94
异食癖	95
沟通障碍	96
睡眠障碍	98
抽动障碍	100
人格障碍（PD）	102
其他障碍	108

治疗方法

健康与治疗	112
身心健康	114
治疗的作用	116
心理动力学疗法	118
精神分析疗法	119
荣格疗法	120
自我心理学与客体关系疗法	121
交互分析	121
认知与行为疗法	122
行为疗法	124
认知疗法	124
认知行为疗法（CBT）	125
认知行为疗法（CBT）第三浪潮	126
认知加工疗法（CPT）	127
理性情绪行为疗法（REBT）	127
认知行为疗法的方法	128
正念	129
人本主义疗法	130
个人中心疗法	132
现实疗法	132
存在主义疗法	133
格式塔疗法	133
情绪聚焦疗法	134
焦点解决短期治疗	134
躯体疗法	135
眼动脱敏及再加工（EMDR）	136
催眠疗法	136
艺术类疗法	137
动物辅助疗法	137
系统疗法	138
家庭系统疗法	139
策略家庭疗法	140
双向发展疗法	141
情境疗法	141
生物治疗	142

现实生活中的心理学

自我认同的心理学	146
身份认同的形成	148
人格	150
自我实现	152
恋爱关系心理学	154
心理学与依恋	156
爱情科学	158
约会的原理	160
心理学与恋爱关系的发展阶段	162
教育中的心理学	166
教育理论	168
教学心理学	172
评估问题	174
职场中的心理学	176
选拔最佳候选人	178
管理人才	180
团队发展	182

领导力	184	**消费者心理学**	224
组织文化与变革	186	理解消费者行为	226
人因工程心理学	188	改变消费者行为	228
设计显示设备	190	消费者神经科学	230
人为失误及预防	192	品牌的力量	232
司法心理学	194	名人的力量	234
心理学与犯罪调查	196	**运动心理学**	236
法庭上的心理学	200	提升技能	238
监狱中的心理学	202	保持动机	240
政治心理学	204	进入状态	242
投票行为	206	表现焦虑	244
服从与决策	208	心理计量测验	246
民族主义	210		
社区心理学	214	**索引**	248
社区的工作原理	216	**致谢**	256
赋权	218		
城市社区	220		
社区安全	222		

撰稿人

乔·荷明斯（顾问编辑），行为主义心理学家，曾就读于英国华威大学和伦敦大学。她曾撰写过几本人际关系方面的畅销书，定期为国家级报纸和杂志撰稿，经常参加电视和电台节目。她在伦敦开设了一家咨询工作室。她也是英国独立电视台《早安英国》节目的心理学顾问。

梅林·拉齐恩（美国顾问），电台节目制作人，作家，编辑，古典歌唱家，曾在哈佛大学学习心理学。她曾撰写过多部小说和非小说类书籍，作品主题涉及广泛。

凯瑟琳·科林，临床心理学家，Outlook西南有限公司（改善心理治疗途径IAPT项目）董事，英国普利茅斯大学副教授（临床心理学专业）。凯瑟琳的兴趣是心理健康基础保健和认知行为疗法。

乔安娜·金斯伯格·甘兹，临床心理学家，新闻记者。她在私人和公共服务领域有着二十五年的从业经历。她也定期为心理学刊物撰稿。

亚历山德拉·布莱克，自由撰稿人，其作品包括历史、商业等题材。她在写作生涯初期去过日本，然后在澳大利亚一家出版社工作，之后她搬到英国剑桥居住。

前言

作为一门与生物学、哲学、社会学、医学、人类学、人工智能等众多学科均有交叉融合的学科，心理学总是让人着迷。心理学家如何解释人类行为来帮助我们理解为什么人们会做某些事情？心理学为何有如此之多的分支和流派？在人们的日常生活中，这些心理学流派是如何被运用于实践的？心理学究竟是人文学科还是自然学科，抑或是二者的融合？

虽然理论总是不断推陈出新，新的研究、实验和调查总是不断涌现，但是心理学的本质依然是基于个体的心理运作方式来解释个体行为。在这个充满动荡与不确定的时代，人们越来越多地求助于心理学和心理学家，以帮助他们理解有权势及影响力之人的行为举止以及这些行为可能会对人们产生的影响。

心理学不仅让我们对研究领域中不断发展的各种理论、疾病和治疗方法有了基本了解，它在人们日常生活中也扮演着极其重要的角色。无论在教育、职场、体育运动、个人及亲密关系，甚至是人们的消费方式或选举方式等方面，心理学的某个分支领域都会持续不断地影响着我们每一个人。

《心理生活百科》涵盖了心理学的各个方面，从理论到疗法、从个人问题到实际应用均有涉及，行文通俗易懂、朴实优美。真希望当年我还是一名心理学专业学生时，手里能有这样一本书！

乔·荷明斯，顾问编辑

心理学是什么？

  作为一门研究人类心智和行为方式的学科，心理学有着众多不同的分支。所有分支领域都试图揭示人类思维、记忆和情绪的规律。

心理学的发展

心理学起源于古希腊和波斯哲学，然而大多数心理学的进展都是近代以来所取得的，大约可以追溯到150年前。如今，心理学的许多流派和研究领域都取得了长足的发展，这为心理学家将其应用于现实生活提供了有效工具。随着社会的变革，为满足人类的需求，心理学的新兴应用领域也在不断涌现。

约公元前1550年 埃伯斯伯比书（古埃及医学草纸书中提到了抑郁）

古希腊哲学家

公元前470年—公元前370年 德谟克利特（Democritus）区分了智力和通过感官获得的知识；希波拉底（Hippocrates）提出了科学医学的原理

公元前387年 柏拉图（Plato）认为大脑是心理过程的中枢

公元前350年 亚里士多德（Aristotle）在《论灵魂》中探讨了灵魂，并提出了心灵的白板说

约公元前300年—公元前30年 齐诺（Zeno）教授斯多葛主义，该学派为20世纪60年代出现的认知行为疗法（CBT）提供了启示

公元705年 第一个精神病医院在巴格达建立（其后是公元800年建于开罗和公元1270年建于大马士革的精神病医院）

1808年 弗兰兹·加尔（Franz Gall）提出了颅相说（该学说认为，人的头骨形状和突出部位可以揭示其人格特征）

1629—1633年 勒内·笛卡儿（René Descartes）在《论世界》中提出了身心二元论（第24～25页）

1590年 鲁道夫·果格列尼乌斯（Rudolph Goclenius）首次提出"心理学"这一术语

17世纪20年代 弗朗西斯·培根（Francis Bacon）论述心理学方面的问题，包括知识和记忆的本质

1698年 约翰·洛克（John Locke）在《人类理解论》中提到，人出生时的心灵就像一块白板

欧洲哲学家

约900年 艾哈穆德·伊本·塞赫勒·巴尔希（Ahmed ibn Sahl al-Balkhi）写道，精神疾病有生理和/或心理的原因；拉齐斯（Rhazes）实施了历史上有文字记载的第一次心理治疗

1025年 阿维森纳（Avicenna）的《医典》描述了许多症状，如幻觉、躁狂、失眠、痴呆等

850年 阿里·伊本·塞赫勒·拉班·塔百里（Ali ibn Sahl Rabban al Tabari）提出了临床精神病学的思想来治疗精神病人

早期伊斯兰世界的学者

心理学成为一门正式学科

1879年 威廉·冯特（Wilhelm Wundt）在德国莱比锡成立了一个心理学研究实验室，标志着正式实验心理学的开始

19世纪80年代中期 冯特培养了雨果·明斯特伯格（Hugo Münsterberg）和詹姆斯·麦基恩·卡特尔（James McKeen Cattell），他们为工业/组织心理学的诞生播下了种子（第176～187页）

1890—1920年 教育心理学（第166～175页）的发展改变了学校的教学方式

1896年 宾夕法尼亚大学成立第一个心理诊所，标志着临床心理学的诞生

心理学是什么？
心理学的发展　12 / 13

20世纪20年代　卡尔·迪姆（Carl Diem）博士在柏林建立了一个运动心理学（第236～245页）实验室

20世纪20年代以来　采用心理计量测验来测量智力，开创了个体差异心理学（第146～153页）

1920年　让·皮亚杰（Jean Piaget）出版《儿童的世界概念》，促进了儿童认知研究

1916年　路易斯·推孟（Lewis Terman）将心理学应用于法律实施，标志着司法心理学（第194～203页）的诞生

1913年　约翰·B.华生（John B. Watson）发表了《一位行为主义者眼中的心理学》，概括了行为主义（第16～17页）的基本原理

行为主义学派

1913年　卡尔·荣格（Carl Jung）与弗洛伊德分道扬镳，创立了自己的无意识理论（第120页）

1909年以来　弗洛伊德对童年经历的重视促使发展心理学（第146～153页）的出现

1900年　西格蒙德·弗洛伊德（Sigmund Freud）在《梦的解析》中提出了精神分析理论（第14～15页）

精神分析学派

20世纪20年代　行为主义心理学家约翰·B.华生开始在广告界工作，并创立了消费者心理学（第224～235页）这门学科

20世纪30年代初　社会心理学家玛丽·雅霍达（Marie Jahoda）首次发表了社区心理学（第214～223页）的研究

1935年　库尔特·考夫卡（Kurt Koffka）出版《格式塔心理学原理》（第18、133页）

1938年　首次使用电休克疗法（ECT）（第142～143页）

1939年　第二次世界大战期间出现的人因工程（HFE）心理学（第188～193页），帮助操作者精确制造并使用复杂机器和武器

神经心理学

20世纪50年代以来　研制出第一种精神活性药物；用于治疗精神疾病的精神药理学出现（第142～143页）

1952年　出版第一本《精神疾病诊断与统计手册》

1935年以来　生物心理学（第22～23页）作为一门学科出现

1965年　在美国斯万普斯科特市召开如何培养社区心理卫生领域心理学家的会议

20世纪60年代以来　政治动荡使人们对社区心理学（第214～223页）的兴趣激增

1956年　乔治·A.米勒（George A. Miller）运用认知心理学（第20～21页）发表论文《神奇的数字：7±2》

1954年　亚伯拉罕·马斯洛（Abraham Maslow）出版《动机与人格》，将人本主义誉为心理学的第三思潮（第18～19页）

20世纪50年代　神经科学家怀尔德·G.彭菲尔德（Wilder G. Penfield）在研究癫痫时，将人脑的化学反应与心理现象联系起来（第22～23页）

生物学取向

2000年　世界心理学大会在斯德哥尔摩召开，外交官杨·埃里亚森（Jan Eliasson）探讨了心理学如何帮助解决冲突

2000年　人类基因组测序开辟了人类身心研究的新领域

1990年　杰罗姆·布鲁纳（Jerome Bruner）出版《有意义的行为：心智与文化四讲》，涉及哲学、语言学和人类学（文化心理学，第214～215页）

1976年　理查德·道金斯（Richard Dawkins）出版《自私的基因》，进化心理学（第22页）得以推广

20世纪80年代　健康心理学（第112～115页）成为心理学行业中公认的一个分支

1971年　人们通过计算机断层扫描（CT）获得活体大脑的第一幅CT扫描图

20世纪60年代初　系统（家庭）疗法（第138～141页）作为一个研究领域出现

20世纪60年代　亚伦·T.贝克（Aaron T. Beck）开创性地实践了认知行为疗法（第125页）

认知主义

人本主义

1954年　高尔顿·奥尔波特（Gordon Allport）提出了社会偏见的不同阶段，这属于政治心理学（第204～213页）的范畴

精神分析理论

该心理学理论认为，心理的无意识冲突决定了人格发展，并支配着个体行为。

什么是精神分析理论？

20世纪初，奥地利神经病学家西格蒙德·弗洛伊德提出了精神分析理论，该理论认为个体的人格与行为是心理内部的持续冲突所致。这种冲突发生在潜意识层面，因此个体通常意识不到。弗洛伊德认为，这种冲突发生在个体心理的三种成分之间：本我（ID）、超我（Superego）和自我（Ego）（见右下图）。

弗洛伊德认为，人出生以后的人格发展一般会经历五个阶段。他也将其称为性心理发展阶段，包括性欲与心理过程的发展。在每个阶段，个体心理会关注性欲发展的不同方面。例如婴儿主要通过吸吮拇指来获得口腔的满足感。弗洛伊德认为，性心理发展阶段会引发个体生理发展与社会期

地形学模型

弗洛伊德将个体的心理分为三个意识水平，意识层面的心理仅仅是其中的一小部分。尽管个体并不能完全了解潜意识层面的想法，但它却会影响个体的行为。

梦
梦是通往个体通常无法到达的潜意识心理的一种渠道。多数梦境是令人不安的，因此个体的意识心理无法有效应对。

意识心理
意识心理包括人们能够意识到的观念和情绪。

前意识心理
前意识心理存储着一些诸如童年记忆之类的信息，这类信息可以通过精神分析疗法来获取。

精神分析疗法
在精神分析疗法（第119页）中，来访者会对精神分析师讲述自己的童年记忆和梦境，希望以此来揭示潜意识是如何控制或引发个体当前不良行为的。

潜意识心理
潜意识心理隐藏着个体大多数的冲动、愿望和想法。

心理学是什么？
精神分析理论

望之间的冲突，个体必须有效解决这一冲突才能有健康的心理发展。

评价

弗洛伊德的理论强调潜意识的重要性（精神分析疗法，第119页），其影响极其深远。然而，该理论过于强调性欲是人格发展的驱动力，因此也颇具争议。众多批判者认为，该理论过于主观和简化，无法解释个体心理与行为的复杂本质。

防御机制

什么是防御机制？

弗洛伊德提出，当人们面临焦虑或不悦情绪时会采用防御机制。这一机制使人们被蒙蔽双眼，相信万事大吉，从而帮助他们应对充满压力或令人厌恶的记忆或冲动。

发生了什么？

当人们在处理引发内心冲突的事件时，自我可以使用防御机制来帮助人们达到心理上的妥协。常见的几种能够扭曲现实感的防御机制包括否认、转移、压抑、退行、理智化和投射等。

如何起作用？

当人们想要为某种不良习惯（如吸烟）进行辩解时，否认是一种比较常见的防御机制。例如，人们想抽烟时可能会说自己只是在社交场合吸烟而已，却不会承认自己其实是吸烟成瘾。

结构模型

意识层面的心理仅仅是冰山一角，它只是个体隐秘心理的一小部分而已。精神分析理论认为，潜意识心理由三部分构成：本我、自我和超我。这三部分能够彼此"对话"，以调解个体内部互相矛盾的情绪与冲动。

意识

超我
超我希望做正确的事情。道德良心扮演着一位严厉家长的角色。

自我
自我是理智的，负责协调本我与超我。

本我
本我追求即时满足，幼稚冲动，不可理喻。

潜意识

✓ 知识点

▶ **自卑情结** 当自尊水平过低时，个体是无法正常运转的。这一概念由新弗洛伊德流派的阿尔弗雷德·阿德勒提出。

▶ **快乐原则** 本我遵循快乐原则，使个体追求快乐、避免痛苦。

▶ **新弗洛伊德流派** 建立在弗洛伊德精神分析理论基础上的理论家，如卡尔·荣格、埃里克·埃里克森、阿尔弗雷德·阿德勒。

行为主义取向

行为主义心理学分析与对待人类的基本观点认为,个体行为是通过与外界互动形成的,与潜意识的影响无关。

什么是行为主义取向?

行为主义心理学的出发点在于关注个体可观测的行为,而非个体的想法和情绪。该理论包括三个基本假设:第一,人类的行为是通过周围世界习得的,而非与生俱来或经由遗传获得;第二,心理学是一门科学,因此必须通过严格的实验与观察获取可测量的数据来支持某种理论;第三,所有行为都是通过某个刺激引发某一特定反应而形成的。一旦行为主义心理学家能够发现个体的刺激-反应联结,他们就可以对行为进行预测,这种方法被称为经典性条件作用(见下图)。在行为疗法(第122~129页)中,治疗师可以利用这种预测方式帮助来访者改变行为。

评价

行为主义取向不同于弗洛伊德的精神分析理论,其优势在于可以被科学证实。然而这一优势也正是为人所诟病之处。许多行为主义实验都是针对老鼠和狗,其假设是人类在真实世界中的行为类似于动物在实验室情境下的行为模式,而人本主义者(第18~19页)尤其反对这一假设。

此外,行为主义心理学也未考虑到人的自由意志或生物学因素(如睾酮及其他荷尔蒙)的影响,而仅仅将人类经验简化为一系列的条件性行为。

行为主义的主旨

约翰·B.华生在1913年提出了行为主义心理学。他的理论并不关注个体主观的心理活动方式,而是顺应了20世纪初以数据为中心的科学潮流,其影响持续了数十年。在此之后,众多心理学家们试图用更灵活的方式来解释行为主义理论。尽管如此,对客观证据的强调仍然是行为主义研究的基石。

经典性条件作用

巴甫洛夫(Pavlov)发现,在给狗喂食时,一边喂食一边摇铃,狗会分泌唾液。不久后,狗一听到摇铃声就开始分泌唾液,因为铃声与食物之间已经建立了联系。

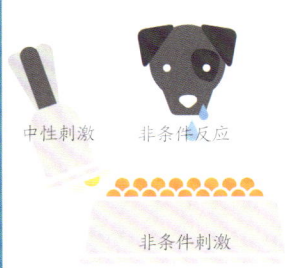
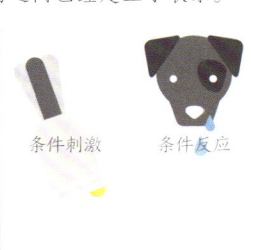

方法论的行为主义

华生的理论因强调科学方法而被称为方法论的行为主义:

▶ 华生认为心理学是一门科学,其目标在于预测与控制行为。

▶ 方法论的行为主义是行为主义学派中最极端的理论,它摒弃了脱氧核糖核酸(DNA)或其他任何内部心理状态对人的影响。

▶ 其假设是,人出生时的心理状态是一块白板,所有行为都是个体通过周围的人或事而习得的(经典性条件作用,见左图)。例如,当母亲微笑时,婴儿就会以微笑作为回应;当母亲提高嗓门时,婴儿就会哭闹。

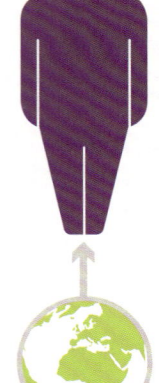

外部世界

心理学是什么?
行为主义取向

操作性条件作用

操作性条件作用可以引起行为改变。以小狗训练为例,操作性条件作用包括狗主人用来强化或惩罚小狗某一行为的正性或负性反应。

▶ **正强化** 给予奖励能够促进某种良好行为。例如,狗按指令坐下就能获得一份食物奖励。它很快就知道再次按指令坐下又能获得一份食物奖励。

▶ **正惩罚** 狗主人实施某种不愉快的刺激,以减少狗的不良行为。例如,当狗向前拉拽牵绳时,颈部项圈会勒紧,狗就觉得不舒服。

▶ **负强化** 狗主人撤销某种消极刺激以促进某种良好行为。例如,狗靠近主人走路时,牵绳就会松弛下来。这样,狗就知道走路时要跟着主人,不要拉拽牵绳,避免出现颈部窒息感。

▶ **负惩罚** 狗主人撤销某种愉快刺激,以减少狗的不良行为。例如,当狗跳起时,狗主人就转过身去不关注它,这只狗就学会不跳了。

基本教义派行为主义

20世纪30年代,B.F. 斯金纳(B.F. Skinner)创立了基本教义派行为主义,该理论认同生物学因素对个体行为的影响。

▶ 与华生一样,斯金纳也认为心理学最有效的研究方法是必须对个体行为及其诱发因素进行科学观测。

▶ 斯金纳提出了强化的概念,将经典性条件作用向前推进了一步。他认为,通过奖励来强化的行为会更有可能重复出现(见上图的操作性条件作用)。

外部世界　生物学因素

心理行为主义

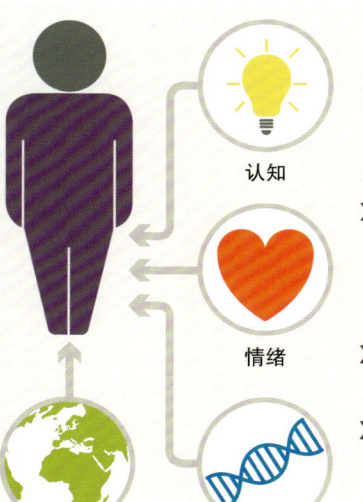

认知

情绪

心理行为主义由亚瑟·W. 斯塔茨(Arthur W. Staats)提出,该流派占据主导地位长达四十余年,对当前心理学(特别是教育领域)的实践有着重要影响。

▶ 个体的人格是由后天习得的行为、基因、情绪状态、大脑加工信息的方式和外部世界等因素共同塑造的。

▶ 斯塔茨研究了儿童发展过程中父母教养方式的重要性。

▶ 他发现,儿童早期的语言及认知训练会促进儿童随后的语言发展,并提高儿童在智力测验上的分数。

外部世界　生物学因素

人本主义

与其他心理学取向不同，人本主义重点关注个体自身的视角，该理论鼓励人们思考"我如何看待自己？"，而不是"别人怎样看待我？"

什么是人本主义？

行为主义心理学强调观测外在行为反应，精神分析注重对潜意识的探究，而人本主义则是从整体视角关注个体如何看待自身行为、解释各种事件。该理论重点关注个体自身如何主观地看待自己以及想成为什么样的人，而并不关心他人对该个体的客观评价。

人本主义由卡尔·罗杰斯和亚伯拉罕·马斯洛在20世纪50年代提出，该理论为人们提供了一种不同的视角来理解人性。该理论认为，人生的主要目标在于个人成长与实现。人们在追求这一目标的过程中能够实现情绪与心理健康。此外，个体在选择过程中的自由意志也是关键所在。

评价

罗杰斯及其他人本主义心理学家提出了一系列全新的研究方法，例如采用无正确答案的开放式提问、非正式交谈、用日记来记录个体的情绪与想法等。他们认为，只有与一个人进行对话才能真正了解他/她。

人本主义是个人中心疗法（第132页）的理论基础，该疗法是治疗抑郁最有效的疗法之一。在教育领域，人本主义鼓励儿童发展自由意志、自己做选择。人本主义取向在研究与理解动机方面也有其应用。

然而，人本主义也忽略了其他因素对个体的影响，例如生物学因素、潜意识心理以及具有重要作用的荷尔蒙因素。还有人质疑人本主义取向并不科学，人本主义提出的自我实现的目标实际上很难被精确测量。

> "美好的生活是一种过程，而并非一种存在的状态。"
>
> 卡尔·罗杰斯，美国人本主义心理学家

格式塔心理学

受人本主义的影响，格式塔心理学旨在详细探究个体心理如何将碎片信息整合为一个有意义的整体。该流派强调知觉的重要性，即个体如何知觉世界的规律。

格式塔评估的一种方法是给来访者呈现一些图片，然后观察他们的眼睛是如何感知每张图片的。其中最著名的一张图片是鲁宾花瓶错觉，该图片有效地阐释了"图形"与"背景"的原理：个体心理总是会不断地区分图形（如单词）与背景（如白纸），这样他们就可以选择优先做什么、注意什么。

鲁宾花瓶错觉给人们提供了两种知觉选择：两张相对的人脸或者一个白色花瓶。

自我实现之路

卡尔·罗杰斯指出，决定个体心理状态的人格特质由三部分构成：自我价值、自我形象及理想自我。当个体的情感、行为和经验与其自我形象相匹配，并能真实反映出他们想要成为的人（理想自我）时，个体就会心满意足。然而，如果这些方面不够匹配（不一致），个体就会流露不满。

心理学是什么？ 18 / 19
人本主义

个人还是集体？

人本主义的思想根源是西方个人主义观，即强调个人身份与个人成就。相反，集体主义却强调个人要服从于集体。

个人主义	集体主义
▶一个人的身份是由其个人属性所界定的，如开朗、善良、慷慨等	▶一个人的身份是由其所属集体所界定的
	▶家庭、职场是最重要的集体
▶个人目标优先于集体目标	▶集体目标优先于个人目标

自我实现

当个体的自我形象与其想成为的样子（理想自我）高度一致时，个体就达到了自我实现，这使得他们能够完全发挥自身的潜能。

日趋一致

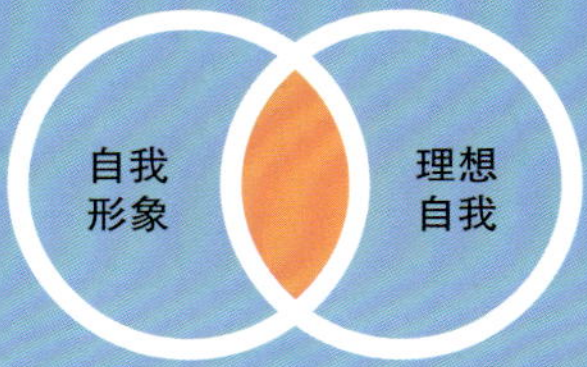

随着自我形象与理想自我之间的共同点越来越多，个体的自我价值感也随之提升，个体的心理也更为积极。

不一致

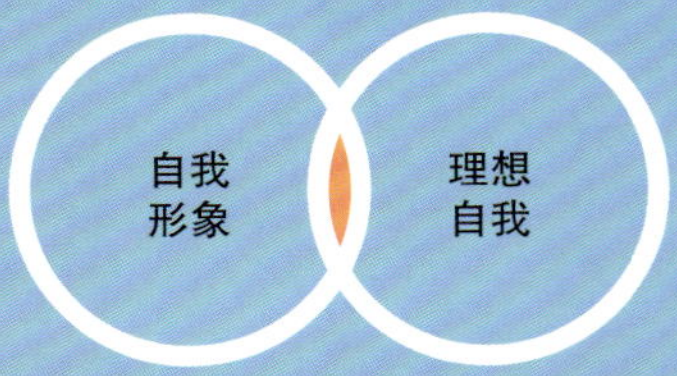

如果个体对自身的看法（自我形象）与其想要成为的样子（理想自我）之间很少重叠，那么个体的自我价值感会偏低，感觉很苦恼。

认知心理学

作为心理学的一个分支，认知心理学认为人的心理就像一台复杂的计算机，该流派旨在分析人们进行信息加工的过程，以及信息加工方式如何影响个体的行为与情绪。

什么是认知心理学？

20世纪50年代末，计算机开始出现在办公场所，从而引发人们对人工信息加工与人脑加工过程的对比。心理学家认为，与计算机接收、存储和检索数据的过程类似，人脑首先是接收信息，然后对信息加以转换以便于理解，接着再进行存储，当有需要时再对信息进行回忆。将人脑类比于计算机，是认知心理学理论的基础。

认知心理学的理论实际上可以运用于人们日常生活的方方面面。例如，大脑会接收并处理感官信息来进行判断（例如，闻到牛奶的怪味就知道它变质了）；运用逻辑进行推理来做决策（例如，是否要买一件价格略高但也更耐穿的衬衫）；或者学习一种新乐器，这就需要大脑建立并存储新的记忆信息。

评价

虽然认知心理学重视内部心理加工过程，但是它过于强调科学，认为任何理论都必须依靠实验室实验来证实。然而，严格控制的实验室情境并不一定适用于真实的生活情境。同样，将人的心理过程类比于计算机的这一假设也未能考虑到现实情况。例如，在现实生活中，人会感觉疲倦或情绪化。有批评者认为，认知心理学

信息加工

心理学家根据严格控制的实验所获得的证据，构建了人类处理信息的理论模型。这些模型认为，人脑对信息的处理与计算机处理数据的流程是一致的，即需要经过数据输入、数据转换及数据检索等过程。

加工
（中介的心理事件）

感官获取信息后，大脑必须对信息进行整理、分析，进而做出决定。认知心理学家将这一过程称为中介过程，因其发生在环境刺激与大脑对刺激的最终反应之间（"中介"）。在汽车抛锚的例子中，大脑可能会分析橡胶燃烧的气味，并将其与先前类似气味的记忆联系起来。

输入
（来自环境）

个体的感官能够检测到外部世界的刺激，并以电脉冲的形式将信息发送给大脑。例如，汽车突然抛锚，人们的大脑会注意到各种警示信号，包括汽车引擎的异响、汽车冒烟等视觉线索、橡胶燃烧的气味等。

完全将人看作机器，而将人类所有行为都简化成了某种认知过程（例如把事情学好记牢）。还有批评者提出，认知心理学忽略了生物学因素和遗传因素的影响。

尽管如此，认知心理学事实上能够有效治疗记忆丧失和选择性注意障碍。认知心理学还能帮助人们理解儿童发展过程，使教育工作者能够为每个年龄阶段的孩子设计恰当的教育内容和最佳的教育方式。在法律体系中，人们也经常利用认知心理学来评估目击者的证词，以确定目击者是否准确记住了某一犯罪场景。

认知偏见

人的心理在加工过程中出现错误，会导致判断或反应偏向，即认知偏见。认知偏见可能与记忆（例如回忆不佳）或注意力不足有关，通常是由于大脑在压力状况下选择心理捷径所致。认知偏见并不一定都是坏事，有些认知偏见是个体出于生存原因做出快速决定的自然结果。

偏见实例

- **锚定** 过分重视最先获取的信息。
- **基础比率谬误** 为支持新信息而放弃初始假设。
- **从众效应** 为了与他人的想法或行为保持一致而改变自己的观点。
- **赌徒谬误** 错误地认为某一事件目前发生概率高，以后发生概率就会低——例如，轮盘赌如果一直转到黑区，人们会认为不久之后轮盘肯定会转到红区。
- **双曲线折扣** 人们当前会选择一个较小的回报，而不是耐心等待一个更大的回报。
- **忽视概率** 忽略事件的真实概率，例如人们因害怕空难而不坐飞机，却大胆选择开车出行，尽管从统计学上来说汽车远比飞机危险得多。
- **安于现状偏误** 人们倾向于选择维持现状或较少变化，而不愿意冒险去做出改变。

输出
（行为与情绪）

大脑收集足够的信息后，就会决定做出什么反应，包括行为反应或情绪反应。在汽车抛锚的例子中，人的大脑会回忆以前汽车故障的经历，想起存储过的任何相关的机械信息，然后在心里快速思考可能的故障原因及解决方案。人们可能会想到，橡胶燃烧的气味说明汽车的风扇皮带坏了。他/她就可以靠边停车，关闭点火开关，打开引擎盖进行检查。

> "人脑中毫无关联的事实，如同网络中无法打开的链接：它们可能并不存在。"
>
> 斯蒂芬·平克（Steven Pinker），加拿大认知心理学家

生物心理学

生物心理学的假设是生物学因素（例如遗传基因）决定行为，该流派可以解释分开抚养的双胞胎却表现出相似行为的这一现象。

什么是生物心理学？

生物心理学认为，人类的想法、情感和行为均源自生物学因素，包括遗传基因，也包括连接大脑与神经系统的化学反应和电脉冲。这一观点意味着人类在子宫内的设计蓝图［即人的生理结构与脱氧核糖核酸（DNA）］就已经决定了他们未来生活中的人格与行为特点。

有些观点是基于双胞胎研究得出的，即人们发现，一出生就被分开抚养的双胞胎，他们虽然在完全不同的家庭中成长，但成年后却表现出惊人相似的行为。生物心理学家认为，这一现象说明双胞胎的基因对其有着巨大影响，远远超过父母、朋友、生活经历或环境的影响。

生物心理学起作用的另一个实例是针对青少年行为的研究。运用影像技术对青少年大脑进行扫描发现，青少年大脑的信息加工方式不同于成年人。这一差异可以帮助人们从生物学角度更好地理解青少年，他们容易冲动，有时缺乏合理判断，在社交场合中容易过度焦虑。

评价

生物心理学流派中的许多观点都强调天性，而非教养。因此，有批评者提出，该流派的理论显得过于简单，过分强调生物学及内在生理属性的影响，而忽略了人在成长过程中所经历的人或事对其产生的影响。然而另一方面，该流派重视系统测验与效度检验，因此很少有人反对这一学派对严谨与科学的重视。此外，生物心理学家利用神经外科及脑成像扫描研究取得了重要的医学进展，他们能够对患有身体及精神疾病（例如帕金森病、精神分裂症、抑郁、药物滥用等）的病人进行积极治疗。

进化心理学

该领域的心理学家致力于探究为何人类行为及人格有着不同的发展历程。研究者会考察个体如何调整自身的语言、记忆、意识和其他复杂的生物系统，以适应他们所处的环境。该流派主要观点包括：

▶ **自然选择** 这一概念源自查尔斯·达尔文（Charles Darwin）的假设，即随着时间的推移，物种会不断地适应或进化其生存机制。

▶ **心理适应** 这一机制能够解释人类习得语言、区分亲属与非亲属、发现骗局以及基于某些性别或智力标准来选择配偶等过程。

▶ **个体差异** 这一概念致力于对人与人之间的差异进行解释，例如为何有些人会比另一些人更容易取得物质上的成功。

▶ **信息加工** 这一进化观点认为，大脑功能和行为是由外界环境中的信息所塑造的，同时也是外界反复出现的压力或情境的产物。

不同的取向

生物心理学家们感兴趣的问题是个体的身体及生物学过程如何影响其行为。有些学者从广义上研究生理学如何解释行为；有些学者则关注某些特定的领域，例如运用某一理论或实验来考察个体的基因能否决定其行为。

心理学是什么？
生物心理学

"归根结底，心理学整个研究领域都可以归纳为生物电化学研究。"

西格蒙德·弗洛伊德，奥地利神经病学家

生理学
该取向的基本假设是生物学因素影响行为，它旨在探索某些特定行为的脑功能定位、荷尔蒙和神经系统的运作规律以及生理系统的改变如何带来行为的改变。

医学
该取向主要从身体疾病的角度来解释和治疗精神疾病。研究者认为，精神疾病有其生物学基础，例如由体内化学物质失调或大脑损伤引起，而与环境因素无关。

遗传学
该取向是根据每个人的脱氧核糖核酸（DNA）模式来解释行为。人们通常采用双胞胎研究（特别是出生后即被分开抚养的双胞胎）来说明，个体的特质（如智商）是由遗传基因决定的。

大脑的工作原理

大脑研究为人们理解大脑活动与人类行为之间的重要关联提供了非常有价值的线索,同时也揭示了大脑本身生命活动的复杂过程。

连接大脑与行为

随着20世纪神经科学的兴起,人们对大脑的生物学因素及工作原理的理解变得愈加重要。该领域的研究证明,从根本上来说,大脑与人类行为之间存在非常密切的联系。这些研究也催生了诸如神经心理学等专业研究领域的出现。这一相对较新的学科分支将(研究行为与心理过程的)认知心理学与脑生理学联系起来,旨在探究某些特定的心理过程是如何与大脑生理结构相关联的。而从该视角对大脑进行研究实际上引出了一个古老的问题,即人的身心是否可以分离。

人们对大脑与心理关系的探寻最早能够追溯到古希腊和亚里士多德时期,当时主流的哲学思想是将这两者完全区分开来。17世纪勒内·笛卡儿提出的身心二元论(见右页)重申了这一理论,而直到20世纪该理论观点还一直充斥于大脑研究领域中。

现代神经病学研究与科技进步使科学家能够将个体的某些行为追溯到大脑的特定区域,也能研究大脑不同区域之间的关联,这从根本上促进了人们对大脑知识及大脑影响人类行为、心理功能和疾病的理解。

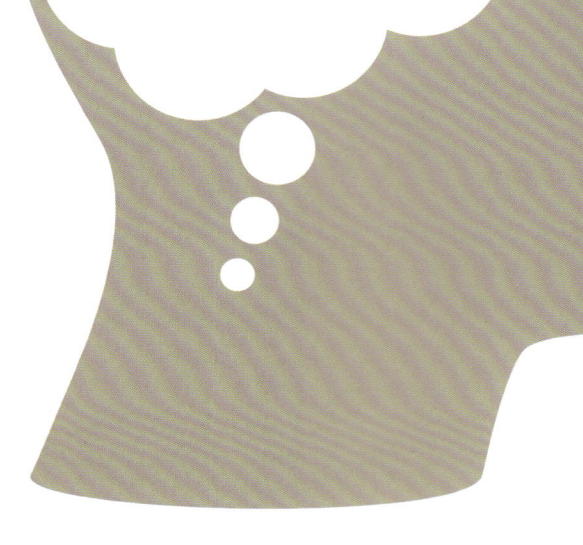

心理控制大脑
二元论认为非物质的心理与物质的大脑是两个不同的实体,但两者之间会互相影响。该理论认为,心理会控制生理大脑,但也允许大脑偶尔影响正常工作的理智心理,如一时冲动或激情时刻。

大脑半球功能的一侧化

大脑皮层
神经纤维在大脑底部交叉,因此大脑的一侧半球控制着身体对侧的部分。

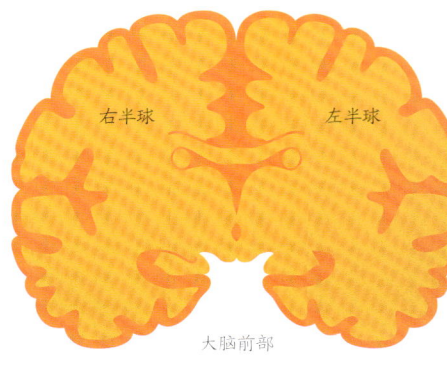

左半球
- 左半球控制并协调身体的右侧部分。
- 左半球是分析型的大脑。
- 左半球与逻辑、推理、决策、讲话和语言等任务有关。

右半球
- 右半球控制并协调身体的左侧部分。
- 右半球是创造型的大脑。
- 右半球负责处理感觉输入(例如视听感知),与创造力、艺术才能和空间知觉有关。

心理学是什么？
大脑的工作原理

大脑控制心理

一元论认为每种生物体都是物质的，因此"心理"仅仅是生理大脑的一种功能而已。所有的心理过程（甚至是思维、情绪等）都与大脑的特定生理过程有关。脑损伤的个案研究支持这一观点，即生理大脑发生改变时，人的心理也会随之改变。

"我思故我在。"

勒内·笛卡儿，法国哲学家

身心二元论

人类天生就不愿意将意识简化成纯粹的生物学。然而，科学证据表明神经元的物理放电现象促使了人类思想的迸发。一元论和二元论这两个学派之争在于到底心理属于身体的一部分，还是身体属于心理的一部分。

大脑研究

人们将某种行为与某一特定大脑区域联系起来的做法始于18世纪对脑损伤病人的研究，即人们发现个体行为的改变可能直接与脑损伤部位有关。在一个案例中，有位工人的额叶受损后，其性格也随之发生了改变，这就说明大脑的这部分区域与人格特征的形成是有关联的。大脑的两个语言区——布洛卡区和威尔尼克区（第27页），是两位外科医生分别解剖了两名生前患有语言障碍的病人大脑后进行命名的。两位病人大脑的特定区域出现了畸形，对应着语言产生（布洛卡区）与语言理解（威尔尼克区）的功能。然而，不同脑区彼此联系的研究证据表明，某些心理功能可能对应着多个大脑区域。20世纪60年代罗杰·斯佩里（Roger Sperry）对大脑半球的研究是大脑研究领域中的一个里程碑。通过对脑割裂病人的研究，斯佩里发现大脑的两个半球分别对应着不同的认知技能（见左图）。他也认为，大脑的两个半球是彼此独立的。

尽管如此，所有的大脑研究都有其局限性，即研究仅仅是探讨大脑活动与行为的关联，而非绝对的对应关系。大脑某一区域的外科手术或损伤可能会影响其他区域的功能，从而导致个体行为的改变。同样地，人们对脑损伤病人的测试无法采用严格的实验室控制条件，因此只能在脑损伤之后对人们的行为进行观察。

心理生活百科

绘制脑地图

作为自然界最复杂的系统之一，人脑控制和调节着我们所有意识及无意识层面的心理过程与行为。人们可以根据特定脑区的不同神经功能来绘制脑地图。

不同层次的心理加工过程大致可以对应着人脑不同的生理结构，即高水平的认知过程往往发生在脑的上部区域，而更多的基本心理功能则发生在较低的区域。大脑皮层是最大也是最重要的脑区，它负责最高水平的认知功能，包括抽象思维和推理过程。大脑皮层的容量决定了人类与其他哺乳动物的区别。中央边缘系统（见下文）控制着人类的本能及情绪行为，而脑干以下的结构主要是维持重要的身体功能，例如呼吸等。

人们利用脑成像（例如功能性磁共振成像，fMRI）技术可以观测到不同脑区的活动。然而对心理学家而言，脑成像技术的价值有其局限性。例如，人们在研究功能磁共振成像结果时需要注意"反向推理"的问题，即在某种认知过程中大脑的某个特定区域被激活，并不意味着大脑的这一区域是被这一认知过程所激活的。大脑的这一激活区域有可能只是在监测控制该认知过程的另一不同脑区。

功能分区

大脑皮层包括两个独立但彼此联系的左右半球。每个大脑半球控制着不同的认知过程（第24～25页）。大脑皮层可分为四对脑叶（每对脑叶分别位于左右半球），不同脑叶与某些特定的脑功能有关。额叶是高级认知加工与运动功能的中枢；颞叶与短时记忆、长时记忆有关；枕叶与视觉加工过程有关；顶叶则负责感觉技能。

脑功能定位

当大脑某些微小区域受到刺激时，心理学家和神经科学家可以绘制神经功能图。利用功能性磁共振成像（fMRI）或计算机断层扫描（CT）等大脑扫描技术，学者们可以研究并记录这些刺激引发的感觉和运动反应。

边缘系统

边缘系统这一复杂的结构与个体的情绪反应加工及记忆形成有关。

下丘脑
调节体温、水平衡和关键的行为反应。

丘脑
处理信息并将信息传递到更高级别的脑区。

嗅球
将嗅觉信息传递到中央边缘系统进行处理。

杏仁核
处理情绪；影响学习与记忆。

海马
将短时记忆转化为长时记忆。

心理学是什么？
大脑的工作原理　26 / 27

运动皮层
大脑皮层中参与运动功能的主要区域，控制自主肌肉运动，包括计划与执行等。

感觉皮层
负责处理和理解五种感觉器官收集的信息。遍布全身的感受器将神经信号传递至大脑皮层的这一区域。

初级视觉皮层
视觉刺激首先在这一区域得到加工，包括对颜色、动作和形状的识别。然后再将信号发送到其他视觉皮层进行进一步加工。

额叶

布洛卡区
位于左半球，对形成清晰的发音至关重要。

顶叶

颞叶

威尔尼克区
在口语理解中起关键作用。

枕叶

小脑
与身体的平衡及姿势有关；通过肌肉反应协调感觉输入。

脑干
身体重要功能（例如吞咽、呼吸）的控制中心。

背外侧前额叶皮层
这一区域与各种高级心理过程有关，包括与自我调节或心理控制有关的"执行功能"。

眶额叶皮层
眶额叶皮层位于前额叶皮层，它将感觉区与边缘系统联系起来，在个体决策中的情绪与奖赏方面发挥着作用。

辅助运动皮层
该区域属于次级运动皮层，负责计划与协调所有的复杂运动，并将信息发送至初级运动皮层。

颞顶联合区
位于颞叶与顶叶的交界处，负责处理来自边缘系统及感觉皮层的信息，与"自我"的理解有关。

心理生活百科

激活大脑

人脑包含大约860亿个特殊的神经细胞（神经元），这些神经细胞会"发射"化学和电脉冲，从而使其能与身体其他部位进行交流。神经元是大脑的核心组成部分，它们彼此连接从而形成大脑与中枢神经系统间的复杂通路。

神经元在一个称为突触的狭窄连接处产生分离。为了将信号传递下去，神经元必须首先释放一些生化物质（神经递质）进入突触并激活邻近细胞。然后，脉冲就能顺利通过突触，这一过程称为突触传递。通过这种方式，大脑可以向身体发出信号以激活肌肉，而感觉器官也能够将信号发送至大脑。

形成路径

神经元的独特结构使其能与多达10000个其他神经细胞进行交流，从而形成一个复杂而彼此连接的神经网络，在这一神经网络中，信息能够高速传递。突触传递的研究发现，这一巨大网络的路径与特定的心理功能是相互联系的。每一个新想法或新动作都会产生一个新的大脑连接。如果重复使用，这种连接就会加强，那么细胞之间的交流就更有可能沿着这条路径来进行。也就是说，大脑已经"学会了"与特定活动或心理功能相关的神经联系。

乙酰胆碱
这一神经递质主要起兴奋作用，激活骨骼肌；也与记忆、学习、睡眠有关。

谷氨酸盐
谷氨酸盐是最常见的神经递质，起兴奋作用，与记忆、学习有关。

人脑中存在
860亿个神经元。

神经递质

突触内存在多种不同类型的神经递质，它们对目标细胞起"兴奋"或"抑制"作用。每种类型的神经递质与特定的大脑功能有关，例如调节情绪或食欲等。荷尔蒙也有类似效果，但荷尔蒙是在血液内传递，而神经递质则是在突触间隙内传递。

心理学是什么？
大脑的工作原理 28 / 29

肾上腺素
肾上腺素会在应激状态下释放，产生能量激增，从而提高心率、血压和流向大肌肉群的血流。

去甲肾上腺素
与肾上腺素类似，去甲肾上腺素也起兴奋作用，主要与"战斗或逃跑"反应机制有关，也与抗压能力有关。

伽马氨基丁酸
伽马氨基丁酸是大脑内主要的抑制性神经递质，可以减缓神经元的放电并使其平静下来。

多巴胺
多巴胺既有抑制作用，也有兴奋作用，在奖赏-激励行为中起关键作用，也与情绪有关。

血清素
血清素起抑制作用，与情绪增强和镇静有关。它调节食欲、体温和肌肉运动。

内啡肽
脑垂体释放的内啡肽对疼痛信号的传导起抑制作用；内啡肽与缓解疼痛、快感有关。

化学效应与重叠

以下三种神经递质具有明显不同但又相互关联的作用。
▶ 三种神经递质都影响情绪。
▶ 去甲肾上腺素和多巴胺都是在应激情境中释放。
▶ 血清素可以调节神经元对多巴胺和去甲肾上腺素引起的兴奋作用的反应。

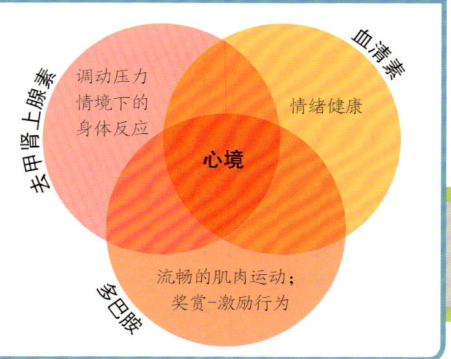

记忆的工作原理

每一次经验都会产生一个记忆——其能否持续则取决于它被重访的频率。错综复杂的神经连接使得记忆可以形成，而这些记忆能被加强，可以帮助回忆，也可能逐渐消失。

什么是记忆？

面临一种新的经验，一组神经元会以特定的模式被激活，从而形成记忆——这些神经元随后可以被重新激活，以便将该经验重建为记忆。记忆可以分为五类（见右页）。这些记忆暂时存储于短时（工作）记忆中，如果某些经验没有情绪上的价值或重要性而未能被编码（见下图）进入长时记忆中，那么它们就会逐渐消失。在回忆某段记忆时，起初对其进行编码的神经细胞会被重新激活，这样就会增强神经细胞间的联系。如果持续激活，则能够巩固记忆。某一记忆的组成部分，如有关的声音或味道，存储于大脑的不同区域，因此，在提取记忆时，所有的这些脑区都必须被激活。在可忆的过程中，某一记忆可能会意外地合并一些新信息，从而与原有信息产生不可避免的融合（称为虚构）。

恩德·托尔文（Endel Tulving）将记忆解释为两种不同的过程：将信息存储于长时记忆；将信息从长时记忆中提取出来。这两种过程使人们可以想起记忆被存储时的情境，而这两者之间的联系也可以作为某种触发因素，以帮助人们进行回忆。

记忆的形成

记忆的形成（编码）过程取决于诸多因素。即使是一次记忆编码，也需要两年时间才能牢固地建立起来。

1. 注意
将注意力集中于某一事件上有助于巩固记忆；丘脑能更强烈地激活神经元，而额叶则能抑制分心。

2a. 情绪
高情绪会提高注意力水平，使某一事件更容易被编码从而形成记忆。

2b. 感觉
大多数经验都包含感官刺激，如果其强度较高，则会增加被记忆的概率。感觉皮层会将信号传递至海马。

心理学是什么？
记忆的工作原理

30 / 31

记忆的种类

- **情景记忆** 回忆过去的事件或经历，通常与感觉信息和情绪信息紧密联系在一起。
- **语义记忆** 存储事实性的信息，例如某一首都的名字。
- **工作记忆** 暂时性地存储信息；每次能保存5至7个项目；也被称为短时记忆。
- **程序性（躯体）记忆** 做出不需要有意识回忆的习得动作。
- **内隐记忆** 唤起一种能够影响行为的无意识记忆，例如回避一位陌生人，因其勾起了对某个令人不快之人的回忆。

个案研究：巴德利的潜水员实验

心理学家的研究发现，记忆线索有助于人们提取记忆。英国心理学家艾伦·巴德利（Alan Baddeley）曾做过一项实验，要求潜水员学习一些单词——他们在陆地上学习一部分单词，在水下学习另一部分单词。研究者随后请潜水员回忆这些单词，多数潜水员发现，当他们回忆的环境与记忆单词的物理环境相同时，回忆会更容易。也就是说，当他们在水下回忆时，会更容易记住那些在水下学习的单词。巴德利的这项实验说明，情境本身就可以是一种记忆线索。同样地，一个人去另一个房间拿某样东西，但是到了那个房间却不记得自己要找什么，这时如果他/她返回原来的房间，一般来说就会触发某个记忆线索。

> "记忆是万物的珍宝库和守护者。"
>
> 西塞罗，古罗马政治家

3. 工作记忆
短时记忆会将信息存储至有需要时——它的持续活跃是通过两个包含感觉皮层与额叶的神经回路来实现的。

4. 海马加工
重要信息会被传递至海马进行编码，然后会回到最初进行信息登记的脑区，从而形成记忆。

5. 巩固
编码某一经验的神经放电模式会从海马到大脑皮层进行循环——这样就能将记忆巩固下来。

情绪的工作原理

一个人每天感受到的情绪决定了他们认为自己是什么样的人。然而，正是大脑中的一系列生物过程引发了人们的每一种情感体验。

什么是情绪？

情绪会对人们的生活产生巨大的影响——情绪支配着人们的行为，赋予人类存在的意义，也是我们之所以被称为人类的核心所在。然而，情绪实际上是由不同刺激引发的大脑生理反应引起的——对情绪的心理学意义进行解读完全是一种人文建构。通过进化，情绪会通过引发某些行为来促使人类获得成功并生存下来。例如，喜爱之情会促使人们寻找伴侣、繁衍后代，并在一个群体中生存下来；恐惧会引发某种生理反应，使人们回避危险（"战斗或逃跑"反应）；理解他人情绪使人类的社会联系成为可能。

情绪的加工

大脑皮层下的边缘系统（第26页）能够引发所有的情绪。这些情绪通过两条路径进行加工，即有意识加工与无意识加工（见下图）。杏仁核负责筛选所有输入刺激中的情绪内容，然后这一主要的感觉器官再向大脑的其他区域发出信号，从而产生适

有意识与无意识的情绪通路

一方面，人类可以通过无意识通路体验情感反应，该通路使人们的身体能为快速行动（"战斗或逃跑"反应）做准备；另一方面，人类还可以通过有意识通路，使其对所处情境进行深思熟虑后做出反应。杏仁核能对外界威胁做出反应，甚至在人们尚未察觉之前就能发现刺激，从而引起个体自发性、无意识的反应。与此同时，针对相同刺激做出反应的另一条速度较慢的有意识通路，将感觉信息传递至大脑皮层，并能对个体的初始反应做出调整。

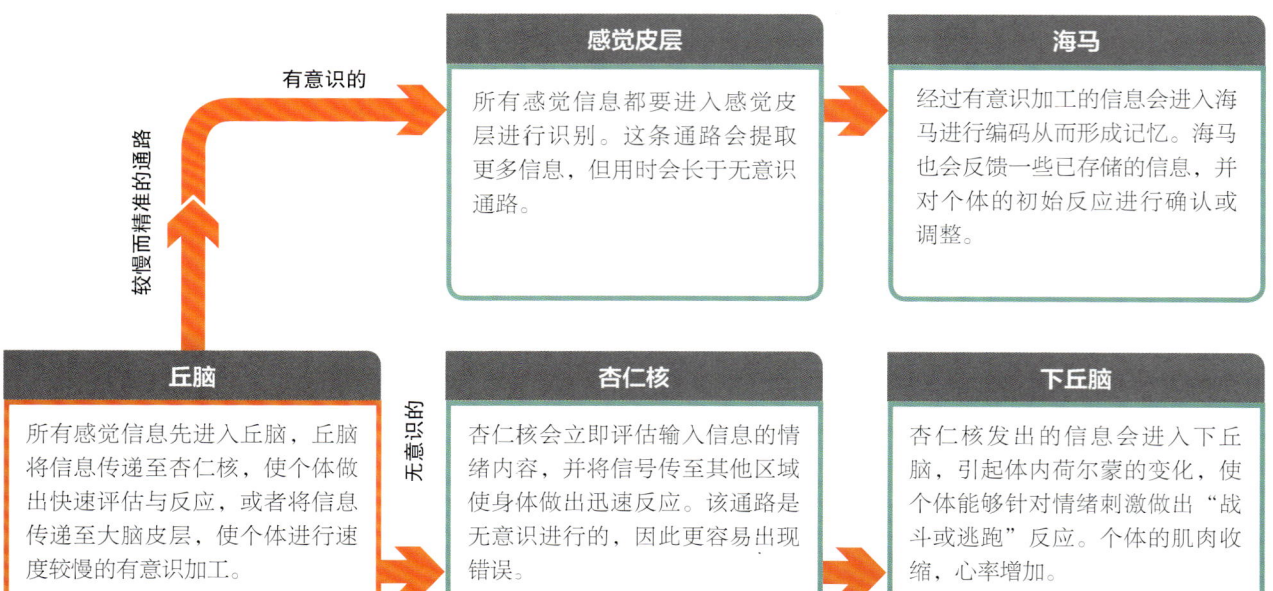

心理学是什么？
情绪的工作原理

当的情绪反应。边缘系统与大脑皮层之间的连接，特别是额叶，使人们能有意识地对情绪进行加工，并体验到宝贵的"情感"。

每种情绪都由某种特定的大脑活动模式所激发。例如，仇恨会刺激杏仁核（与所有消极情绪有关）以及与厌恶、拒绝、行动和盘算相关联的脑区。积极情绪则会减少刺激杏仁核以及与焦虑有关的大脑皮层的活动。

情绪行为与反应

人类已经进化出一套能够针对情绪做出反应的典型行为模式，这些行为模式能够通过"战斗或逃跑"的形式来化解人们感知到的任何威胁。相反，人们的心境则持续时间更长，强度更低，并会涉及有意识的行为。

	可能的刺激	行　为
愤怒	他人的挑衅行为	引起无意识的回应及快速的情绪反应；"战斗"反应引发盛气凌人和颇具威胁性的姿态或行动
恐惧	来自更强势或专横之人的威胁	引起无意识的回应及快速的情绪反应；做出"逃跑"反应以避免威胁，或选择"绥靖"，表明对专横之人的束手无策
悲伤	失去挚爱	有意识反应占主导；持续较长时间的心境；退缩心态，被动，回避其他挑战
厌恶	不卫生的东西，例如腐烂的食物	引发无意识的快速反应；厌恶使人迅速离开不卫生的环境
惊奇	新颖或意外的事件	引发无意识的快速反应；注意力集中在令人惊奇的事物上，最大化地收集信息，以做出进一步的有意识反应

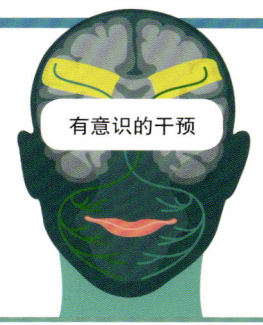

有意识的面部表情
大脑的运动皮层使人们可以控制面部表情，因此能够隐藏或表达真实情绪。

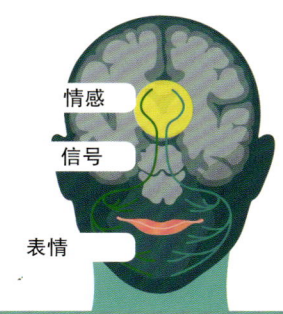

无意识的面部表情
杏仁核引起的情绪反应会使人们产生自发性、无意识的面部表情。

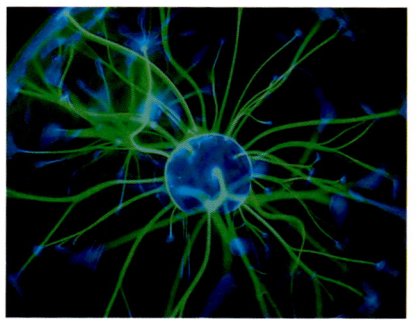

每种情绪都会引起大脑内一种略微不同的活动模式。

> "人类行为源于欲望、情绪和知识。"
>
> 柏拉图，古希腊哲学家

心理障碍

每种心理障碍的痛苦症状通常与反复出现的思想、情感和行为密切相关。当这些症状形成某种可识别的模式时，医生就可以据此对其进行诊断和治疗。

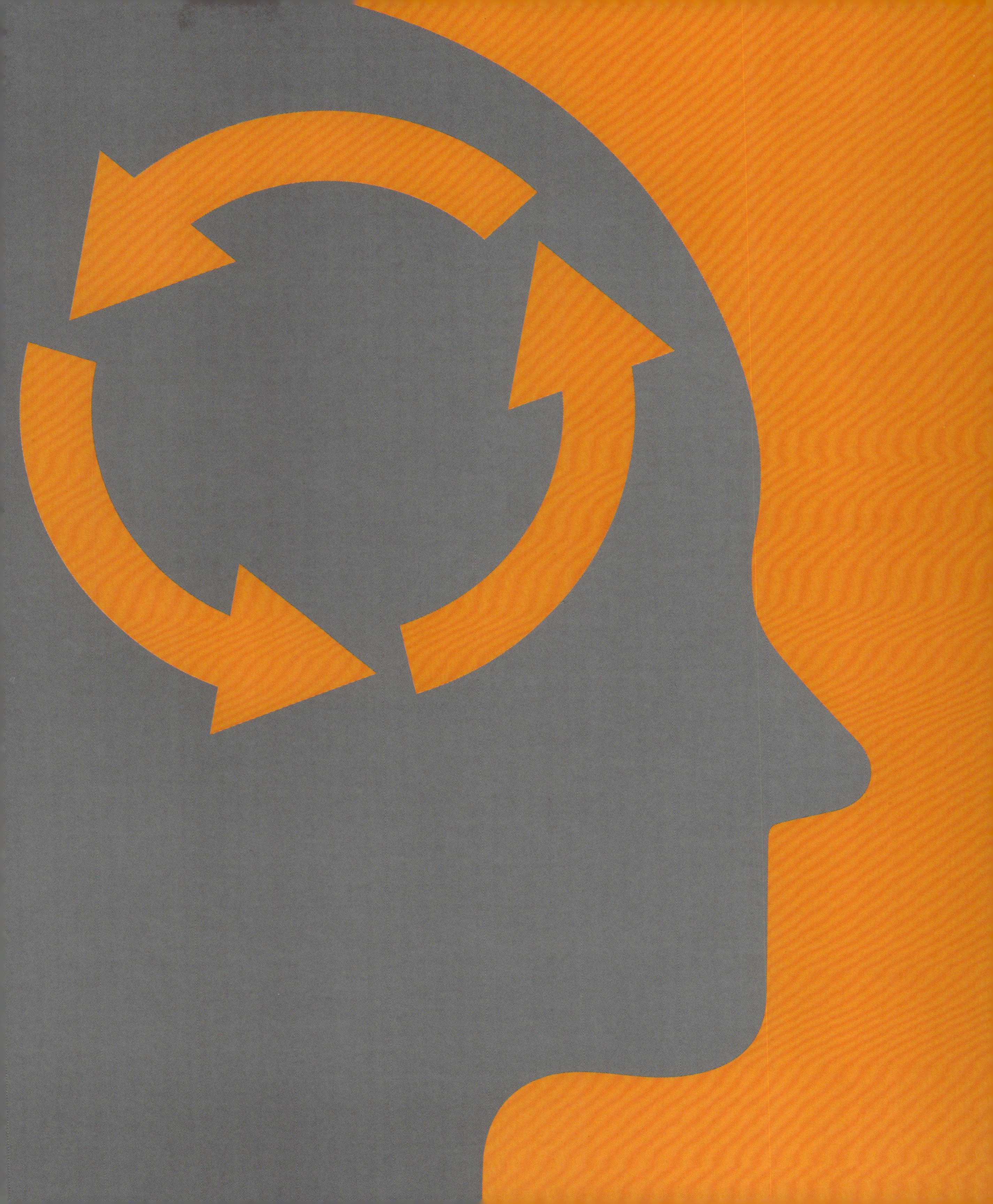

诊断障碍

心理健康状况的医学诊断是将个体的生理及心理症状模式与某种或某些障碍相关的行为进行匹配的复杂过程。某些障碍（如学习障碍或神经心理问题）很容易鉴别。然而，能够影响个体人格及行为的功能性障碍则比较难识别，因其涉及众多的生物学、心理学及社会学因素。

什么是心理健康障碍？

心理健康障碍是指个体出现各种反常或异常的心境、思维和行为，导致个体产生巨大的痛苦或损伤，并破坏个体正常活动的能力。常见应激源（例如丧亲）导致的功能损伤并不会被认定为障碍。能够影响个体行为的各种社会及文化因素可能也会被排除在心理健康问题的范畴之外。

障碍的类别

- ▶心境障碍（第38～45页）
- ▶焦虑障碍（第46～55页）
- ▶强迫症相关障碍（第56～61页）
- ▶创伤及应激相关障碍（第62～65页）
- ▶神经发育障碍（第66～69页）
- ▶精神障碍（第70～75页）
- ▶神经认知障碍（第76～79页）
- ▶成瘾与冲动控制障碍（第80～85页）
- ▶分离性障碍（第86～89页）
- ▶进食障碍（第90～95页）
- ▶沟通障碍（第96～97页）
- ▶睡眠障碍（第98～99页）
- ▶运动障碍（第100～101页）
- ▶人格障碍（第102～107页）
- ▶其他障碍（第108～109页）

障碍可分为不同的类别（见上文），目前人们主要依据世界卫生组织的国际疾病分类（ICD-10）和美国精神病学协会的精神疾病诊断和统计手册（DSM-5）对各种障碍进行鉴别、分类和组织。

25% 的人在其一生中会受到精神或神经疾病的影响。

心理健康状况评估

临床诊断必须经过仔细的评估过程，包括观察和解释某个人的行为，与其讨论，如果必要的话，还需要与其家人、护理人员和专业人士进行讨论。对人们所经受的痛苦进行命名，可以帮助他们及其支持系统更深入地理解其难处，更好地对其进行管理。然而，这也会导致对某一个体的看法及其自我实现的可能性产生消极影响。

✓ **身体检查**
全科医生首先会排除可能引起症状的身体疾病。医学检查还可以发现由于身体异常导致的智力障碍或语言障碍。扫描成像技术可用于检测脑损伤或痴呆，血液检查可以揭示某些疾病的遗传易感性。

✓ **临床面谈**
如果没有发现身体疾病，个体会被转介给心理健康专家。他们会询问来访者的生活经历、家族史以及与问题相关的一些近期经历。该谈话的目的在于发现任何的易感因素，了解个体的优势及弱势。

✓ **心理测验**
人们会根据一系列的测试和/或任务来评估个体的知识、技能和人格的某些特点，这些评估通常会采用针对特定人群的检查表或标准化问卷的形式来实施。例如，测验可以考察个体的适应性行为、自我信念和人格障碍的特征。

✓ **行为评估**
一般来说，当个体遭遇难处时，人们还可以对其行为进行观察和测量，以了解导致和/或维持其症状的原因。人们可能还会要求个体通过情绪日记或频数计算的方式来进行自我观察。

抑郁

一般来说，如果一个人情绪低落、深感担忧并在日常生活中体验不到任何乐趣超过两周时间，人们可能会将其诊断为抑郁。

什么是抑郁？

抑郁的症状包括持续的情绪低落或悲伤、低自尊、深感绝望和无助、泪流满面、有负罪感、易怒、无法容忍他人等。

抑郁的个体缺乏动力和兴趣，难以抉择，从生活中找不到乐趣。因此，个体会回避他们通常喜欢参与的社会活动，错失社交互动的机会，这可能会导致某种恶性循环，使个体的状况急转直下。

抑郁会使人难以专注或记住事情。在某些极端情况下，个体的绝望感可能会导致产生自残甚至自杀念头。

许多内部和外部原因（见下图）都可能导致抑郁，例如童年经历和生活事件、身体疾病或伤害等。抑郁可分为轻度、中度和重度抑郁。这种疾

内部和外部原因

众多的生物学、社会学和环境因素都可能导致抑郁。外部原因主要包括可能对人产生负面影响的生活事件，通常会与个体自身的内部原因共同作用而引发抑郁。

外部原因

金钱，或者说缺钱，以及因财务问题或担心债务导致的压力。

当人们无法应对他人要求时产生的**压力**。

工作/失业会影响一个人的地位、自尊、对未来的积极看法和社交能力。

亲人、朋友和宠物死亡后的**丧亲之痛**。

因成瘾行为带来的生理、社会和经济影响而导致的**酒精和药物使用**。

儿童和成人的**欺凌行为**，包括身体欺凌或语言欺凌，面对面的欺凌或网络欺凌。

因健康问题或残疾导致的**孤独感**，特别是老年人群体。

怀孕和生育，以及新手妈妈对养育孩子的不知所措。

导致长期抑郁的**人际关系问题**。

内部原因

人格特质，例如神经质和悲观主义。

童年经历，尤其是当个体感到失控和无助的时候。

家族史，例如父母或兄弟姐妹曾患有抑郁。

长期的健康问题，例如心脏病、肺病、肾病、糖尿病、哮喘等。

> "抑郁是如此狡猾，你根本看不到它的尽头。"
>
> 伊丽莎白·沃策尔（Elizabeth Wurtzel），美国作家

心理障碍
抑郁 38 / 39

病非常普遍——根据世界卫生组织的统计，全球有超过3.5亿的人患有抑郁。

如何诊断抑郁？

全科医生可以通过询问与个体特定症状有关的问题来做出诊断。询问的一个目的在于发现个体症状的持续时间。医生也可能会建议验血以排除任何可能导致抑郁症状的其他疾病。

随后的治疗方案取决于抑郁的严重程度，但主要还是采用心理治疗。医生可能会开具一些抗抑郁药物，以帮助人们应对日常生活。对于轻度和中度抑郁，运动是有所帮助的。重度抑郁患者可能需要住院治疗或进行针对精神病症状（第70~75页）的药物治疗。

✚ 治疗

- **认知与行为疗法**，例如行为激活、认知行为疗法（第125页）、慈悲聚焦疗法、接纳与承诺（第126页）和认知疗法（第124页）。
- **心理动力学疗法**（第118~121页）和心理咨询。
- **抗抑郁药物**（第142~143页）单独使用或与治疗一起使用。

抑郁导致的**孤独感**会使人感到极度的孤单、无助和隔绝。

双相障碍

这种疾病的特征是个体的精力和活动在高水平（躁狂）和低水平（抑郁）之间出现极端的波动，因此双相障碍最初也被称为躁狂抑郁症。

什么是双相障碍？

双相障碍包括四种类型：双相 I 型是指持续一周以上的严重躁狂症（可能需要住院治疗）；双相 II 型是指在轻度躁狂与情绪低落之间波动；环性心境障碍是指持续时间可长达两年的长期轻度躁狂和抑郁发作；非特定的双相障碍，是指前三种类型的混合。在情绪波动期间，个体可能会经历极端的人格变化，并使其社会与人际关系处于极度紧张状态。

人们通常认为，双相障碍主要是由与大脑功能有关的化学物质失衡所致。这些化学物质被称为神经递质，包括去甲肾上腺素、血清素和多巴胺，它们在神经细胞之间传递信号（第28～29页）。遗传因素也起到了一定作用：双相障碍与家族史有关，它可以在任何年龄阶段出现。人们认为，每100个人中就有两人在某一阶段出现过双相障碍的

抑郁和躁狂的模式

双相障碍的情绪波动包括不同的阶段。情绪波动的程度和时间尺度、心境的表现方式以及对人格的影响方式都可以有很大不同。

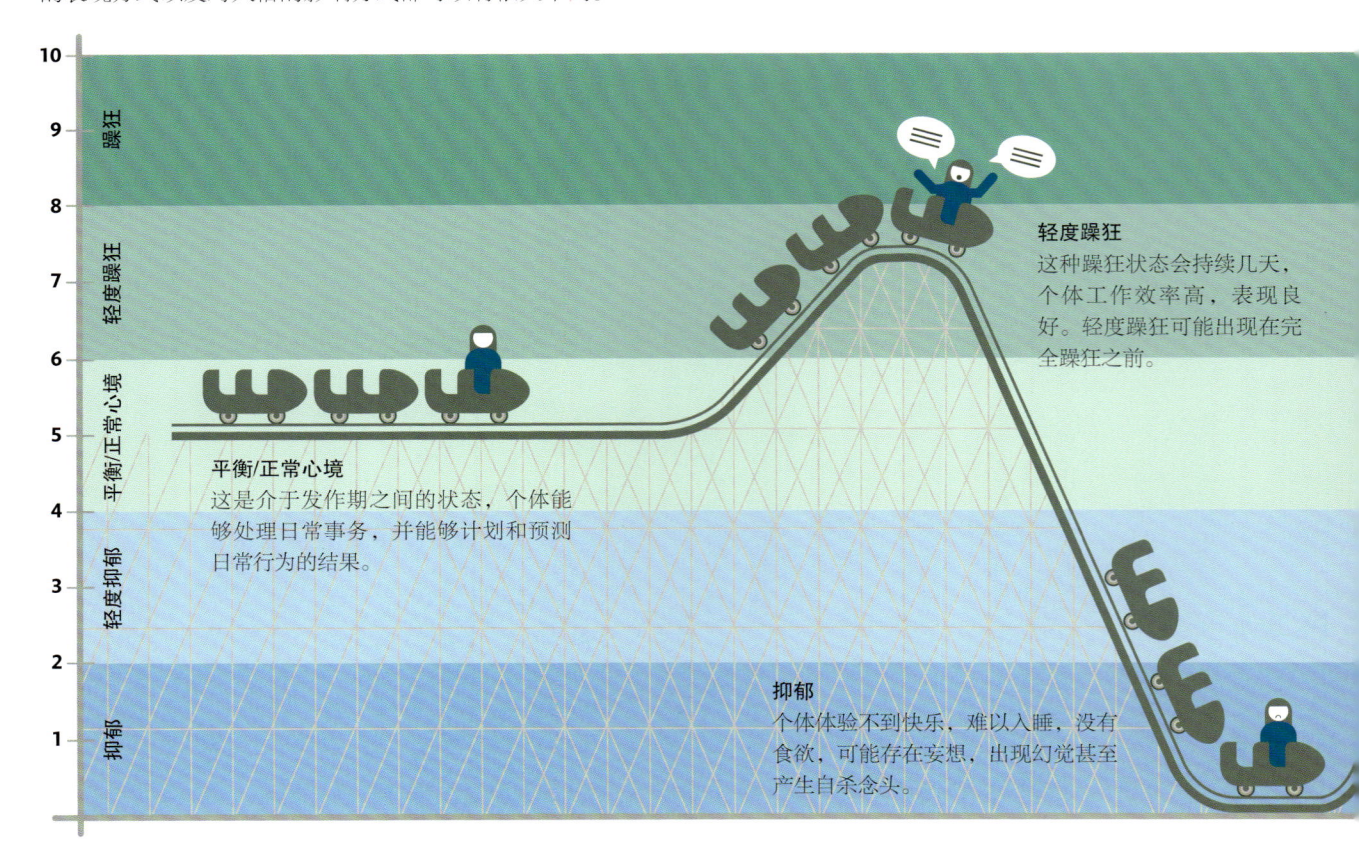

轻度躁狂
这种躁狂状态会持续几天，个体工作效率高，表现良好。轻度躁狂可能出现在完全躁狂之前。

平衡/正常心境
这是介于发作期之间的状态，个体能够处理日常事务，并能够计划和预测日常行为的结果。

抑郁
个体体验不到快乐，难以入睡，没有食欲，可能存在妄想，出现幻觉甚至产生自杀念头。

发作；有些人一生中只有几次发作，有些人则有很多次。导致双相障碍发作的原因可能与压力、疾病和日常生活中的难处有关，例如人际关系困难、经济和工作方面的困难等。

如何诊断？

一般由精神科医生或临床心理学家对饱受困扰的个体进行评估，他们会询问其症状及首次出现症状的时间，导致症状发作的信号等。医生还会排除其他可能导致情绪波动的疾病。通常来说，医生会采用药物和生活方式管理来对个体进行治疗。

➕ 治疗

> **认知行为疗法**（第125页）。
>
> **生活方式管理**，包括规律运动、改善饮食和睡眠习惯，以提高情绪调节功能；使用日记和日常觉知管理等方式，以帮助个体识别自身情绪变化的迹象。
>
> 长期服用**情绪稳定剂**（第142~143页），以尽量减少情绪波动的可能性；在轻度躁狂、躁狂和抑郁发作期间，通常需要调整服用剂量。

> "双相障碍是一种挑战，但它却可以让你几乎无所不能。"
>
> 凯丽·费雪（Carrie Fisher），美国演员

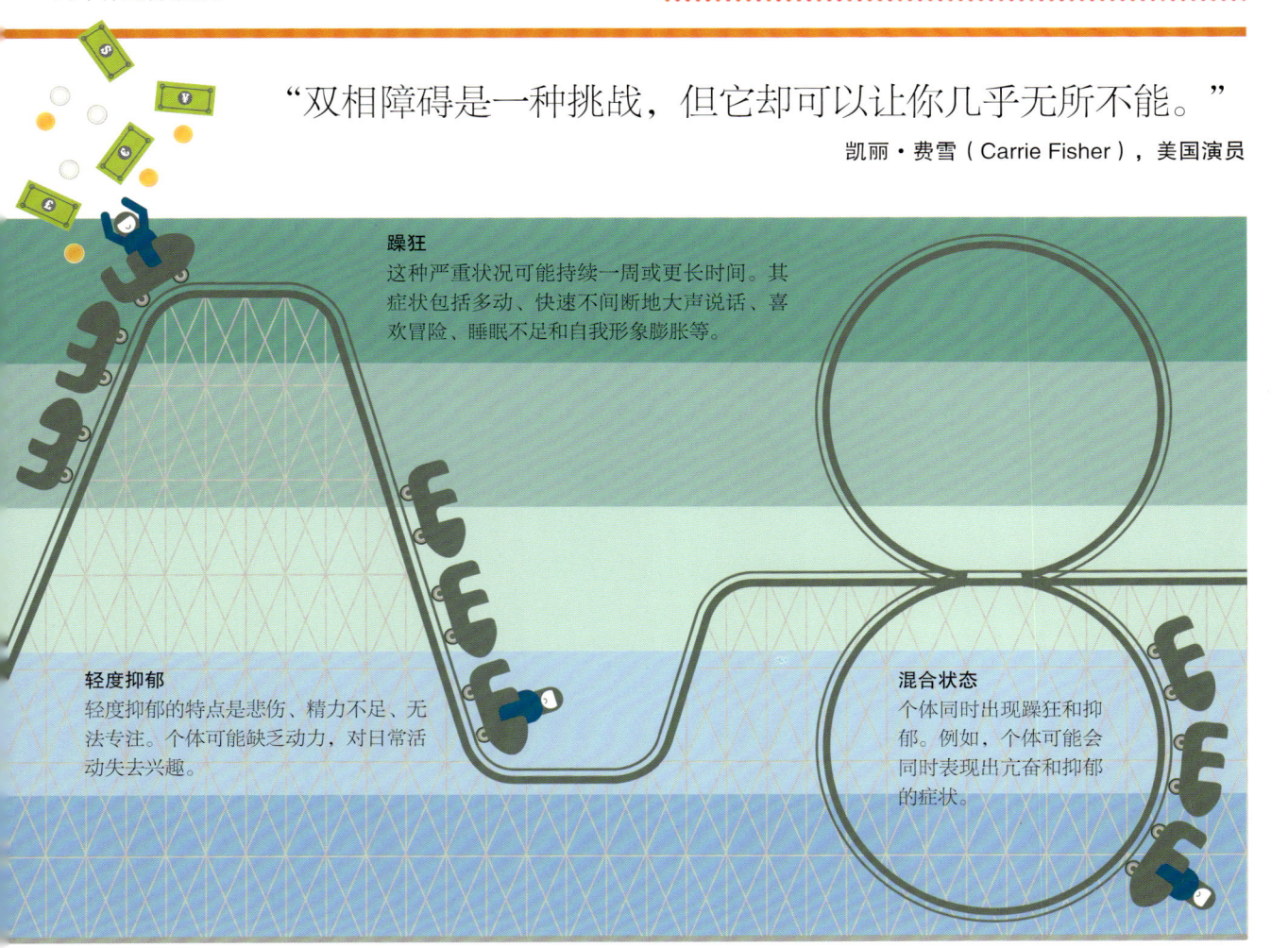

躁狂
这种严重状况可能持续一周或更长时间。其症状包括多动、快速不间断地大声说话、喜欢冒险、睡眠不足和自我形象膨胀等。

轻度抑郁
轻度抑郁的特点是悲伤、精力不足、无法专注。个体可能缺乏动力，对日常活动失去兴趣。

混合状态
个体同时出现躁狂和抑郁。例如，个体可能会同时表现出亢奋和抑郁的症状。

围产期精神疾病

围产期精神疾病可能发生在怀孕期间及产后一年之内，包括产后抑郁症（PPD，有时也被称为分娩后抑郁症）和产后精神病。

什么是围产期精神疾病？

刚生完孩子就泪流满面或烦躁易怒是很常见的，人们将其称为"产后情绪低落"，但是这种情绪只会持续几个星期。产后抑郁症与产后情绪低落的区别在于其持续时间的长短不同。产后抑郁症是指孩子出生后的一年时间内，新生儿母亲（有时是父亲）出现的一种持续时间较长的中度或重度抑郁。其症状包括持续的情绪低落或情绪波动、精力不足、与婴儿难以相处以及出现各种害怕的想法。个体可能很容易就伤心落泪，感觉非常疲惫，但又存在睡眠问题。作为父母，他们可能常常会感到羞愧、无能、没有价值和害怕失败。在严重情况下，个体还可能出现惊恐发作、自残行为和自杀念头。然而，大多数人都能够完全康复。如果未经治疗，产后抑郁症可能持续数月或更长时间。

产后抑郁症可能突然或缓慢出现，通常是由激素、生活方式的改变和疲劳等因素引起的。目前人们尚不清楚为什么有些人会患有产后抑郁症，但可能的风险因素包括童年经历困难、自尊水平低下、缺乏支持和生活压力较大等。

如何诊断？

为了确定某一个体是否患有产后抑郁症，医生、助产士和健康专家可以通过高效可靠的筛查问卷来评估其症状。例如，爱丁堡产后抑郁量表是对个体过去七天的情绪和活动水平进行评估。人们还可以采用其他量表来评估个体的心理健康和功能水平。

在解释这些问卷结果时，需要有良好的临床诊断，因为初为父母的人可能会由于他们所要承担的新职责而变得不那么积极活跃。

85% 的新生儿母亲会经历"产后情绪低落"。

产后精神病

产后精神病（也称为产褥期精神病）是一种极其严重的疾病，每1000名产妇中就会有1~2名女性患有产后精神病。它通常发生在分娩后的最初几周以内，但也可能在孩子出生六个月以后才出现。其症状往往发展迅速，包括意识混乱、情绪高涨、思维奔逸、定向障碍、偏执、幻觉、妄想和睡眠紊乱等。个体还可能对婴儿产生强迫性的想法，并试图自残或伤害婴儿。由于该疾病可能存在威胁生命的想法与行为，患者必须立即接受治疗。治疗方案包括住院治疗（通常会在严密监控的母婴治疗室内）、药物治疗（抗抑郁药物和抗精神病药物）和心理治疗。

➕ 治疗

▶ 以团体治疗、一对一治疗和有指导的自助等形式开展的**认知与行为疗法**（第122~129页）；一对一的心理辅导。

▶ **生活方式管理**，例如与伴侣、朋友和家人交谈；休息；定期锻炼；健康有规律的饮食等。

▶ 单独服用**抗抑郁药物**（第142~143页）或与心理治疗配合使用。

心理障碍
围产期精神疾病 42/43

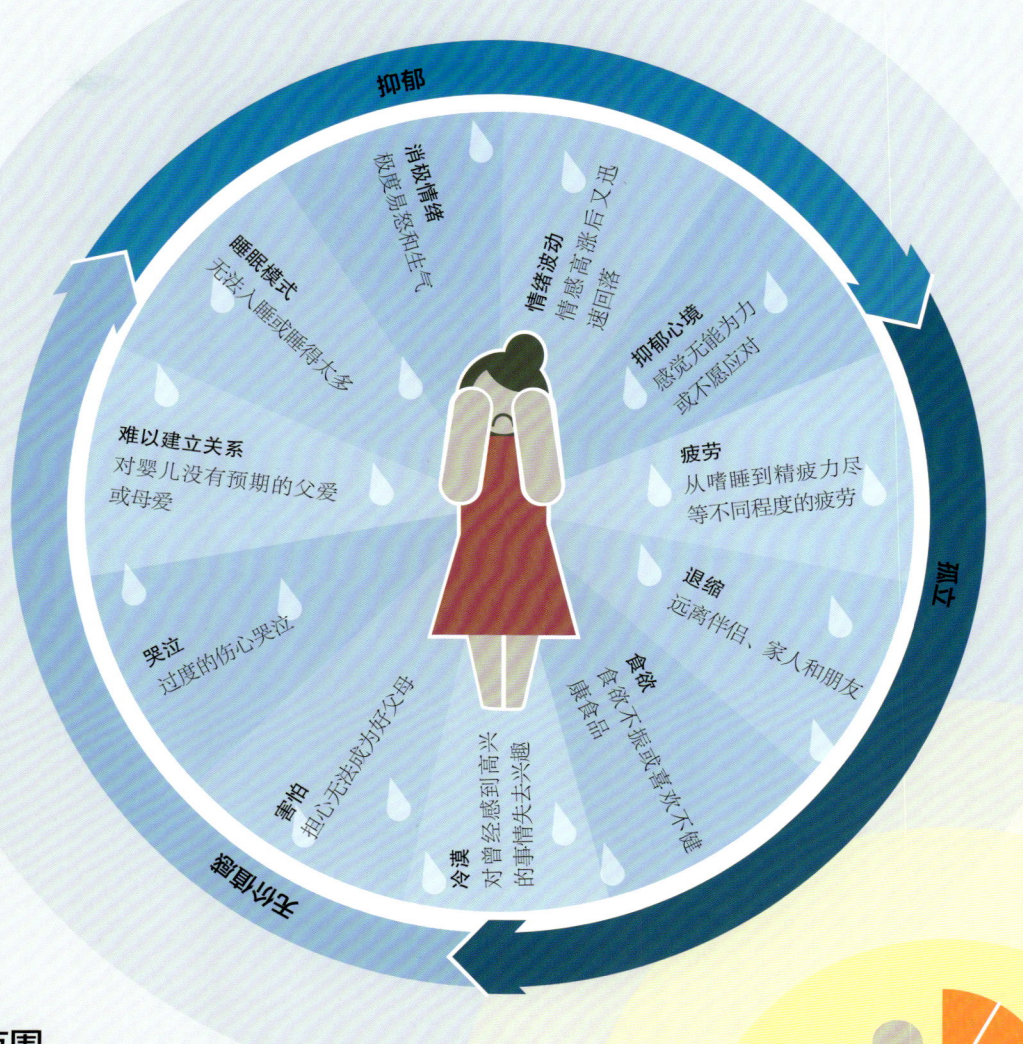

症状的范围

产后抑郁症的症状与焦虑和一般抑郁的症状类似。这些症状会使个体难以完成日常活动和事务，还会影响他们与孩子、伴侣、家人和朋友的关系。

抑郁

- 消极情绪：极度易怒的脾气
- 情绪波动：情感高涨后又迅速回落
- 抑郁心境：感觉无能为力或不愿应对
- 疲劳：从嗜睡到精疲力尽等不同程度的疲劳
- 退缩：远离伴侣、家人和朋友
- 饮食：暴食或没有胃口
- 冷漠：对曾经感到高兴的事情失去兴趣
- 害怕：担心无法成为好父母
- 哭泣：过度的伤心哭泣
- 难以建立关系：对婴儿没有预期的父爱或母爱
- 睡眠模式：无法入睡或睡得太多

焦虑

失去兴趣

分裂性情绪失调症（DMDD）

分裂性情绪失调症是一种儿童期疾病，其特征是几乎一直持续的愤怒和易怒状态，并伴随有规律的重度脾气暴躁。

什么是分裂性情绪失调症？

分裂性情绪失调症是人们最近才发现的一种疾病，儿童如果有长期易怒和严重脾气爆发的病史可能会被认定患有分裂性情绪失调症。这类儿童几乎每天都很伤心、暴躁和生气。孩子的脾气爆发与当前的情境并不相称，每周可发生数次，发生地点超过一处（例如在家、在学校，或者与同伴在一起时）。然而，仅发生在孩子与父母之间，或者孩子与老师之间的人际关系紧张并不是分裂性情绪失调症。

如何诊断？

要诊断分裂性情绪失调症，其症状必须持续一年以上，并且已经影响到孩子在家庭和学校的正常活动能力。分裂性情绪失调症的一个致病原因可能是孩子误解了他人的表情，在这种情况下，可以为他们提供面部表情识别的训练。确诊为分裂性情绪失调症的儿童一般在10岁以下，但不小于6岁、不超过18岁。10岁以下儿童中有1%~3%的孩子有此症状。

破坏性的行为

分裂性情绪失调症患儿经常会出现严重乱发脾气的行为，这与他们所处的发展阶段并不一致。他们通常每周至少三次，并至少在两个不同的情境中乱发脾气。

- 破坏东西并/或把它们到处乱扔
- 大声辱骂老师、同伴和父母
- 几乎一直生气和易怒

分裂性情绪失调症患儿曾经被认定是儿童双相障碍，但是他们并不会出现双相障碍中发作性的躁狂或轻躁狂。这些儿童也不太可能发展为双相障碍，他们在成年后更可能罹患抑郁和焦虑。

✚ 治疗

- 针对儿童和家人开展**心理治疗**（第118~141页），探讨儿童的情绪，掌握情绪管理技巧。
- **生活方式管理**，包括积极行为支持以建立更好的沟通方式，减少脾气爆发的诱因等。
- 服用**抗抑郁药物**（第142~143页）或抗精神病药物，以辅助心理治疗。

2013年，

人们才开始认识分裂性情绪失调症。

季节性情感障碍（SAD）

季节性情感障碍是一种季节性抑郁症，与光照水平的变化有关。通常从秋季开始，因秋天日照时间变短。季节性情感障碍也被称为"冬季抑郁"或"冬眠状态"。

什么是季节性情感障碍？

季节性情感障碍的性质和严重程度因人而异。对有些人而言，季节性情感障碍会对他们的日常生活产生重大影响。通常来说，季节性情感障碍的症状会随季节的变化而变化，一般在一年中的同一时间开始（多发于秋季）。其症状包括情绪低落、对日常生活失去兴趣、易怒、绝望、内疚和无价值感。季节性情感障碍患者缺乏活力，白天感到困倦，晚上睡眠时间更长，早上很难起床。一般多达三分之一的人会受到季节性情感障碍的影响。

季节性情感障碍的季节性特点使其诊断异常困难。其心理评估主要关注个体的情绪、生活方式、饮食、季节性的行为、思想的变化和家族史等方面。

治疗
- **心理治疗**，例如认知行为疗法（第125页）和心理辅导。
- **生活方式管理**以增加光照时间，例如在室内靠窗坐、使用模拟日光的灯泡、每天进行户外活动等。

季节性的原因和影响

光照水平会影响下丘脑，改变两种化学物质的分泌，即褪黑素（控制睡眠）和血清素（改变情绪）。

黑暗会引起松果腺中**褪黑素的分泌**，而光照则会抑制其分泌，这一过程会受到下丘脑的控制。

冬季模式
- **褪黑素增加**，使人疲倦，困意十足。
- **血清素分泌下降**，使人感觉情绪低落。
- **希望一直卧床**，而长时间睡眠会导致社会交往减少。
- **渴求碳水化合物**，导致暴饮暴食和体重增加。
- **白天持续疲劳**，影响工作和家庭生活。

夏季模式
- **褪黑素下降**，感觉更有活力。
- **血清素分泌增加**，改善情绪和精神面貌。
- **睡眠较好**，但不过量，人更有精力。
- **饮食习惯改善**，对食物的渴求下降。
- **精力充沛**，活动和社会交往增加。

惊恐障碍

惊恐发作是身体应对恐惧或兴奋刺激的夸张反应。患有惊恐障碍的人会经常无缘无故地经历这种发作。

什么是惊恐障碍？

身体对恐惧或兴奋刺激的正常反应是分泌肾上腺素，从而为应对恐惧事物的"战斗或逃跑"反应做准备。如果出现惊恐发作，那么通常来说很正常的想法或图片也会触发个体大脑内的"战斗或逃跑"中枢，导致体内的肾上腺素激增，出现大汗淋漓、心率增加和换气过度等症状。这种惊恐发作可持续大约二十分钟，非常令人不适。

个体可能并不了解这些症状，他们可能会觉得自己是心脏病发作，甚至快死了。这种恐惧感会进一步激活大脑的威胁中枢，从而分泌更多的肾上腺素，加重症状。

反复出现惊恐发作的个体会非常害怕下一次发作，因此他们会一直处于"对恐惧的恐惧"状态中。例如，惊恐发作可能是因为他们害怕挤在人群中或进入一个狭小空间引起的，然而，这种发作其实是由他们的内部感受引起的，与当时的外部环境无关。因此，他们的日常生活会变得异常困难，各种社交场合也会让他们望而生畏。惊恐障碍患者可能会回避某些场所或活动，而由于他们一直无法"打消"自身的恐惧，因此困扰他们的问题会一直存在。

惊恐障碍的诱因有哪些？

每十个人中就有一个人会经历偶发的惊恐发作；但惊恐障碍并不那么常见。创伤性的生活经历（例如丧亲）可能会引起惊恐障碍。如果个体有一个亲密的家庭成员患有惊恐障碍，那么他/她罹患这种疾病的风险就会增加。二氧化碳浓度过高等环境因素也可能导致惊恐发作。有些疾病（例如甲亢）可能会出现与惊恐障碍类似的症状，因此医生在诊断之前要排除这类疾病。

治疗

- **认知行为疗法**（第125页），以识别诱因，防止回避行为，并学会反驳令其恐惧的结果。
- **建立支持小组**，认识其他惊恐障碍患者，并获得建议。
- 服用**选择性血清素再摄取抑制剂**（SSRIs）（第142~143页）。

2% 的人群会受到惊恐障碍的影响。

更加恐惧 / 另一次惊恐发作 / 焦虑聚积

心理障碍
惊恐障碍
46 / 47

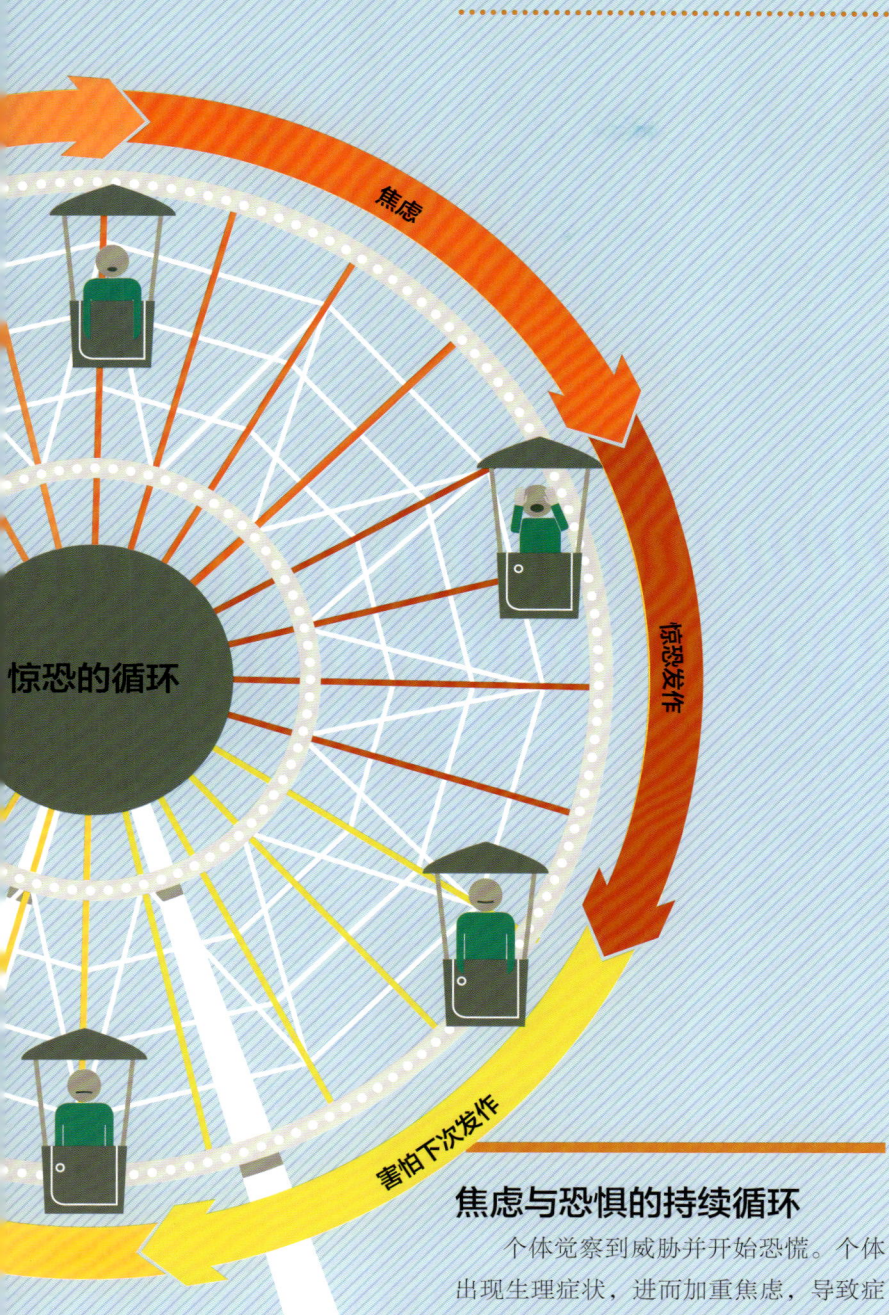

惊恐发作的症状

这些症状是由自主神经系统的作用导致的，而自主神经系统不受意识控制（第32~33页）。

心率增加
肾上腺素使心跳加快，将富含氧气的血液输送到有需要的部位。心率增加可能导致胸痛。

感觉眩晕
呼吸加快变浅，以增加氧气的摄入，可能会导致换气过度和头晕。

出汗及面色苍白
排汗增加，身体降温。因血液被运输至最需要的部位，人会面色苍白。

窒息感
呼吸加快，体内氧气水平上升，但呼出的二氧化碳不足。

瞳孔放大
瞳孔变大，让更多的光线得以进入，使人更容易看见，便于逃跑。

消化功能迟缓
消化系统对"逃跑"并不重要，因此消化系统会变慢。括约肌（瓣膜）松弛，个体会感觉恶心。

口干
由于体液集中在身体最需要的部位，因此口腔会感觉非常干燥。

惊恐的循环

焦虑 → 惊恐发作 → 害怕下次发作

焦虑与恐惧的持续循环

个体觉察到威胁并开始恐慌。个体出现生理症状，进而加重焦虑，导致症状进一步加重，因此又会增加再次惊恐发作的可能性。

特定对象恐惧症

恐惧症是一种焦虑障碍。当个体预期可能会接触到他们所害怕的事物、情境和事件时，特定对象恐惧症就会出现。

什么是特定对象恐惧症？

针对特定对象的单一恐惧症（不同于复杂恐惧症，例如广场恐惧症和幽闭恐惧症，第50~51页）是儿童和成人最常见的心理障碍。恐惧症不仅是一种恐惧，还是个体对某一情境或事物产生一种夸张或不切实际的危机感。这种恐惧或许不可理喻，但个体却无力阻止。个体预期或实际暴露于恐怖刺激之中（甚至仅仅是看到图片）都可能导致极度焦虑或惊恐发作。其症状包括心跳加快、呼吸困难和失控感。

遗传、脑化学及其他生物学、心理学和环境因素的综合作用会导致恐惧症的出现。恐惧症通常可以追溯到个体在童年早期目睹或经历过的某个恐怖事件或压力情境。儿童也可能通过观察其他家庭成员表现出的恐惧症的行为而"习得"某种恐惧症。

特定对象恐惧症通常发生在儿童期或青春期。随着年龄的增长，其严重程度可能会降低。特定对象恐惧症还可能与其他心理状况有关，例如抑郁（第38~39页）、强迫症（第56~57页）和创伤后应激障碍（第62页）等。

如何诊断？

许多深受恐惧症影响的个体完全能够意识到自己的问题，因此他们不需要正式诊断，也不需要治疗——他们只要回避令其害怕的事物就足以能够控制问题。然而，对于有些人来说，习惯性地回避令其恐惧的对象可能会导致症状持续或恶化，并严重影响他们生活的方方面面。因此医生可以将他们转介给行为治疗领域的专家。

只要逐渐引导个体暴露在令其恐惧的事物或情境中，**特定对象恐惧症**是非常容易治愈的。

8.7%
的美国成年人会受到某种特定对象恐惧症的影响。

治疗

▶ **认知行为疗法**（第125页）会采用一套循序渐进的方法来克服恐惧症，使个体能够无所畏惧地面对恐怖的事物或情境；还可以采用焦虑管理技术来掌握该方法的每个步骤。

▶ 采用**正念**来提高个体对焦虑和令人痛苦的想法或图片的容忍程度。

▶ 如果恐惧症干扰了个体的日常生活，那么可以在心理治疗的同时服用**抗焦虑药物**或抗抑郁药物（第142~143页）。

特定对象恐惧症的类型

各种事物或情境都可能引发恐惧症。特定对象（也称"单一"）恐惧症可分为五种类型：血液-注射-受伤类，自然环境类，情境类，动物类及其他类。除了第一种类型，女性特定对象恐惧症的发病率是男性的两到三倍。

心理障碍
特定对象恐惧症
48 / 49

血液-注射-受伤类
这种独特的恐惧症是指人们看到血液或针头时会出现血管迷走神经反应（一种心率减慢、流向大脑的血流量降低的反射性反应），从而出现晕厥。与其他恐惧症不同，这种恐惧症在男性和女性中都很常见。

- 针头
- 血液

自然环境类
患有这类恐惧症的个体会对某种自然现象产生一种非理性的恐惧，他们常常把这些现象与可能出现的灾难性后果联系起来。例如，害怕暴风雨、深水、细菌；或者有恐高症，即害怕靠近悬崖边缘。

- 水域
- 高处
- 闪电

情境类
这类恐惧症是指个体对特定情境的恐惧，例如进行牙科手术、走进破旧电梯、乘坐飞机、驾车通过桥梁或进入隧道、坐进汽车等。

- 飞行
- 桥梁

动物类
这类恐惧症包括对昆虫、蛇、老鼠、猫、狗和鸟类等动物的恐惧。它可能源于人类祖先对威胁其生存的动物的一种遗传性的恐惧倾向。

- 蛇
- 蜘蛛
- 老鼠

其他类恐惧症
成千上万的人们会受到一系列恐惧症的折磨，例如害怕呕吐、特定颜色（包括食物在内的任何黄色或红色的东西）、数字13、看到肚脐或脚趾、突然的噪音、化装人物（例如小丑）、树木、剪切的花朵等。

- 树木
- 小丑

广场恐惧症

广场恐惧症属于一种焦虑障碍，其特征是个体害怕身处任何难以逃脱或出现异常而无法获救的场合。

什么是广场恐惧症？

广场恐惧症是一种复杂的恐惧症，很多人会认为广场恐惧症仅仅是人们对开阔空间的恐惧，但它并非如此。广场恐惧症患者害怕被困，他们会尽量回避所有他们认为无法逃脱的恐惧事物。这可能会导致个体害怕乘坐交通工具，害怕身处封闭空间或人群之中，害怕购物或看医生，甚至害怕离开家门。该病症带来的惊恐发作还会伴随个体的消极想法——人们除了担心可能被困，还会认为自己在公共场合无法自控的样子看上去荒唐可笑。这些症状以及对症状的恐惧会导致个体出现各种回避行为，无法维持正常生活。

如果个体曾经出现过惊恐发作，然后过度担心再次发作，就可能导致广场恐惧症。在英国，三分之一的惊恐发作个体会发展成为广场恐惧症患者。这可能与生物学及心理因素有关。例如经历或目睹创伤性事件、精神疾病或者人际关系不和谐等都可能成为病因。

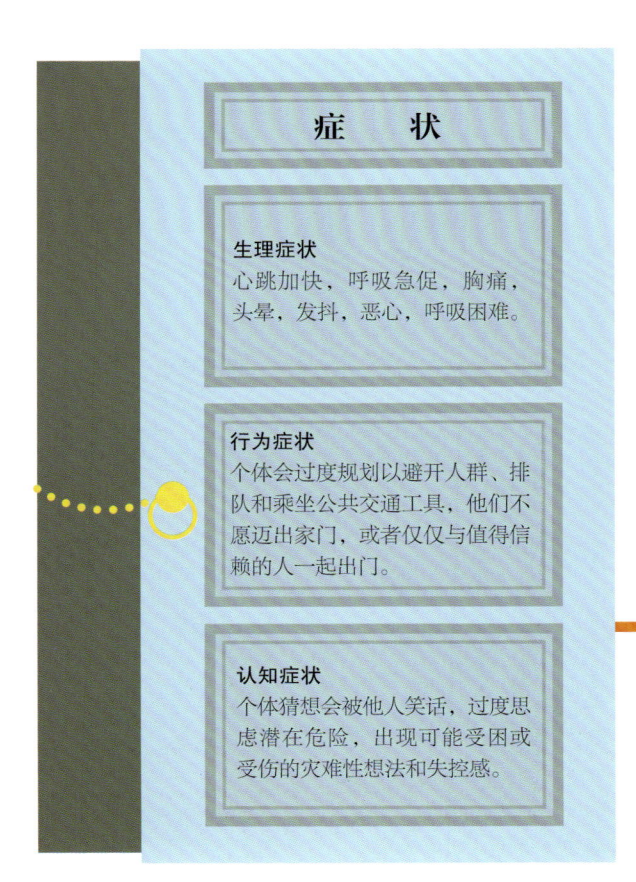

症状

生理症状
心跳加快，呼吸急促，胸痛，头晕，发抖，恶心，呼吸困难。

行为症状
个体会过度规划以避开人群、排队和乘坐公共交通工具，他们不愿迈出家门，或者仅仅与值得信赖的人一起出门。

认知症状
个体猜想会被他人笑话，过度思虑潜在危险，出现可能受困或受伤的灾难性想法和失控感。

> "行动比其他任何事情都能更快减轻焦虑。"
>
> 沃尔特·英格利斯·安德森（Walter Inglis Anderson），美国画家、作家及自然主义者

✚ 治疗

- **强化心理治疗**，例如认知行为疗法（第125页），探讨导致恐惧症的观念；通过行为试验，收集相关证据，以消除人们根深蒂固的信念。
- **参加自助小组**，采用安全的视觉材料使个体暴露在恐惧情境中；训练个体通过缓慢的深呼吸来控制惊恐发作。
- **生活方式管理**，例如锻炼身体、健康饮食等。

症状的类型

广场恐惧症的症状可分为三种类型：第一类是个体在恐惧情境中出现的生理症状；第二类是与恐惧相关的行为反应；第三类是认知症状，即个体在预期或身处恐惧情境中的想法和感受。这些症状结合在一起，会严重干扰个体的日常生活功能。

幽闭恐惧症

幽闭恐惧症是指个体对受困于或预感将处于封闭空间的一种非理性恐惧心理。它是一种复杂的恐惧症，可能引发个体的极度焦虑和惊恐发作。

什么是幽闭恐惧症？

幽闭恐惧症患者身处封闭空间时会产生与广场恐惧症类似的生理症状。这种恐惧感还会增加人们的负面想法，例如认为自己可能会因缺氧或心脏病发作而无法逃生。许多人还会感到极度恐惧，害怕晕倒或失去控制。

幽闭恐惧症可能是由于曾经发生于某个狭小空间内的应激事件导致的条件反射（第16～17页）引起的。这些事件可以追溯到个体的童年时期，例如个体可能曾被关在一个小房间内或曾受欺凌、虐待等。个体在任何年龄阶段遭遇的不愉快经历都有可能引发这种恐惧反应，例如飞行中遇到气流或被困于电梯等。个体会害怕再次被困，也会过度想象在狭小空间内可能发生的事情。因此，他们会仔细计划自己的日常活动，尽量减少"被困"的可能性。

幽闭恐惧症有时也会出现在其他家庭成员身上，这表明该疾病既可能与遗传因素有关，也可能是一种后天习得的反应。

治疗

▶ **认知行为疗法**（第125页），即小心地将个体暴露于恐惧情境，使其重新评估自身的消极观念，并意识到最可怕的情景并没有发生。

▶ **焦虑管理**，通过呼吸技巧、肌肉放松和想象积极结果的方式来应对焦虑和惊恐发作。

▶ 在极端情况下，服用**抗焦虑药物**或抗抑郁药物（第142～143页）。

如果威胁真实存在，那么人们对封闭空间的恐惧反应是很正常的。但是幽闭恐惧症患者是指无论现实情况是否危险，他们都会出现不可理喻的恐惧反应。

广泛性焦虑障碍（GAD）

广泛性焦虑障碍患者会持续体验到一种毫无止境而又不可控的忧虑（使当前并无危险），从而干扰其日常生活和身体功能。

什么是广泛性焦虑障碍？

广泛性焦虑障碍患者会过分担心各种不同的问题和情况。其症状包括各种"威胁"反应，如心悸、发抖、出汗、易怒、不安和头痛。广泛性焦虑障碍还会导致失眠，难以专注、做出决定或处理不确定的事件。

患者可能会有完美主义倾向，总是不断地计划和掌控所有事情。广泛性焦虑障碍产生的生理和心理症状会对患者个体的社会交往、工作和日常生活带来破坏性的影响，从而导致个体自信心下降，孤立隔绝。个体的担忧可能与家庭或社会事务、工作、健康、学校或其他特定事件有关。广泛性焦虑障碍患者大部分时间都会感到焦虑，一旦他们解决了某个问题，他们便会开始担心下一个问题。他们会高估坏事或危险事件发生的可能性，也会预想事情可能出现最坏的结果。个体甚至会积极地认定忧虑的益处，如"忧虑会降低坏事发生的可能性"。个体长期或习惯性地回避恐惧情境或场合，可能会使该病症更加复杂化，因为他们从来不会去印证自己的恐惧是毫无根据的，所以会一直保持忧虑状态。

- 社交恐惧
- 健康或经济方面的忧虑
- 对危险和灾难的预期
- 完美主义

女性患广泛性焦虑障碍的比率比男性高 60%。

✚ 治疗

- **认知行为疗法**（第125页），鉴别诱发因素、消极观念、习惯性的回避行为和安全行为等。
- **行为疗法**（第124页），确定新的行为目标以及可实现的各个步骤。
- **团体治疗**，通过自信训练、建立自尊等方式帮助个体消除无用的信念和毫无根据的恐惧。

权衡忧虑
在六个月或更长时间内，如果大部分时间个体都被忧虑压得喘不过气，那么焦虑就会成为一种问题。

社交焦虑障碍

个体会极度害怕被他人评价或在社交场合做出一些尴尬的事情。这种障碍会导致个体自我意识的丧失。

什么是社交焦虑障碍？

社交焦虑障碍（也叫社交恐惧症）患者会对社交场合感到过度紧张或恐惧。他们可能只在特定情况下焦虑（例如在公共场合演讲或表演），也可能在所有社交场合中都感到焦虑。

个体往往非常害羞，担心他人对自己的消极评价。他们会沉湎于过去的社交事件，时刻担心他们可能遭遇的事情。社交焦虑会使个体对将要发生的情况进行过度规划和排练，从而导致他们出现各种奇怪或令人尴尬的行为。他们可能会进一步印证自己的恐惧，然而他们所遭遇的困境可能是由于自身焦虑或过度排练引起的。

这种障碍会导致个体的孤立和抑郁，并严重影响其社会关系。它也会对个体在工作中或学校中的表现产生负面影响。

治疗

▶ **认知行为疗法**（第125页），识别并改变个体的消极思维模式和行为。

▶ **团体治疗**，使个体有机会与他人分享自己的问题，并练习社交行为。

▶ **自助**，包括自我肯定，社交活动前的排练，回放视频来反驳自己的消极观念。

社交前的症状
个体可能会提前准备、过度排练，设计谈话的主题或思考如何以特定方式展现自己。

社交过程中的症状
身体的"战斗或逃跑"系统被激活，出现各种生理症状，如颤抖、呼吸急促、心跳加速、出汗或脸红等。在极端情况下，个体可能会经历惊恐发作。

社交后的症状
个体会对社交情况进行详细、消极、自我批判式的评价，并倾向于从消极方面来分析对话和肢体语言。

分离焦虑障碍

分离焦虑障碍的儿童在两岁以后仍会持续出现对与父母、主要照顾者或家庭分开的本能性的担心。

什么是分离焦虑障碍？

分离焦虑障碍是一种正常的适应性反应，它有助于保障婴幼儿在学习应对环境过程中的安全。然而，如果这种反应持续超过了四周，并已干扰了该年龄阶段儿童的行为，分离焦虑障碍就会成为一种问题。

当孩子需要离开主要照顾者时，他们会很痛苦，担心伤害会降临到自己身上。诸如学校、社交场合等情境也可能会触发孩子的情绪。这些孩子可能会经历惊恐发作、睡眠紊乱、过于粘人、痛哭流泪等症状。他们可能会抱怨身体上的问题，例如胃痛、头痛，或无缘无故感到不适。年龄较大的孩子可能会预想恐慌的感觉，很难独立出行。

分离是12岁以下儿童最常见的焦虑障碍。分离也会影响年龄较大的儿童，也可能在成人中出现。这种障碍可能出现在某个重要的应激事件之后，例如失去亲人或宠物、搬家、转校、父母离婚等。父母过度保护或侵入式的教养方式也可能会导致分离焦虑障碍。

分离焦虑障碍可以通过行为疗法来治疗，包括在一天中最不容易受伤的时候有计划地安排分离。

独处

孩子经常会担心失去自己的主要照顾者，他们可能会在夜间的噩梦中重温白天的恐惧。他们可能会拒绝独自睡觉或出现失眠症状。

真实的恐惧感
孩子会过分担心与他们的主要照顾者分离——即使只是与他们身处不同的房间。

多余的负担
当孩子试图将分离时的恐慌固化为有形的事物时，他们的焦虑情绪可能会表现为身体的疼痛感。

✚ 治疗

▶ **认知行为疗法**（第125页）用于焦虑管理；针对年龄较大的儿童和成人进行自信心训练。

▶ **父母培训和支持**，促进和强化短时间的分离，然后再逐渐延长分离时间。

▶ 年龄较大的个体，除了环境与心理干预，还可以服用**抗焦虑药物**（第142~143页）和抗抑郁药物。

选择性缄默症

选择性缄默症属于一种焦虑障碍，是指人们在某些社交场合无法说话，但其他时候却能正常说话的症状。该障碍的首次鉴定通常出现在三至八岁之间。

什么是选择性缄默症？

选择性缄默症与焦虑有关，受其影响的儿童会出现过度恐惧和忧虑。他们通常能够在自己觉得舒服的场合自由地说话，但在某些特定情况下却不能说话。在这些场合中，他们无法参与、一动不动，当别人期望他们说话时，他们的面部表情僵硬。这种无法说话的表现并不是个体有意识做出的决定或表示拒绝的结果。

选择性缄默症可能是由某次应激事件引发的，也可能是由于言语或语言障碍、听力问题引起的，因为这些障碍可能会让个体对在社交场合进行交流感到特别紧张。无论什么原因所致，选择性缄默症患者在日常活动、家庭、托儿所或学校中的社会关系都会面临困难。及时的治疗可以有效防止该疾病持续发展到成年期——孩子诊断得越早，治疗就越容易。

如果症状持续超过一个月，应该带孩子去看医生。医生可能会将他们进行转诊，使其接受言语和语言治疗。专业治疗师会询问孩子是否有焦虑障碍病史、可能的应激源和听力问题。治疗方案取决于孩子患病的时间、是否有学习困难或焦虑，以及是否有足够的支持等。

治疗

- **认知行为疗法**（第125页），采用正强化与负强化来获得言语和语言技能；将孩子逐步暴露在特定环境中以减少焦虑，消除说话的压力。
- **心理教育**（第113页）可以为父母和照顾者提供信息和支持，缓解一般性的焦虑，并降低障碍持续存在的可能性。

"这是一个默默忍受痛苦的孩子。"

埃莉莎·西朋–布鲁姆（Elisa Shipon–Blum）博士，
美国选择性缄默症研究与治疗中心主任

恐惧状态

选择性缄默症患儿在被要求说话时会"僵住"，他们很少或根本没有眼神交流。这种情况在学习第二语言的儿童中更为常见。

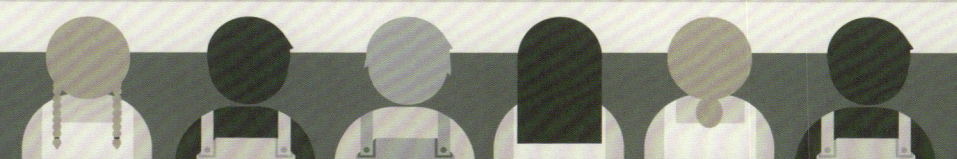

强迫症（OCD）

这种障碍与焦虑有关，会使人异常脆弱，其特征是个体会出现侵入性、不受欢迎的强迫性想法，之后通常会伴随出现重复的强迫性行为、冲动或欲望。

什么是强迫症？

强迫症通常表现为个体的某些想法，这些想法反映了人们对保护他人安全的过度责任感，以及对侵入性思维所带来威胁的过高估计。强迫症是周期循环性的（见下图），人们通常会先有某种强迫性想法，这种想法反过来又会提高个体的焦虑水平。个体会检查每件事情是否井然有序，或者遵循某些仪式使自己得到解脱，但是那些令人苦恼的想法又会重新出现。

这些强迫性的想法和行为非常耗时，个体可能每天都处于挣扎之中，他们的社会生活或家庭生活也会深受困扰。这种障碍可能是由个体认为自

强迫性（想法）

害怕造成伤害
过分关注可能导致伤害的行为。

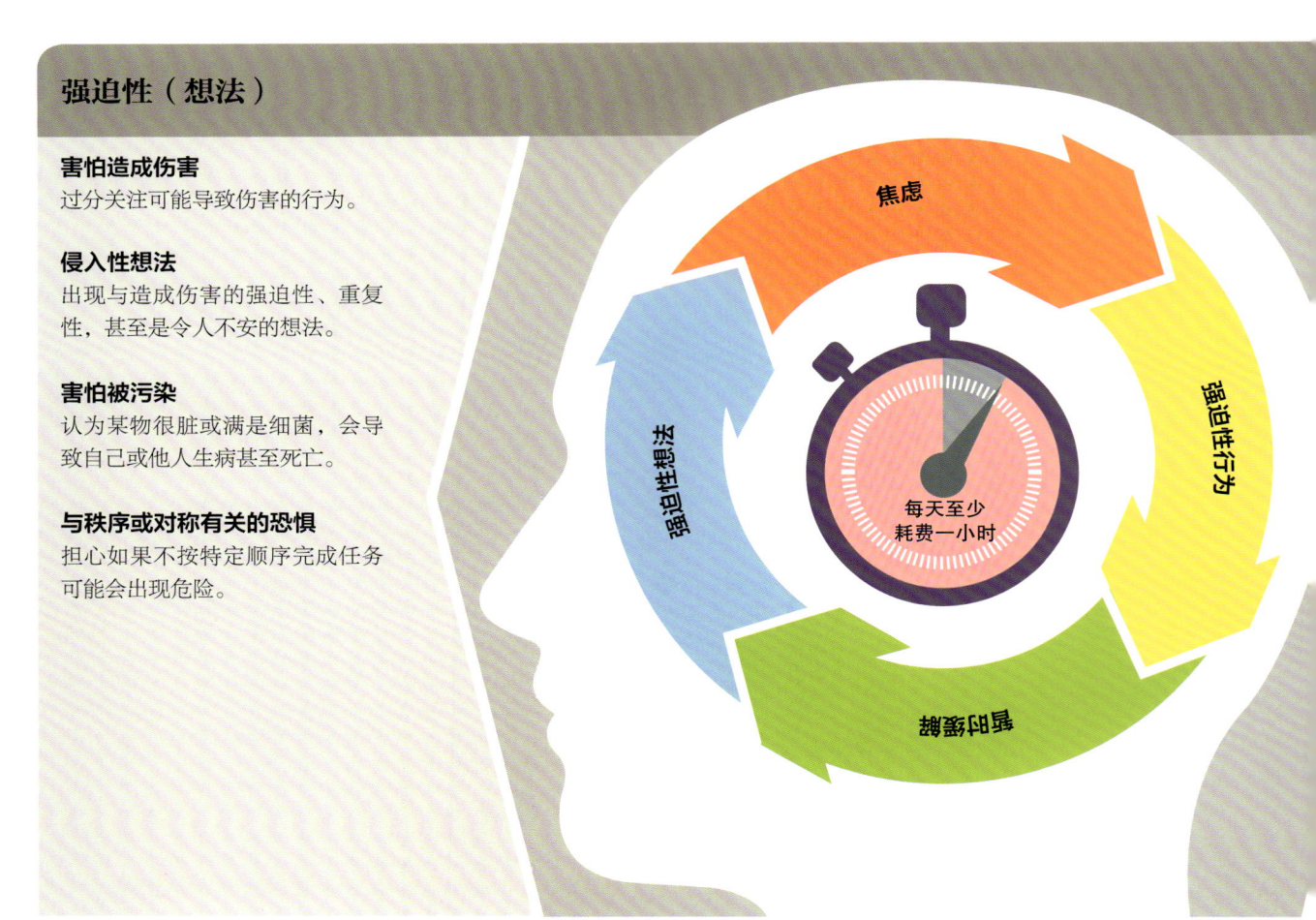

侵入性想法
出现与造成伤害的强迫性、重复性，甚至是令人不安的想法。

害怕被污染
认为某物很脏或满是细菌，会导致自己或他人生病甚至死亡。

与秩序或对称有关的恐惧
担心如果不按特定顺序完成任务可能会出现危险。

焦虑 — 强迫性行为 — 暂时的解脱 — 强迫性想法

每天至少耗费一小时

身负有高度责任的某个事件引发的。此外，家族史、大脑差异和人格特质也有影响。人们可以通过考察个体的思维、情感和行为模式来诊断强迫症，但因它与其他焦虑障碍的相似性可能会使诊断变得更加困难。

单纯的强迫症患者会有伤害他人的侵入性和干扰性想法，但是他们的强迫性行为并不会表现出来，而只是在大脑中进行。

> "一个普通人一天当中可以有四千个想法，但并不是所有想法都是有用或理性的。"
>
> 大卫·亚当（David Adam），
> 英国作家

治疗

- **认知行为疗法**（第125页），使个体去接触引发焦虑的事物，学习如何控制自身反应。
- **抗焦虑药物**和/或**抗抑郁药物**（第142~143页），帮助个体缓解抑郁和焦虑症状。
- 针对极重度强迫症患者，除了心理治疗和药物治疗，还可以进行**专科住院治疗**。

强迫性（行为）

仪式性动作
做出诸如数数或敲击等仪式性动作，以防止伤害，从恐惧中解脱出来。

反复确认
检查家用电器、灯、水龙头、锁、窗户（害怕火灾）、驾驶路线（害怕撞人）和人（害怕惹恼某些人）。

纠正想法
试图保持中立化的想法以预防灾难。

寻求保证
反复要求别人保证一切正常。

仪式性动作和反复确认以保证一切都井然有序、安全无碍，是强迫症的主要特征。

囤积障碍

这种障碍也称为强迫性囤积症，其特征是过度获取和/或无法或不愿清除大量物品。

什么是囤积障碍？

囤积障碍可能始于个体应对生活压力事件的一种方式。囤积障碍患者不愿丢弃破旧物品，因为他们担心以后可能还用得上，或者害怕丢了东西会对别人造成不好的影响。他们会储存一些情感性的物品，因为他们觉得如果丢弃的话会使自己的情感需求无法得到满足。即使空间不足，他们也会继续积攒物品。由于个体并不认为自己有问题，囤积症可能很难治疗。如果减少物品，他们会感到非常不适，因此他们会尽量避免这样做。另外，个体也可能意识到了自身问题，但却羞于寻求他人的帮助或建议。

囤积可能是其他疾病的一种表现，例如强迫症（第56~57页）、重度抑郁（第38~39页）、精神障碍（第70~75页）。在评估过程中，医生会询问人们对获取物品的感受，以及人们对丢弃物品带来损害所要承担责任的过高估计。

治疗

- **认知行为疗法**（第125页），检验并削弱维持囤积行为的观念，并寻找更具适应性或更灵活的观念。
- 家庭中的**生活方式管理**，以减少可能存在健康和安全隐患的物品。
- **抗抑郁药物**（第142~143页），减少相关的焦虑和抑郁症状。

囤积生活

患有囤积障碍的个体可能会让各种垃圾邮件、账单、收据和纸张堆积如山。杂物成堆可能会带来健康和安全隐患，要想把它们搬运到其他房间也非常困难，个体自己会觉得很痛苦，也会影响他们自身及家人的生活质量。因此，这可能导致个体孤立无助，与他人的关系出现危机或障碍。

躯体变形障碍（BDD）

躯体变形障碍会使个体对自己的外表产生一种扭曲的认识。他们通常会花大量的时间担心自己的外表以及他人对自己的看法。

什么是躯体变形障碍？

躯体变形障碍是一种能对人们日常生活产生巨大影响的焦虑障碍。躯体变形障碍患者会过分担心自己的外表。他们经常会关注自己身体的某个特定部位，例如，他们可能把一个几乎看不到的伤疤视作一个重大缺陷，或者他们觉得自己的鼻子不正常，而且相信别人也会以同样的方式看待这个"缺陷"。他们可能会花很多时间来掩饰自己的外表，为了某个身体缺陷而到处求医问药，试图减肥或过度运动等。

在英国，每100人中就有一人患有躯体变形障碍。这种障碍可能发生在所有年龄阶段，并且男性和女性的发病人数相当。躯体变形障碍在有抑郁（第38~39页）或社交焦虑障碍（第53页）病史的人群中更为常见，它通常与强迫症（第56~57页）或广泛性焦虑障碍（第52页）同时发生。躯体变形障碍可能与大脑中的化学物质或遗传因素有关，而过去经验也可能是诱发因素。在评估时，医生会询问人们的症状及其影响，也可能会将他们转介给心理健康专家进行进一步治疗。

打破循环

躯体变形障碍的治疗可以非常有效，其重点在于打破造成躯体变形障碍的观念、情绪和行为的恶性循环。治疗时间的长短取决于病情的严重程度。

治疗

- 采用**认知行为疗法**（第125页），确定个体如何评价出现问题的身体部位，并削弱个体的这种观念。
- 服用**抗抑郁药物**和抗焦虑药物（第142~143页），以辅助心理治疗。

诱发因素
注视自己在镜子中的影像、曲解某些肢体语言或者听信他人随口说的评论，都有可能引发这一恶性循环。

努力改变外表
个体会更倾向于做出安全行为或回避社交活动。他们可能会浓妆艳抹或用衣服来掩饰自己认为有缺陷的部位，进行整容手术，采用过度节食和锻炼等方式来改变体型，回避社交场合等，这样他们会感觉更加孤独。

消极的自我形象

自动化思维
消极思维占主导，例如"我有缺陷，有缺陷的人毫无价值，因此我一无是处。"

情绪低落
个体不断感知到的社会威胁会导致慢性焦虑和抑郁。

抠皮拔毛障碍

抠皮拔毛障碍也可以分别称为抠皮症和拔毛症，属于冲动-控制障碍，是指人们反复出现不可抗拒的冲动，想要抠抓皮肤或拔出毛发。

什么是抠皮拔毛障碍？

人们抠皮或拔毛的目的是想要拥有完美的头发或皮肤，但结果却恰恰相反。这两种行为都会导致身体损伤。

拔毛症的患者可能会拔头发、眉毛、睫毛和腿毛（有时也可能从宠物身上拔毛），这会导致明显的脱发。他们还可能会把毛发吞到肚子里，引起呕吐、胃痛、出血等症状，从而导致贫血。抠皮则可能导致结痂、擦伤和可能引发感染的皮肤病变。这两种情况也可能出现在强迫症（第56～57页）患者身上。

抠皮和拔毛行为通常始于个体对当下某种压力事件的反应，也可能是他们对某种创伤经历的反应。个体的这种行为可能是从有类似习惯的家庭成员那里学到的，也可能是偶然形成的。这种行为有助于缓解压力，从而极大地强化了行为本身。女性更容易受抠皮拔毛障碍的影响，其症状常见于11～13岁的女孩。

个体的拔毛或抠皮行为会严重干扰他们的日常生活。他们可能会逃避日常活动或工作，难以专注，变得孤立隔绝，并且需要忍受经济压力。

治疗

▶ 利用**行为疗法**，采取健康的压力管理方式。采用习惯逆转训练，将意识与替代性行为结合，使用不同活动进行刺激控制，使个体的抠皮拔毛冲动消失。

▶ 在治疗的同时，服用**抗抑郁药物**（第142～143页）。

重复的行为

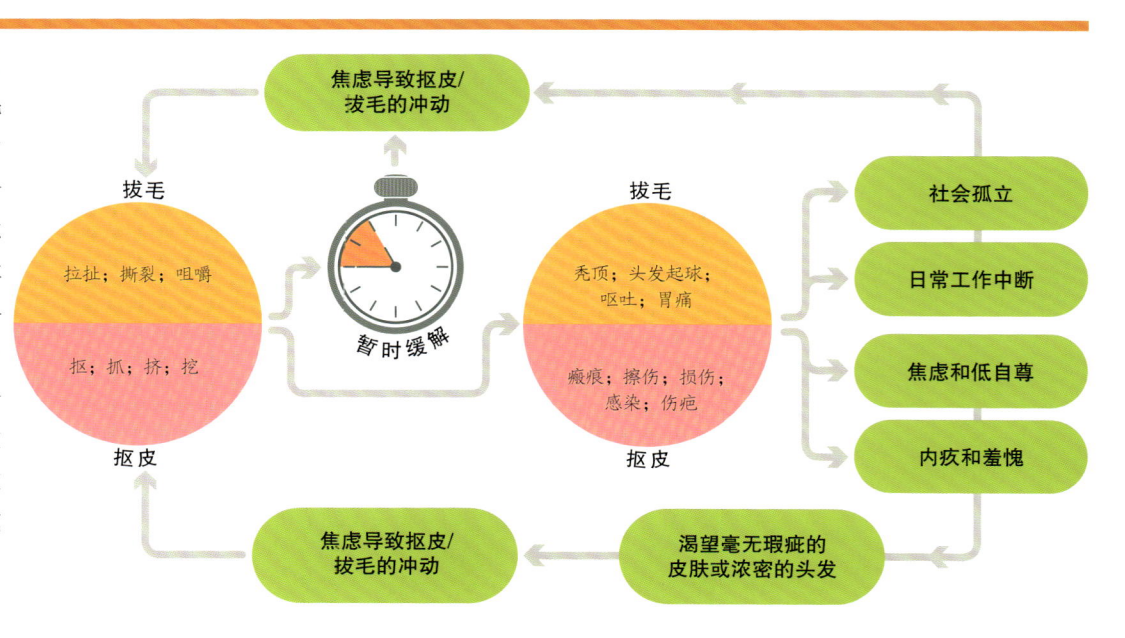

与抠皮拔毛障碍相关的行为习惯通常始于个体对压力或焦虑的反应，但个体却逐渐成瘾——尽管存在各种消极影响，但是个体越去抠皮或拔毛，他们就会越想继续抠皮或拔毛。

拔毛：拉扯；撕裂；咀嚼
抠皮：抠；抓；挤；挖

暂时缓解

拔毛：秃顶；头发起球；呕吐；胃痛
抠皮：瘢痕；擦伤；损伤；感染；伤疤

- 焦虑导致抠皮/拔毛的冲动
- 社会孤立
- 日常工作中断
- 焦虑和低自尊
- 内疚和羞愧
- 渴望毫无瑕疵的皮肤或浓密的头发
- 焦虑导致抠皮/拔毛的冲动

疾病焦虑障碍

疾病焦虑障碍以前被称为疑病症，是指个体即使经过彻底的医学检查没有发现任何问题，仍然过分担心自己会患上重病。

什么是疾病焦虑障碍？

疾病焦虑障碍包括两种不同的情况：第一种是个体没有症状或只有轻微症状时的疾病焦虑障碍；第二种是个体存在能引发情绪压力的重大生理症状时的躯体症状障碍（第108～109页）。疾病焦虑障碍患者会过度关注自身健康。有些人会对现有病情盲目夸大（大约20%的人确实存在心脏、呼吸、肠胃和神经类的疾病），还有些人会出现不明原因的症状。他们会不断说服自己，认为这些症状说明自己患上了连医护人员都没有检查到的重病。

疾病焦虑障碍的症状会长期存在，而其严重程度会有所波动。随着年龄或压力的增加，其症状可能会恶化。该病症通常由某一重大生活事件引发。

焦虑或抑郁的个体更容易出现疾病焦虑障碍。评估及治疗的重点在于停止个体的回避行为和寻求保证的行为（见下图），重新评估健康观念，并提高个体对不确定性的容忍度。

治疗

> 采用**行为疗法**（例如注意力训练），阻止个体过度关注身体感受，帮助个体重新评估自身健康观念。

> 在治疗的同时，服用**抗抑郁药物**（第142～143页）。

永无止境的检查

个体对医学观点的怀疑会不断强化他们的焦虑情绪，导致他们对身体部位或疾病的过分关注，从而引发恐慌和其他生理症状。个体会采取安全行为，例如因害怕接触疾病而回避某些场合，他们也会不断要求他人向其保证没有问题，从而获得短暂的安慰。

创伤后应激障碍（PTSD）

创伤后应激障碍（Post-Traumatic Stress Disorder，PTSD）是一种严重的焦虑障碍。当人们经历或目睹过自身无法控制的某一个或一系列恐怖或危及生命的事件后，这种焦虑障碍就可能随时发生。

什么是创伤后应激障碍？

创伤后应激障碍常见于经历过军事战争或重大生活事件，或者遭受长期虐待，以及遭遇家庭成员意外伤害或死亡的人群。这些事件会激活大脑及身体的"战斗或逃跑"反应，使人处于高度戒备状态，以应对创伤事件带来的后果，并保护人们免于重蹈覆辙。创伤后应激障碍患者会觉得威胁依然存在，他们会保持高强度的反应，从而引发一系列不适症状，包括惊恐发作、无意识闪回、噩梦、回避和情感麻木、愤怒、烦躁、失眠、难以专注等。这些症状通常在事件发生后的一个月内出现（但也可能数月或数年内都不出现），持续时间超过三个月。PTSD可能导致其他心理健康问题，也常导致酗酒和吸毒。

比较明智的做法是首先观察等待，看看症状是否会在三个月内消失，因为过早治疗可能会加重创伤后应激障碍。

✚ 治疗

- **创伤-聚焦疗法**，如认知行为疗法（第125页）、眼动脱敏和再加工（第136页），即通过处理关于事件的记忆来帮助个体减轻当前的威胁感。
- **慈悲-聚焦疗法**，帮助个体从羞耻的思想和画面中解脱出来。此外，可以为退伍军人等弱势群体提供团体心理治疗。

大脑变化

PTSD是一种生存反应。为了帮助人们顺利度过创伤经历，人体内的应激激素水平会升高，大脑也会发生其他变化，从而导致PTSD的症状。

海马
PTSD会增加应激激素的分泌，导致海马活动减少，记忆巩固效果减弱。由于个体的决策能力降低，其身体和大脑会保持高度警觉。

前额叶皮层
创伤会影响前额叶皮层的功能，改变个体的行为、人格和复杂的认知功能，例如计划、决策等。

下丘脑
PTSD会使下丘脑向肾上腺（位于肾脏）发送信号，将肾上腺素释放到血液中，以增加个体生存的概率。

杏仁核
PTSD会增强杏仁核的功能，激活"战斗或逃跑"反应，增强感官意识。

急性应激反应（ASR）

急性应激反应（Acute Stress Reaction，ASR），也称为急性应激障碍，会在个体遭遇生理或心理压力（例如丧亲、交通事故、人身侵犯等）后迅速出现，但通常不会持续太久。

什么是急性应激反应？

急性应激反应的症状主要表现为个体遭遇创伤和意外的生活事件后出现的焦虑和分离性行为。个体可能会感觉与自身产生分离，难以处理情绪问题，出现情绪波动，变得沮丧、焦虑，并经历惊恐发作等。他们难以入眠，难以专注，反复做梦，出现闪回，并设法回避可能触发某一事件记忆的场合。有些人还会出现一些生理症状，例如心跳加快、呼吸困难、出汗过多、头痛、胸痛、恶心等。

急性应激反应是急性的，症状出现很快，但通常不会持续太久。急性应激反应的症状可以在应激事件发生后的数小时内出现，并在一个月内消失。如果症状持续时间延长，则有可能发展成为创伤后应激障碍（见左页）。

急性应激反应可以在不加治疗的情况下自行缓解。与朋友或亲人交谈可以帮助急性应激反应患者更好地理解某一应激事件发生的背景。心理治疗可能对患者亦有助益。

80% 的急性应激反应患者在六个月之后会发展成为创伤后应激障碍。

ASR与PTSD有何不同？

ASR与PTSD有相似之处，但时间范围不同。ASR症状发生在应激事件出现后的一个月内，并通常会在这个月内消失。而PTSD症状可能在应激事件发生后的第一个月内出现，也可能不出现。如果症状明显超过三个月，才能诊断为PTSD。ASR和PTSD的症状也有相似之处。然而，ASR主要以情感症状（例如分离、抑郁、焦虑）为主，而PTSD的症状主要是延迟或持续性的"战斗或逃跑"反应（第32~33页）。有PTSD病史或其他心理健康问题的个体更有可能出现ASR，而ASR也可能会导致PTSD。

治疗

- **心理治疗**，例如认知行为疗法（第125页），可以识别和重新评估导致个体持续焦虑和情绪低落的观念和行为。
- **生活方式管理**，包括支持性的倾听和减压练习（例如瑜伽、冥想）。
- **配合心理治疗服用β受体阻滞剂和抗抑郁药物**（第142~143页），能够缓解生理症状。

有规律的冥想可以改善急性应激反应患者的不适心理体验，并能缓解其"战斗或逃跑"反应。

适应性障碍

适应性障碍是指发生某种重大生活事件后个体可能出现的一种短期、与压力有关的心理障碍。通常情况下，个体的反应会比预期的更强烈或更持久。

什么是适应性障碍？

任何应激事件都可能引发个体的焦虑、失眠、悲伤、紧张和注意力不集中等。然而，如果个体觉得某一事件特别困难，他们的反应可能会更强烈，并持续数月之久。对儿童来说，适应性障碍可能与家庭冲突、学校中面临的问题和住院治疗等情况有关。儿童可能会出现退缩或捣乱行为，抱怨不明原因的疼痛或疾病。与PTSD或ASR（第62~63页）不同，适应性障碍的压力触发因素并不那么严重。当个体适应了某种情境和/或应激源消失后，其症状通常会在几个月内得以缓解。人们无法有效预测某一个体是否会比其他人更容易罹患适应性障碍。适应性障碍与个体对某一事件的应对方式和个人生活经历有关。

医生首先会评估个体的症状是否由其他疾病（如ASR）引起，然后再对这些症状进行心理评估。

治疗

- 心理治疗，例如认知行为疗法（第125页）、家庭或团体治疗（第138~141页），以帮助个体识别和应对应激源。
- 配合心理治疗服用**抗抑郁药物**（第142~143页），以减轻抑郁、焦虑和失眠症状。

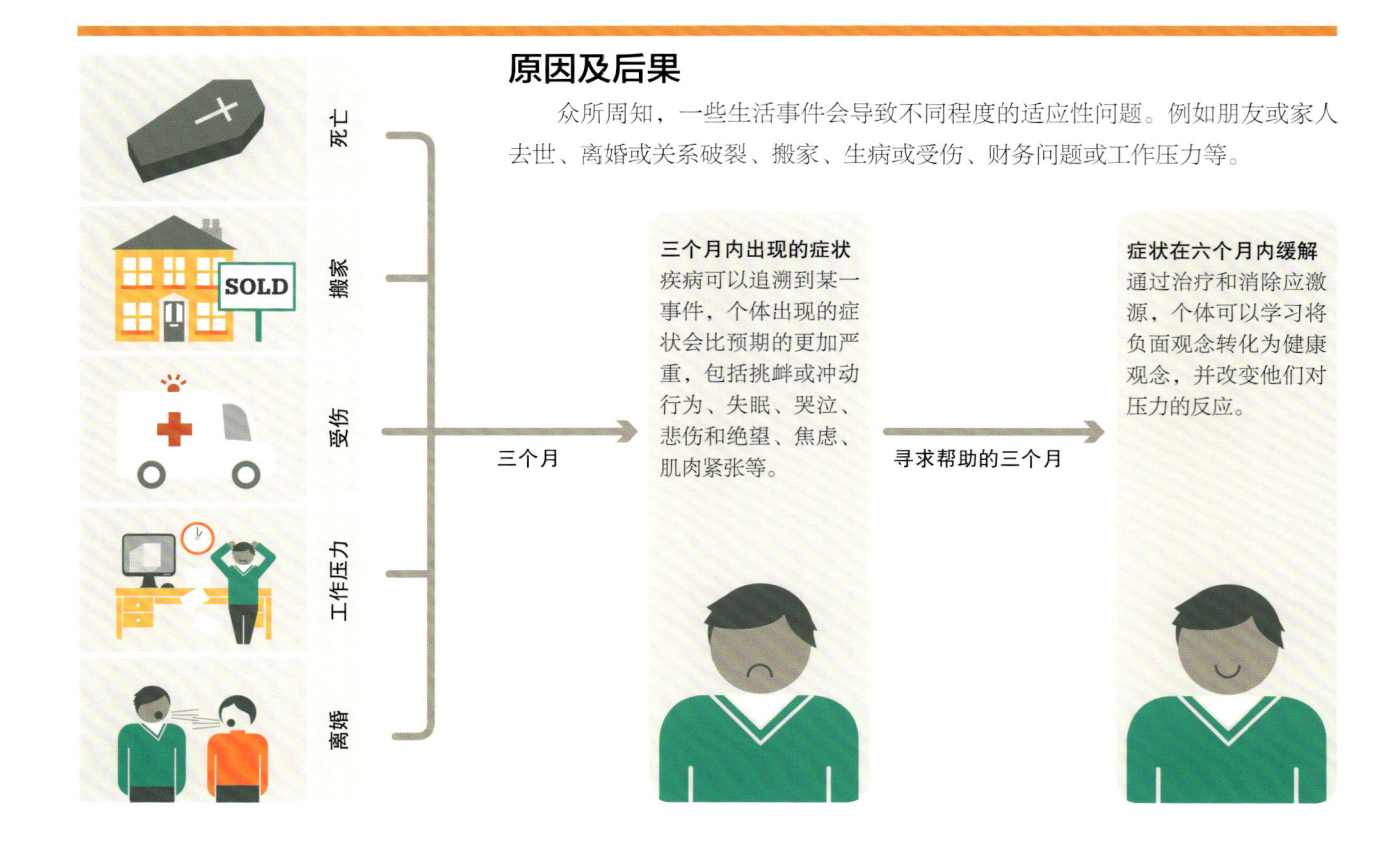

原因及后果

众所周知，一些生活事件会导致不同程度的适应性问题。例如朋友或家人去世、离婚或关系破裂、搬家、生病或受伤、财务问题或工作压力等。

死亡 / 搬家 / 受伤 / 工作压力 / 离婚

→ 三个月 →

三个月内出现的症状
疾病可以追溯到某一事件，个体出现的症状会比预期的更加严重，包括挑衅或冲动行为、失眠、哭泣、悲伤和绝望、焦虑、肌肉紧张等。

→ 寻求帮助的三个月 →

症状在六个月内缓解
通过治疗和消除应激源，个体可以学习将负面观念转化为健康观念，并改变他们对压力的反应。

反应性依恋障碍

儿童在婴儿期与照顾者之间没有形成良好的关系可能导致反应性依恋障碍。不明原因的反应性依恋障碍可能预示着个体的发展将终身受损。

什么是反应性依恋障碍？

依恋理论（第154~157页）指出，儿童与主要照顾者之间建立的强烈情感和生理联系是他们健康成长发展的关键。如果没有形成这种联系，孩子会变得越来越孤僻、退缩和痛苦，与压力相关的生理症状也会更加明显。

如果持续忽略儿童的基本生理需求、频繁更换主要照顾者和童年期受到虐待都可能会影响儿童建立社会及情感联系的能力。孩子可能会表现出明显异常的社交方式，还可能无法开始或应对社交性的互动。

人们以前在评估反应性依恋障碍时，会包括去抑制性的反应，例如漠视习俗、冲动行为等。然而，这些症状现在主要用于单独诊断去抑制型社会参与障碍。

长期影响

童年早期中性、消极甚至敌对的环境可能会给个体带来长期的负面影响，这种影响可能会持续至成年期。个体在未来生活中维持和建立健康人际关系的能力是最容易受影响的。反应性依恋障碍可能在婴儿早期就发展起来，这种易感性可能与童年期及成年期的各种障碍有关（见下图）。

相关的障碍

未确诊的反应性依恋障碍是临床评估中儿童及成年期产生的各种心理问题的潜在影响因素。

治疗

▶ **认知与行为治疗**，包括认知行为疗法（第125页）来检查习惯性的评价；辩证行为疗法（第126页）以帮助受到严重影响的成年人；家庭疗法（第138~141页）以促进良好的沟通；焦虑管理和积极行为支持。

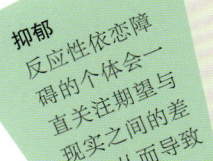

抑郁
反应性依恋障碍的个体会一直关注期望与现实之间的差距，从而导致抑郁。

学习困难
社会孤立会造成一种敌对的环境，使个体更有可能出现发展性障碍。

低自尊
个体如果在婴儿期缺少积极的人际互动，那么他们的人际互动会以中性或消极互动为主，从而影响个体的自尊水平。

关系问题
个体如果在童年期没有建立健康的依恋关系，那么他们在成年后也会很难建立有意义的人际关系。

社交困难
个体感到自己与同龄人不同，可能更容易出现敌对性的行为，也更容易受到孤立或欺凌。

物质滥用
个体如果经历过动荡混乱的婴儿期或童年期，他们通常会通过药物来寻求支持。

注意力缺损多动障碍（ADHD）

注意力缺损多动障碍（Attention Deficit Hyperactivity Disorder，ADHD）属于一种神经发育障碍，是指儿童表现出与其年龄并不相符的（注意力分散、多动、冲动）症状。

什么是注意力缺损多动障碍？

注意力缺损多动障碍儿童很难安静就座并集中注意力。人们通常在孩子六岁以前就能发现他们的这些症状。注意力缺损多动障碍的影响可能会持续到青春期及成年期。当成人在接受高等教育或在就业、人际关系等方面不断出现问题时，医生可能会判断他们早就存在注意力缺损多动障碍。然而，成年人的这些症状可能并不像儿童期那样明显（见右图）。注意力缺损多动障碍成人的多动行为水平会有所下降，但他们可能更难集中注意力，并容易出现冲动、不安等症状。

注意力缺损多动障碍的致病源并不确定，但人们认为ADHD与一系列因素有关。遗传因素可能起一定作用，因为ADHD有家族遗传史。人们通过脑部扫描结果发现ADHD患者的大脑结构有所不同，并且他们还发现ADHD与多巴胺、去甲肾上腺素等神经递质的异常水平有关（第28~29页）。其他因素还包括早产、出生体重偏低、环境危害等。ADHD在学习困难群体中更为常见。ADHD患者还可能表现出其他疾病的症状，例如自闭症谱系障碍（第68~69页）、抽动障碍或抽动秽语症（第100~101页）、抑郁（第38~39页）和睡眠障碍（第98~99页）等。通过对全球范围内ADHD患者的调查显示，男孩的发病率是女孩的两倍多。

识别ADHD

全科医生不能对ADHD进行正式诊断，但如果他们怀疑孩子患有这种疾病时，会将孩子转介给专家进行评估。在制订治疗计划之前，人们需要对孩子的多动、注意力不集中和冲动行为的模式进行时间长达六个月的观察。

多 动

▶ **无法安静就座** 孩子不能按要求在某些场合（例如教室内）坐好（或保持安静）。

▶ **坐立不安** 无论坐着还是站着，孩子可能会不停地扭动四肢、躯干和头部。

▶ **音量控制不足** 孩子在每天的日常活动中会大声喧哗。

▶ **缺乏危险意识** 孩子可能会做出危险、不当的行为，例如到处奔跑、攀爬。

心理障碍
注意力缺损多动障碍(ADHD)

"ADHD患者的大脑就像一个打开了过多标签页的浏览器。"

帕特·努(Pat Noue)，ADHD协会

注意力分散

- **专注困难** 这会导致孩子判断失误和犯错。如果孩子在运动，还可能会造成身体伤害。
- **笨手笨脚** 孩子容易掉东西或打碎物品。
- **容易分心** 孩子总是不注意听他人说话，无法完成任务。
- **组织能力差** 孩子无法专注会影响其组织能力。
- **健忘** 孩子经常丢三落四。

行为冲动

- **打断** 孩子会打断谈话，而不考虑对方或所处情境。
- **不能轮流等候** 孩子在谈话或游戏中不能耐心等待。
- **过度交谈** 孩子可能会经常改变话题或过分关注某一话题。
- **行动欠缺考虑** 孩子不能排队等候或无法跟上集体的节奏。

治疗

- **行为疗法**（第122~129页），以协助儿童及家人管理其日常生活；为家庭及照顾者提供心理教育（第113页）。
- **生活方式管理**，例如通过改善身体健康状况、减轻压力等方式来安抚孩子。
- **药物**可以起镇静（而非治疗）作用，使个体减少冲动和多动行为。兴奋剂（第142~143页）可以提高多巴胺水平，并刺激与专注有关的脑区。

应对ADHD

父母可以采用多种方法帮助儿童应对ADHD的症状。

- **建立可预测的日程安排**可以缓解ADHD患者的症状。制订日常活动的时间表并保持一致。确保学校也有明确的日程安排。
- **设定明确的界限**，确保孩子知道要做什么；孩子做出积极行为，需要立刻给予鼓励。
- **给出明确指示**，根据孩子的理解程度，指示可以是视觉材料或口头提示。
- **制订奖励计划**，例如星点图，当孩子做出良好行为后就可以获得相应的奖励。

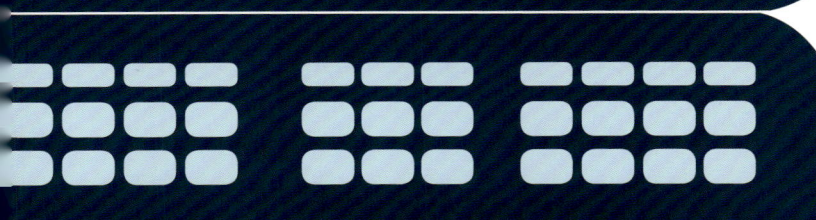

自闭症谱系障碍（ASD）

自闭症谱系障碍（Autism Spectrum Disorder，ASD）包括一系列可能持续终身的障碍，这些障碍会影响个体与他人相处的能力以及他们的情绪和感觉，使他们的社会交往变得困难。

什么是自闭症谱系障碍？

自闭症谱系障碍一般是在儿童时期确诊，它可以表现为多种形式。父母或照顾者可能会发现婴儿不发出声音，或者年龄稍大的孩子在社交和非言语沟通方面存在问题。ASD的常见症状包括重复性的行为、说话存在问题、缺乏眼神交流、收拾或整理东西的仪式性动作、奇怪的运动反应、重复单词或句子、兴趣有限和睡眠问题等。有些ASD患者可能还存在抑郁（第38~39页）或ADHD（第66~67页）症状。

自闭症谱系障碍与遗传易感性、早产、胎儿酒精综合征以及肌肉萎缩症、唐氏综合征和脑瘫等疾病有关。全科医生首先会检查孩子身体以排除导致症状的生理原因，然后可能会将孩子转介给专科医生进行诊断。专科医生会收集儿童在家庭和学校里所有的行为表现和发展状况等信息。目前还没有方法能够完全治愈ASD，但语言治疗和物理治疗等特殊疗法可以起到一定的帮助作用。在美国，每68个人中就有一名ASD患者，并且女孩的发病率高于男孩。

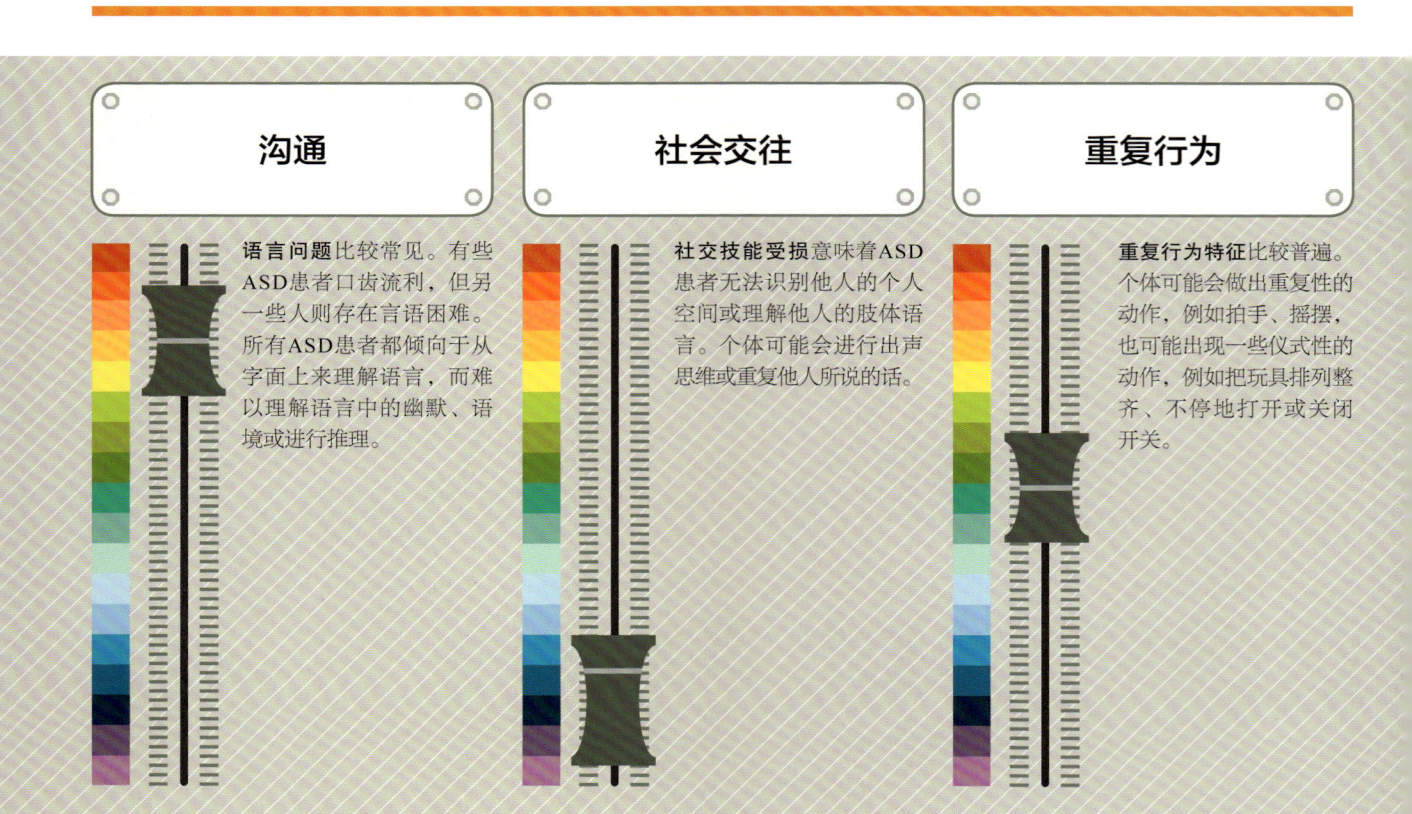

沟通

语言问题比较常见。有些ASD患者口齿流利，但另一些人则存在言语困难。所有ASD患者都倾向于从字面上来理解语言，而难以理解语言中的幽默、语境或进行推理。

社会交往

社交技能受损意味着ASD患者无法识别他人的个人空间或理解他人的肢体语言。个体可能会进行出声思维或重复他人所说的话。

重复行为

重复行为特征比较普遍。个体可能会做出重复性的动作，例如拍手、摇摆，也可能出现一些仪式性的动作，例如把玩具排列整齐、不停地打开或关闭开关。

高功能自闭症和阿斯伯格综合征

高功能自闭症（High Functioning Autism，HFA）和阿斯伯格综合征（Asperger's Syndrome，AS）都适用于具有ASD特征的人，但他们的智商高于ASD患者的平均水平，一般都在70分以上。然而，HFA和AS是两种不同的诊断类型。HFA患者语言发展迟缓，而AS患者则不存在这种情况。人们很容易忽视HFA或AS儿童的诊断，因为他们在社交方面显得很笨拙，不容易被他人所理解。他们对某一特定学科有着近乎完美主义的倾向和强迫性的兴趣，这些自闭症谱系障碍的特征可能会使他们成为自己感兴趣领域的专家。与ASD一样，HFA或AS患者也需要严格的日程安排，他们对某些特定刺激很敏感，他们在社交场合会感到非常尴尬，无法做出恰当的行为并进行言语沟通。这些症状的严重程度因人而异。无论在学校或进入成年期，患者在社交和亲密关系方面都会长期存在困难。

治疗

▶ **专科医生干预及治疗**，可以治疗自残、多动和睡眠困难等症状。

▶ **教育和行为干预方案**可以帮助个体学习社交技能。

▶ **药物治疗**（第142~143页）可以帮助缓解某些症状，例如使用褪黑素改善睡眠问题，使用选择性血清素再摄取抑制剂（SSRIs）缓解抑郁症状，使用哌醋甲酯（利他灵）缓解ADHD症状。

ASD的程度

ASD在每个人身上会表现出不同的方式和程度。自闭症作家、学者斯蒂芬·M.肖尔（Stephen M. Shore）曾说，"如果你遇见一位ASD患者，那么你只会认识这一位ASD患者。"

> "在科学或艺术领域，自闭症倾向是必不可少的。"
>
> 汉斯·阿斯伯格（Hans Asperger），
> 奥地利儿科医生和自闭症研究者

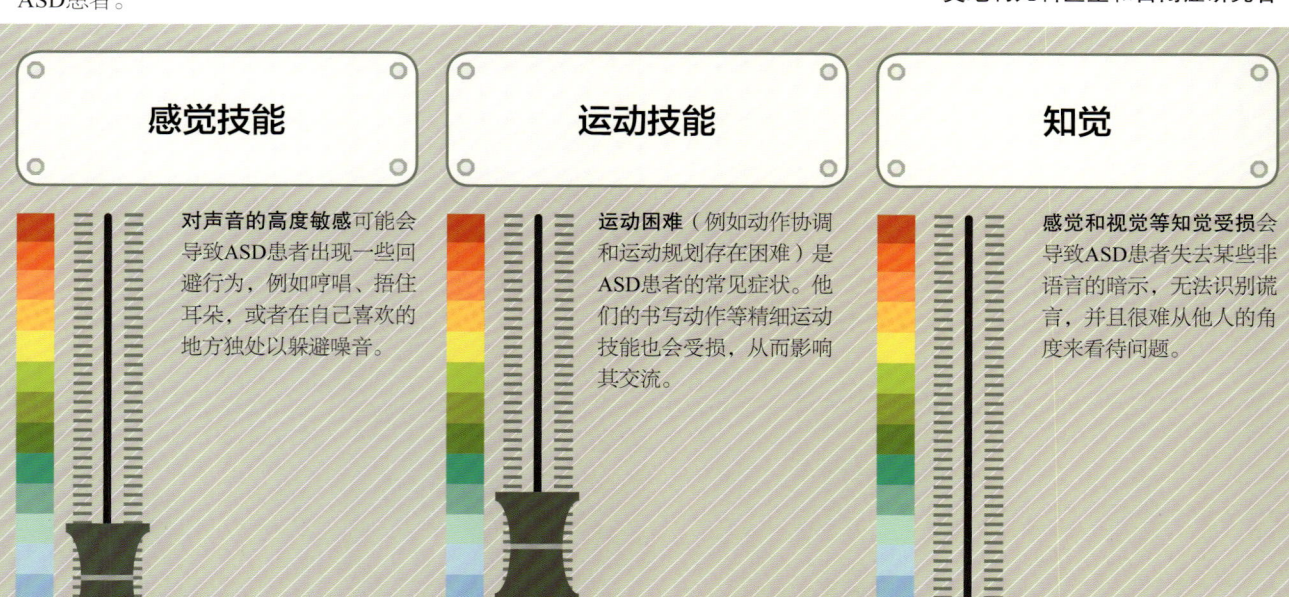

感觉技能

对声音的高度敏感可能会导致ASD患者出现一些回避行为，例如哼唱、捂住耳朵，或者在自己喜欢的地方独处以躲避噪音。

运动技能

运动困难（例如动作协调和运动规划存在困难）是ASD患者的常见症状。他们的书写动作等精细运动技能也会受损，从而影响其交流。

知觉

感觉和视觉等知觉受损会导致ASD患者失去某些非语言的暗示，无法识别谎言，并且很难从他人的角度来看待问题。

精神分裂症

精神分裂症是一种能够影响个体思维方式的长期疾病。其特点是个体出现偏执、幻觉、妄想等症状,并严重影响其社会功能。

什么是精神分裂症?

"精神分裂症"这个词源自希腊文,字面意思是"分裂的精神",这可能会使人们错误地认为精神分裂症患者的人格是分裂的,但事实上并非如此。相反,他们会产生他们自认为真实存在的妄想和幻觉。精神分裂症存在不同的类型,主要包括偏执型(幻觉和妄想)、紧张型(怪异动作,在运动过多或静止中来回切换)和混乱型(兼具前两种类型的症状)。精神分裂症患者并不总是如同人们普遍认为的那样充满暴力行为。然而,他们更有可能滥用酒精和毒品,而正是这些习惯加上他们本身的病症,可能会导致他们的攻击行为。

精神分裂症是生理、遗传、心理和环境等因素共同作用的结果。磁共振成像(MRI)扫描结果发现,精神分裂症患者大脑中多巴胺和血清素等神经递质的水平(第28~29页)和大脑结构均存在异常。精神分裂症可能还与妊娠或分娩并发症有关。此外,人们还认为,成年早期过量吸食大麻可能也是一种诱因。

家庭功能障碍理论是20世纪下半叶关于精神分裂症成因的较为流行的理论。该理论提出了"双重束缚理论"(人们面临互相矛盾、不可调和的行动要求)、父母/照顾者过度的"情感表达"(无法容忍精神分裂症患者)以及通过自我标签作用习得精神分裂症患者的角色等观点。此后,心理健康专家观察到,人们面对创伤、虐待或遗弃时可能会出现听到一些声音或产生偏执观念等常见反应。应激事件可能会引起急性精神分裂症发作,因此学会识别其发病原理有助于病情的处理。

治疗

- **社区心理健康团队**,例如社会工作者、职业治疗师、药剂师、心理学家和精神病学家等一起努力,帮助个体稳定和改善病情。
- **药物治疗**,例如抗精神病类药物(第142~143页),以减轻患者的主要阳性症状,但并不能完全治愈。
- **认知行为疗法**(第125页)和现实检验技术可以帮助治疗患者的妄想等症状。利用图像等新技术还可以缓解阴性症状带来的压力。
- **家庭治疗**(第138~141页)可以改善家庭内部的关系及应对技巧,还可以对负责照顾患者的人起到一定教育作用。

阳性症状(精神病性)

这些症状之所以被称为阳性症状,是因为个体出现了只在精神分裂症情况下表现出的新的精神状况、新的思维与行为方式。

- **听到声音**是常见症状,可能偶尔出现,也可能一直存在。这些声音可能是嘈杂的或安静的、干扰的或消极的、已知的或未知的,也可能是男性的或女性的。
- **幻觉**是指看到了并不存在的事物,患者觉得这些事物非常真实、充满暴力,令人深感不安。
- **感受性增强**会使个体坚信自己身上有某些讨厌的生物,例如有蚂蚁在皮肤上或皮肤下爬动。
- 出现对不明事物的**嗅觉和味觉**,还可能无法辨别气味和味道。
- **妄想**——固化的观念——尽管这些观念并不合理,但患者依然坚信。个体可能会认为自己是一位名人,正被追杀或被密谋陷害。
- **被控制感**,例如个体会认为自己被妄想中的某位宗教人士或独裁者控制着。这些观念会让他们表现出不同的行为。

如何诊断精神分裂症？

精神分裂症的诊断需要通过临床访谈和专业检查表来对症状进行评估。该疾病越早得到诊断和治疗，其治疗效果就越好，而它对个体的个人、社会和工作生活产生的极端影响就越少。虽然精神分裂症并不能完全治愈，但患者可以对其加以控制，使自己能够正常生活。对于出现这种复杂心理健康问题的人们来说，必须针对其特定需求，制定相应的个性化治疗方案。

全世界大约有 **1.1%** 的成年人患有精神分裂症。

阴性症状（退缩性）

这些症状之所以被称为阴性症状，是因为精神分裂症患者不具备健康人所应具备的某些功能、观念或行为。

- **与他人沟通困难**，导致个体肢体语言改变、眼神交流缺乏、语无伦次。
- **"扁平化"情绪**，导致个体的反应明显萎缩。个体对各种活动都不感兴趣。
- **疲倦**，可能导致嗜睡、睡眠模式改变、卧床不起或长时间呆坐在同一地方。
- **缺乏意志力或动机**，导致个体很难甚至无法进行日常活动。
- **记忆力和专注力差**，导致个体无法计划或设置目标，难以记住各种想法和对话内容。
- **无法应对**日常事务，导致生活混乱。无论在家庭生活还是独自生活，个体都无法自理。
- **退出**社交和社区活动，导致个体的社会生活受到严重干扰。

精神分裂症的症状

精神分裂症的症状包括阳性症状和阴性症状。阳性症状是个体出现了各种精神病症状，阴性症状则表现为退缩性或伴随抑郁的情感淡漠。如果个体在一个月内出现了两类症状中的一个或多个症状，那么就有可能是精神分裂症。

情感分裂性精神障碍

这是一种长期的心理健康问题，个体会同时出现精神分裂症的精神病症状和双相障碍的非受控情绪症状。

什么是情感分裂性精神障碍？

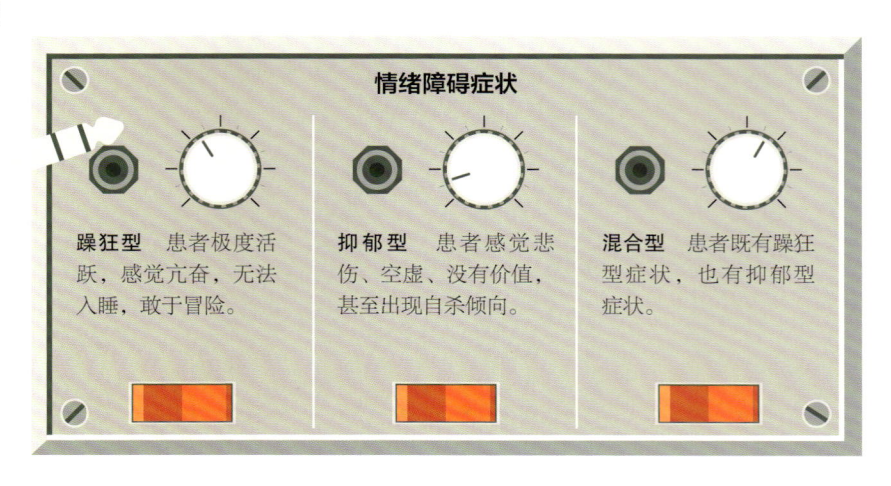

情感分裂性精神障碍的症状因人而异。在至少两周的时间里，个体在某段时间内可能会同时出现精神病症状及情绪症状（躁狂型、抑郁型或二者兼有），而大部分时间只出现精神病症状或情绪症状。情感分裂性精神障碍可能由创伤事件导致，事件发生时个体可能年纪太小而不知如何应对，或者没有得到良好照顾以至于他们没有发展出合适的应对技巧。遗传因素可能也有影响。该病症在女性群体中更为常见，通常在成年早期出现。

心理健康专家会评估个体的症状、持续时间和诱发因素。这种慢性疾病会对个体生活的方方面面造成影响，然而这些症状是可以得到有效控制的。通过家庭干预可以提高人们对该疾病的认识并改善其人际沟通和人际支持状况。

治疗

▶ **药物治疗**需要长期进行；针对抑郁型，服用情绪稳定剂和抗抑郁类药物；针对躁狂型，服用抗精神病类药物（第142~143页）。

▶ **认知行为疗法**（第125页）可以帮助个体将其观念、情感和行为联系起来；识别行为变化前的线索；制定应对策略。

不同类型

情感分裂性精神障碍患者在一段时间内会出现精神病症状（例如幻觉、妄想），也会出现情绪障碍症状，躁狂型或抑郁型，有时二者兼而有之。这种疾病的特点是个体会周期性地出现严重症状，继而得以改善。

1% 的人可能会出现情感分裂性精神障碍。

精神病症状

▶ **幻觉** 听到或看到根本不存在的事物。
▶ **妄想** 坚持错误的固化观念。

情绪障碍症状

躁狂型 患者极度活跃，感觉亢奋，无法入睡，敢于冒险。

抑郁型 患者感觉悲伤、空虚、没有价值，甚至出现自杀倾向。

混合型 患者既有躁狂型症状，也有抑郁型症状。

紧张症

紧张症是一种会影响个体行为和运动技能的偶发性疾病，其特征是精神运动功能异常和清醒时的极度无反应性。

什么是紧张症？

紧张症是一种可以持续数天或数周的僵化状态。紧张症患者可能表现极为消极，对外界事物没有任何回应，焦躁不安，因焦虑导致言语困难，并拒绝进食或喝水。其他症状还包括悲伤、易怒、无价值感等，这些情绪可能每天都会发生。个体对各种活动失去兴趣，体重突然减轻或增加，难以入睡或起床，坐卧不安。个体的决策能力可能受损，也经常出现自杀念头。

这种疾病有心理或神经方面的原因，可能与抑郁（第38~39页）或精神障碍有关。据估计，10%~15%的紧张症患者具有精神分裂症（第70~71页）的症状，而20%~30%的双相障碍（第40~41页）患者可能会出现紧张症，特别是在躁狂发作期间。

紧张症的诊断

心理健康专家会对个体进行观察，寻找相关症状。在12个症状（见右图）中，个体必须至少存在三个症状才能被确诊为紧张症。

➕ 治疗

▶ 根据症状开具相应的**药物**（第142~143页），包括抗抑郁药物、肌肉松弛剂、抗精神病类药物和镇静剂（例如苯二氮卓类药物），但可能会存在药物依赖的风险。个体需要外界帮助以确保用药依从性，同时还可以给个体教授一些生活技能。

▶ 如果药物治疗无效，可采用**电休克疗法**，即向大脑传输电流（第142~143页）。

缄默症
沉默不语，明显不愿或不能说话。

模仿言语
不断重复他人所说的话。

表情扭曲
面部表情扭曲，表现出反感、厌恶甚至痛苦的样子。

目光呆滞
一动不动，缺乏表达，对刺激没有任何反应。

僵直
全身僵硬，或癫痫发作，或在恍惚状态中完全没有反应。

蜡样屈曲
四肢可以任人移动，并保持在某个新的位置。

焦躁
行为可能毫无目的、充满危险。

作态
刻意摆出某种姿势或做出奇怪动作。

怪异姿势
从某个异常姿势换成另一个异常姿势。

刻板
频繁、持续不断地重复一些动作。

违拗症
除消极观点外，抵制其他一切观点。

模仿动作
不断模仿他人的动作。

妄想障碍

妄想障碍是一种非常罕见的精神疾病，会导致个体出现一些复杂而令人苦恼的想法和错觉，这些想法和错觉并不真实，也缺乏现实基础。

什么是妄想障碍？

妄想障碍也被称为偏执障碍，其特征是个体无法区分真实的事物和想象的事物。这种错觉可能是对所经历事件的误解，或不真实，或被严重夸大。这些错觉可以是非奇异性事件，并与可能发生的情境有关，例如被跟踪、被投毒、被欺骗或被暗恋等；这些错觉也可以是不可能发生的奇异事件，例如相信外星人即将入侵等。

妄想障碍会使个体难以集中精力、无法进行社会交往和正常生活，因其会导致个体行为发生巨大变化，并与他人产生冲突。个体可能会非常专注于自身的错觉，其生活秩序亦会被打乱。然而，有些人却可以继续正常生活，除了存在错觉，他们并不会出现其他明显的怪异行为。有些人则会出现幻觉——例如看到、听到、尝到、闻到或感受到一些并不存在的事物。

某些心理障碍可能诱发妄想发作，例如精神分裂症（第70~71页）、双相障碍（第40~41页）、重度抑郁

妄想的种类

妄想是一种固化的信念，即使个体面对互相矛盾的证据，他们也不会改变。妄想包括特定的种类（见右图）。个体的妄想可能会持续一个月或更长时间，而大多数人并不承认自己有问题。只要不涉及这些固化信念，患者可能看上去完全像个正常人。

情爱妄想
个体相信有人（通常是名人）爱上了自己。这类妄想可能会导致跟踪行为。

躯体妄想
个体存在生理或躯体感觉的妄想，例如人们坚信有昆虫在皮肤下爬行。

自大妄想
个体相信自己有一种不被认可的伟大天赋或知识，例如自己可能是一位特殊的信使、宗教教师或神明。

（第38～39页）等，压力或睡眠不足也可能是诱发因素。其他的诱发疾病还包括艾滋病、疟疾、梅毒、狼疮、帕金森氏病、多发性硬化症和脑瘤等。酒精或药物等物质滥用也可能导致个体的妄想发作。

如何诊断？

医生首先要对个体进行完整的病史检查。他们会询问个体的症状，了解妄想是如何影响其日常生活的，是否有家族的精神病史，个体服用药物和/或非法物质的详细情况等。

✚ 治疗

▶ **药物治疗**（第142～143页）包括可以减少妄想症状的抗精神病药物；抗抑郁药物，例如选择性血清素再摄取抑制剂（SSRIs），可以辅助治疗与妄想障碍相关的抑郁症状。

▶ **心理疗法**，例如采用认知行为疗法（第125页）来检验个体的固化信念，支持所需要的改变。

▶ 通过**自助小组和社会支持**以缓解妄想障碍带来的压力，并帮助患者周围的人群；通过家庭、社会和/或学校干预，帮助患者发展社会技能，减少妄想障碍对生活质量的影响。

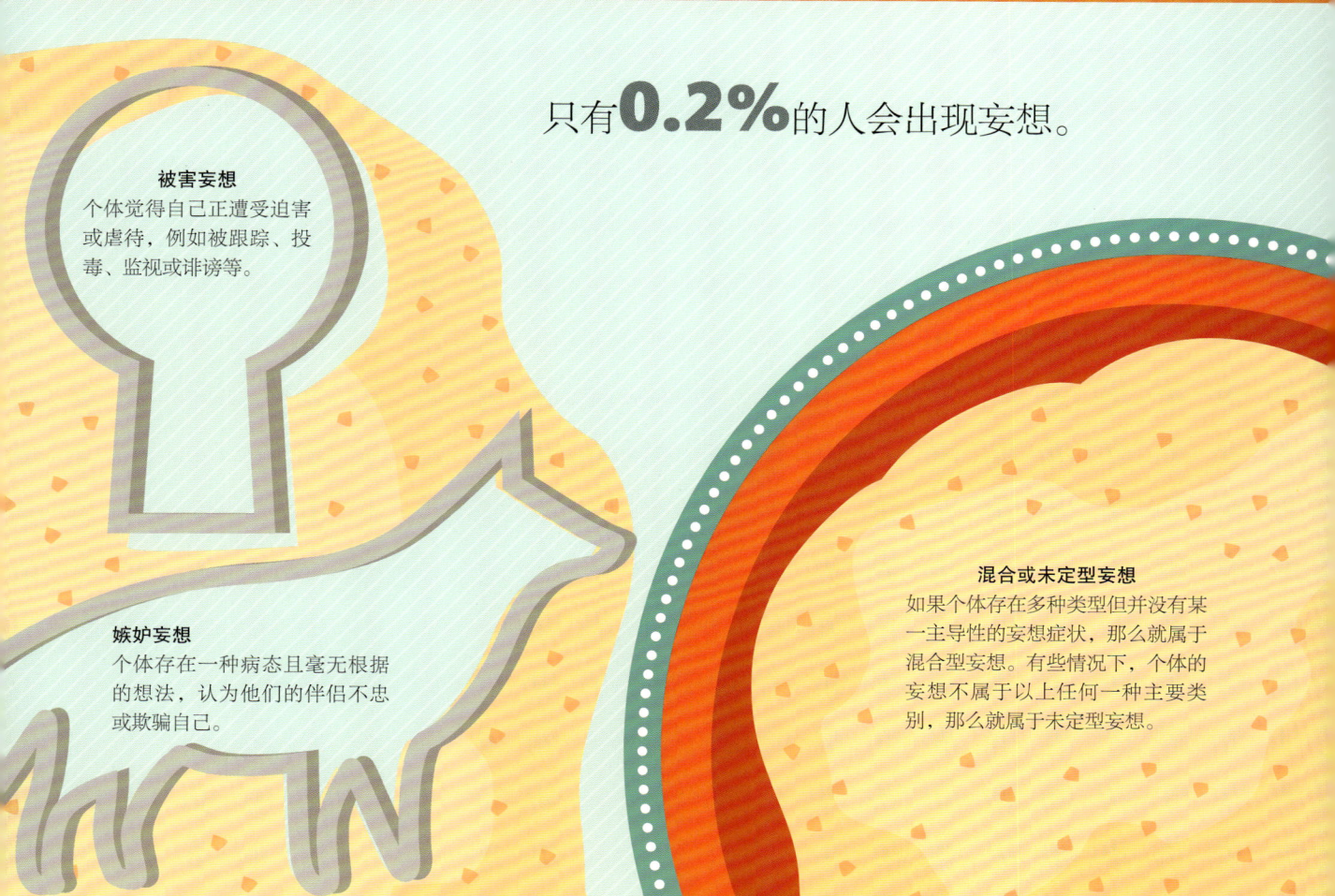

只有 **0.2%** 的人会出现妄想。

被害妄想
个体觉得自己正遭受迫害或虐待，例如被跟踪、投毒、监视或诽谤等。

嫉妒妄想
个体存在一种病态且毫无根据的想法，认为他们的伴侣不忠或欺骗自己。

混合或未定型妄想
如果个体存在多种类型但并没有某一主导性的妄想症状，那么就属于混合型妄想。有些情况下，个体的妄想不属于以上任何一种主要类别，那么就属于未定型妄想。

痴呆

痴呆是一种（迄今为止）尚无法治愈的退行性疾病，也被称为轻度或重度神经认知障碍。其特点是记忆障碍、人格改变和推理能力受损。

什么是痴呆？

"痴呆"这一术语描述的是一系列能够影响大脑功能并会逐渐恶化的症状，包括难以专注、解决问题、执行一系列任务、计划或组织，以及一般性的精神错乱。

痴呆患者可能会忘记日期，很难听懂对话或回忆正确词汇。他们也可能无法判断距离或识别三维物体。痴呆可能使个体丧失安全感、失去自信，并可能导致抑郁。

许多病症，例如阿尔茨海默病、心血管疾病、路易体以及大脑前叶和侧叶紊乱，都会引起痴呆症状。痴呆主要见于老年人，但也可能发生在50多岁的人群中（称为早发疾病）。有时发病群体甚至更加年轻。

目前人们对痴呆没有单一的评估方式。医生会使用记忆和思维测验，也可能进行大脑扫描以确定受损的脑区。痴呆治疗的目的是减轻症状、减缓恶化。

超过 30% 的65岁以上老人患有痴呆。

运动技能
如果负责运动的脑区受损，那么个体的肌肉控制能力会减弱。

情绪
无法控制或表达情感会导致自卑和抑郁。

病因

- **阿尔茨海默病**导致异常蛋白质在脑细胞周围聚积并损害其结构，从而破坏细胞之间传递的化学信息，使细胞逐渐死亡。随着更多大脑部位受损，其症状也会不断恶化。
- **血管性痴呆**可由心血管疾病引起，即流向大脑的血液出现问题（例如中风），导致个体的推理、计划、判断和记忆功能受损。
- **混合性痴呆**是指阿尔茨海默病和血管性痴呆同时出现的情况。
- **路易体痴呆**的症状与阿尔茨海默病和帕金森病类似。它也被称为匹克病，是指神经元内形成了蛋白质体，往往导致幻觉和妄想症状。
- **额颞叶痴呆**是一种能够影响大脑颞（侧）叶和额叶的罕见疾病。它会改变个体的人格和行为特点，使语言运用变得困难。

心理障碍
痴呆
76 / 77

治疗

- 针对短时记忆采用**认知刺激疗法**与**现实定向疗法**。
- 采用**行为疗法**以协助进行日常生活。
- **证实疗法**——主要照料者大声说出尊重的话语。
- 服用**胆碱酯酶抑制剂**（第142～143页），改善记忆和判断力。

痴呆如何影响人？

正如每个人各不相同，每位痴呆患者的症状也各不相同。在诊断时，人们需要考虑个体的病史以及痴呆对其应对日常生活能力的影响。

痴呆患者缺乏安全感，丧失自信，需要帮助以应对未来的生活。

社会技能
无法专注或跟随对话会导致个体难以与他人相处。

记忆
短时记忆先受到影响。随着病情发展，长时记忆也会衰退。

谈话
说话和控制语言变得困难，可能导致他人深感不安。

决策
记忆力减退、难以专注和意识混乱会导致决策困难或无法决策。

判断
丧失控制感和计划能力会导致个体对自己的判断失去信心。

专注
缺乏专注会导致个体的日常活动和独立生活变得困难。

同理心
个体总是努力理解正在发生的事情，几乎无法考虑他人。

慢性创伤性脑病变（CTE）

慢性创伤性脑病变（Chronic Traumatic Encephalopathy，CTE）也被称为脑震荡后综合征，是一种退行性大脑疾病，其特征是闭合性脑损伤后出现的各种生理和心理紊乱症状。

什么是慢性创伤性脑病变？

慢性创伤性脑病变最常出现在从事高强度接触性运动（例如足球、橄榄球、拳击）的群体或服务人员之中，目前尚无治愈方法。其生理症状包括头痛、头晕和疼痛等。心理症状包括记忆力减退、思维混乱、判断力受损、冲动控制问题，甚至出现幻觉。CTE患者可能会变得好斗，难以维持人际关系。病程后期还可能出现帕金森病和痴呆（第76~77页）的症状。这些症状可能在头部外伤后就出现，也可能在数年以后才出现。建议采取预防措施，例如使用防护头盔、制定禁止在运动中接触胸部或肩部以上部位的规则等。

目前，人们只能在患者死后对CTE进行诊断。人们也正在研究各种测试、脑部扫描和生物标志物，期望能尽早对CTE进行鉴别。

➕ 治疗

▶ **心理疗法**，例如认知行为疗法（第125页）和正念减压法（第129页）。

▶ **生活方式管理**，即头部受伤后先休息、恢复，然后再逐渐开始训练活动。如果症状再次出现，则停止训练活动。

▶ 服用**抗抑郁药物**（第142~143页），以改善心理症状。

99%
的美国前国家橄榄球联盟球员都患有CTE。

头部受伤的累积效应

未受保护的颅骨倘若多次遭受撞击，则可能导致不可逆转的损伤。一项针对100名轻度颅脑损伤患者的研究表明，20至50名患者在初次颅脑损伤三个月后出现了CTE症状，大约十分之一的患者在一年后依然存在问题。

1 健康大脑遭受一次撞击后会出现脑震荡，但个体很有可能完全康复。

首次受伤造成的伤害

2 首次受伤可能会导致大脑变得脆弱，难以从第二次损伤中恢复过来。

3 遭受三次或更多次撞击后，大脑更容易出现广泛性的永久性损伤。

谵妄（急性错乱状态）

谵妄是一种严重的精神紊乱状态，其特征是嗜睡、不安、妄想、语无伦次等。该病症可由多种原因引起，例如疾病、不良饮食或醉酒。

什么是谵妄？

谵妄会对个体的日常生活产生严重影响，但通常是短期影响。患者会难以专注，可能会不知自己身在何处。他们可能会比平时走路更慢或更快，并出现情绪波动。其他症状还包括思维或说话不清晰，睡眠困难或感觉困倦，短时记忆减退，肌肉失去控制等。

谵妄可能发生在任何年龄阶段，但在老年人中更为常见。人们可能会混淆谵妄与痴呆（第76~77页）。通常来说，谵妄是一种短期的生理或情绪问题，但它也可能是不可逆转性的。个体可能同时患有痴呆和谵妄。

谵妄存在多种致病原因，可能是生理疾病（例如胸部或尿道感染），也可能是代谢失衡（例如低钠）。谵妄也可能发生在严重疾病、手术、疼痛、脱水、便秘、营养不良或药物改变之后。

如何诊断？

医生会检查患者症状，并对其动作、认知过程和言语进行评估。有些医生会通过观察病人一整天的行为来进行诊断或排除谵妄。医生还可能进行身体检查以检验是否存在一些潜在疾病。

➕ 治疗

- **现实定向疗法**，例如以一种尊重的方式，给患者呈现重复性的视觉和听觉定向线索，帮助他们更好地了解所处的环境。
- **生活方式管理**，例如安排常规、例行的日常活动和运动，以减少患者的混乱状态，帮助他们重新获得对日常生活的掌控感。
- 如果谵妄是由疾病导致的，患者可服用**抗生素**。如有必要，还可以进行补液治疗。

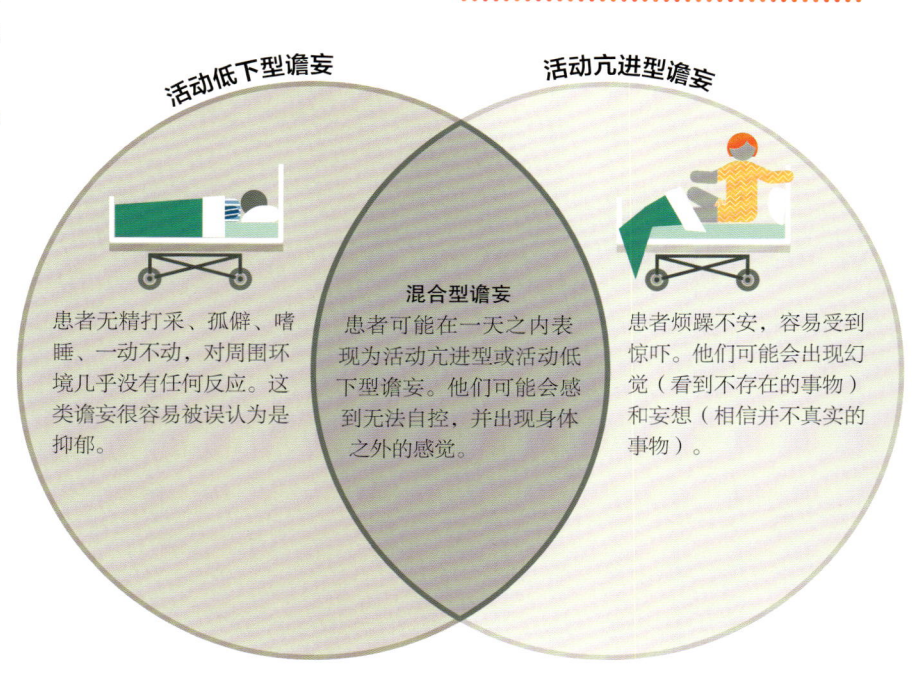

高达 50% 的老年住院患者存在谵妄。

活动低下型谵妄：患者无精打采、孤僻、嗜睡、一动不动，对周围环境几乎没有任何反应。这类谵妄很容易被误认为是抑郁。

混合型谵妄：患者可能在一天之内表现为活动亢进型或活动低下型谵妄。他们可能会感到无法自控，并出现身体之外的感觉。

活动亢进型谵妄：患者烦躁不安，容易受到惊吓。他们可能会出现幻觉（看到不存在的事物）和妄想（相信并不真实的事物）。

物质使用障碍

物质使用障碍是指个体滥用酒精或药物，或二者兼而有之，导致一系列生理和心理问题，从而对其工作或家庭生活产生消极影响的状况。

什么是物质使用障碍？

物质使用障碍也被称为药物使用障碍或物质滥用，可造成广泛性的损害和心理困扰。物质滥用（包括酒精或药物）的症状和迹象包括：经常（或每天）使用药物；即使独自一人，也要使用药物；明知药物危害自己的健康、家庭或工作，但仍然继续使用；为使用药物寻找各种借口，并对他人关于药物使用的询问表现出攻击性的回应；隐瞒药物使用行为；对其他活动失去兴趣；工作能力受损；不注意饮食或个人形象；意识混乱；嗜睡；抑郁；财务危机；诸如偷窃财物等犯罪活动。

长远来看，过量饮酒会导致体重增加和高血压，增加罹患抑郁（第38~39页）、肝损伤、免疫系统问题和某些癌症的风险。药物使用可能与某些精神健康问题有关，例如抑郁、精神分裂症（第70~71页）、人格障碍（第102~107页）等。

酒精或药物滥用通常始于某种自愿行为，这种行为在个体所处的社交和文化背景中是被鼓励或者可以容忍的。同辈压力、应激事件和家庭功能障碍可能会导致问题升级。对儿童而言，如果他们的家庭成员中有药物依赖问题，那么无论从环境或遗传因素的角度来看，他们罹患物质使用障碍的风险性都会更高。

如何诊断？

诊断首先要看个体是否意识到了自己的问题，因为否认问题是成瘾行为的常见症状。同理心和尊重的态度比命令或质问更容易让人们意识到自己存在物质使用障碍。医生或专家会对个体使用物质的行为进行评级（见下文）。

治疗

- **心理疗法**，例如认知行为疗法（第125页）、接纳与承诺疗法（第126页），旨在观察导致个体成瘾的观念和行为，并改变个体与这些观念的联系。
- **心理社会支持**，即通过参加与同辈团体的聚会，例如戒酒互助会，激发和鼓励个体停止物质滥用，提高生活质量。
- 严重情况下采用**住院治疗**，即限制个体在戒断期间的活动，提供必要的药物，帮助缓解个体的极端戒断反应。

行为模式

无论个体使用的是何种物质，人们是根据与物质使用有关的11种行为来对物质使用障碍进行诊断的。其严重程度是根据这些行为出现的频率来判定的：0~1分，无障碍；2~3分，轻度物质使用障碍；4~5分，中度物质使用障碍；6分以上，重度物质使用障碍。

心理障碍
物质使用障碍
80 / 81

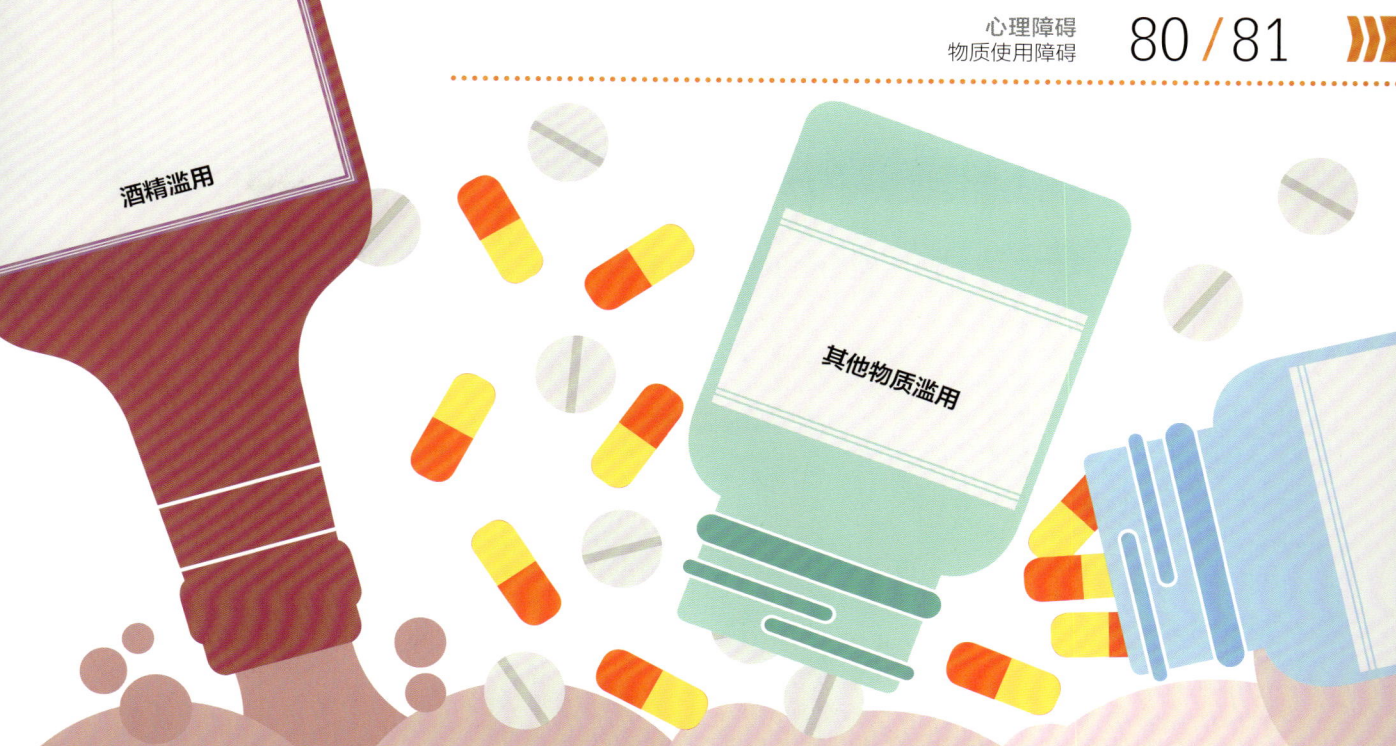

酒精滥用

其他物质滥用

控制能力受损

▶ 1. 使用物质的时间和/或数量超过最初预期。

▶ 2. 想要减少使用，但无法做到。

▶ 3. 需要越来越长的时间来获取、使用物质并从物质使用中恢复过来。

▶ 4. 个体对某种物质有强烈的渴望，很难去想其他事情。

社会功能受损

▶ 5. 尽管物质使用已对家庭或工作造成影响，个体依然继续使用。

▶ 6. 尽管与家人发生争吵、失去朋友，个体依然继续使用。

▶ 7. 放弃社交和娱乐活动，与朋友和家人相处时间减少，变得越来越孤立。

危险行为

▶ 8. 在药物的影响下，个体可能会做出危险性的行为，或在开车、操作机械、游泳时将自己或他人置身于危险之中。

▶ 9. 明知物质使用会带来更多的心理或生理问题，个体仍然一意孤行，继续使用物质。例如，即使已被诊断为肝损伤，还要继续饮酒。

药理标准

▶ 10. 产生物质耐受性，即需要增加剂量才能达到相同的效果。不同物质的耐受性发展情况各不相同。

▶ 11. 如果停止使用，会出现恶心、出汗、发抖等戒断反应。

全世界有 **2950** 万人存在物质使用障碍。

联合国毒品和犯罪问题办公室，
2017年世界药物报告

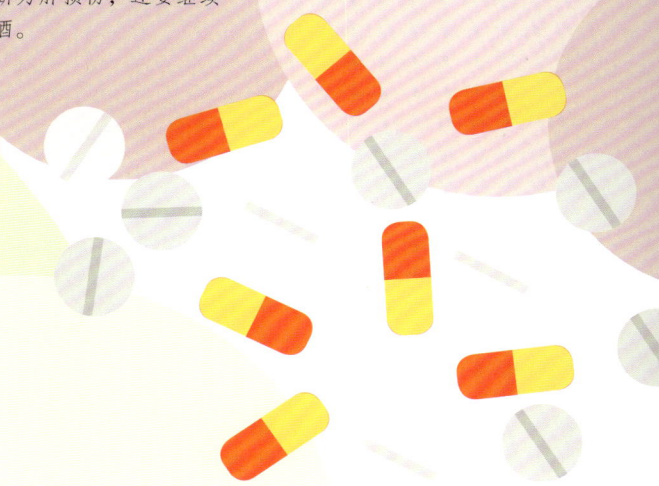

冲动控制障碍与成瘾

冲动控制障碍是指个体无法自控而做出一系列的问题行为。个体一旦成瘾，愉快的活动会变成强迫性的，并对其日常生活造成干扰。

什么是冲动控制障碍与成瘾？

冲动行为与成瘾行为的基本概念有所重叠。有些心理学家认为冲动控制障碍应归属于成瘾。

冲动控制障碍患者会不顾后果地持续做出某种行为，他们会越来越无法控制自己的内心冲动。通常来说，个体在行动前会感到越来越紧张或兴奋，在行动时会感到快乐或放松，而在行动之后会感到后悔或内疚。冲动控制障碍的发展与环境及神经系统有关，也可能由压力引起。

公认的冲动控制障碍包括强迫性赌博（见右页）、盗窃癖（第84页）、纵火狂（第85页）、拔毛障碍（第60页）和间歇性爆发性障碍（见下图）。性成瘾、锻炼成瘾、购物成瘾和计算机/网络成瘾（见下图）也有类似特征。

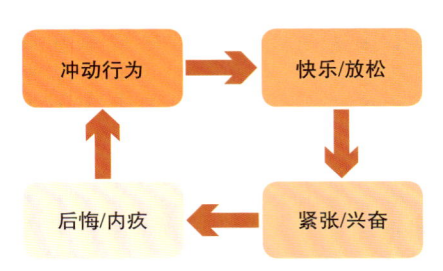

冲动行为 → 快乐/放松 → 紧张/兴奋 → 后悔/内疚 → 冲动行为

冲动控制障碍与成瘾

障碍的类型	障碍的界定	障碍的治疗
间歇性爆发性障碍	没有真正的诱因，但个体却出现短暂而充满暴力的行为。	冲动控制训练，帮助个体识别线索、改变行为；适应环境。
性成瘾	专注并渴望性行为，而不去考虑它对日常生活造成的负面影响。	心理治疗可以帮助个体发展出替代性的情绪应对策略。
锻炼成瘾	超出健康需要并无法自控地进行强迫性锻炼，可能导致受伤或疾病。	采用行为疗法，帮助个体通过适应性的活动和有计划的锻炼来有效管理压力。
购物成瘾	由压力引起的不可抗拒的购物冲动，购物所带来的快感只是一种短暂的慰藉。	采用行为疗法，帮助个体改变观念和行为，打破恶性循环。
计算机/网络成瘾	全神贯注于网络，花费大量时间上网。如果上网时间受限，个体会出现情绪问题。	采用行为疗法，帮助个体意识到自身问题，学会应对现实环境的问题。

赌博障碍

赌博障碍，也被称为强迫性赌博，属于一种冲动控制障碍。它是指个体会不断地去赌博，尽管赌博行为已经给自己和他人带来了严重问题和痛苦。

什么是赌博障碍？

赢钱带来的兴奋感会使大脑的奖励中心释放多巴胺（第29页）。对有些人来说，赌博行为会上瘾，他们需要赢更多的钱才能获得同样的兴奋感。

一旦赌博障碍形成，这种循环就很难打破。这种障碍刚开始可能与个体渴望金钱、需要体验快感、渴望成功地位或赌博氛围等因素有关。如果戒赌，他们就会变得易怒，然后会因为这种苦恼而去继续赌博。如果他们陷入经济困境并想极力挽回损失，这种障碍的程度就会加重。即使他们赢了钱，也不足以弥补过去的损失。除了巨大的经济损失，过度赌博还会对他们的人际关系造成严重影响。赌博障碍还可能引发个体的焦虑、抑郁（第38~39页）和自杀倾向。其生理症状包括睡眠不足、体重增加或减少、皮肤问题、溃疡、肠道问题、头痛、肌肉疼痛等。由于大多数人并不认为自己有问题，因此治疗的主要步骤就是帮助人们承认自己的问题。赌博障碍的真实流行情况并不为人所知，因为很多人对自己的这一行为均有所隐瞒。

治疗

- **认知行为疗法**（第125页），帮助人们学会停止可能导致赌博障碍的观念和行为。
- **心理动力疗法**（第119页），帮助个体理解行为的意义和结果。
- **自助小组**和心理咨询，帮助个体理解自身行为对他人造成的影响。

1% 的美国人是病态赌徒。

盗窃癖

盗窃癖患者会有一种不可抗拒、反复出现的偷盗冲动。这些盗窃事件是在没有计划的情况下偶然发生的。

什么是盗窃癖？

盗窃癖患者会因一时冲动而盗窃，他们经常会把偷来的东西扔掉，因为他们对偷盗行为最感兴趣。盗窃癖不同于入店行窃，大多数入店行窃者会事先计划，这可能是因为他们想要一件东西却没有足够的钱去购买。

许多盗窃癖患者过着羞愧的秘密生活，他们害怕寻求帮助。因入店行窃而被捕的人中，高达24%的人被认为患有盗窃癖。盗窃癖与其他精神疾病有关，例如抑郁、双相障碍、广泛性焦虑、饮食和人格障碍、物质滥用和其他冲动控制障碍。有证据表明，盗窃癖与神经递质通路有关，这些神经递质通路与行为成瘾、情绪增强性神经化学物质（例如血清素）有关。

盗窃癖目前尚无特效疗法，但心理治疗和/或药物治疗有助于打破强迫性偷窃的恶性循环。

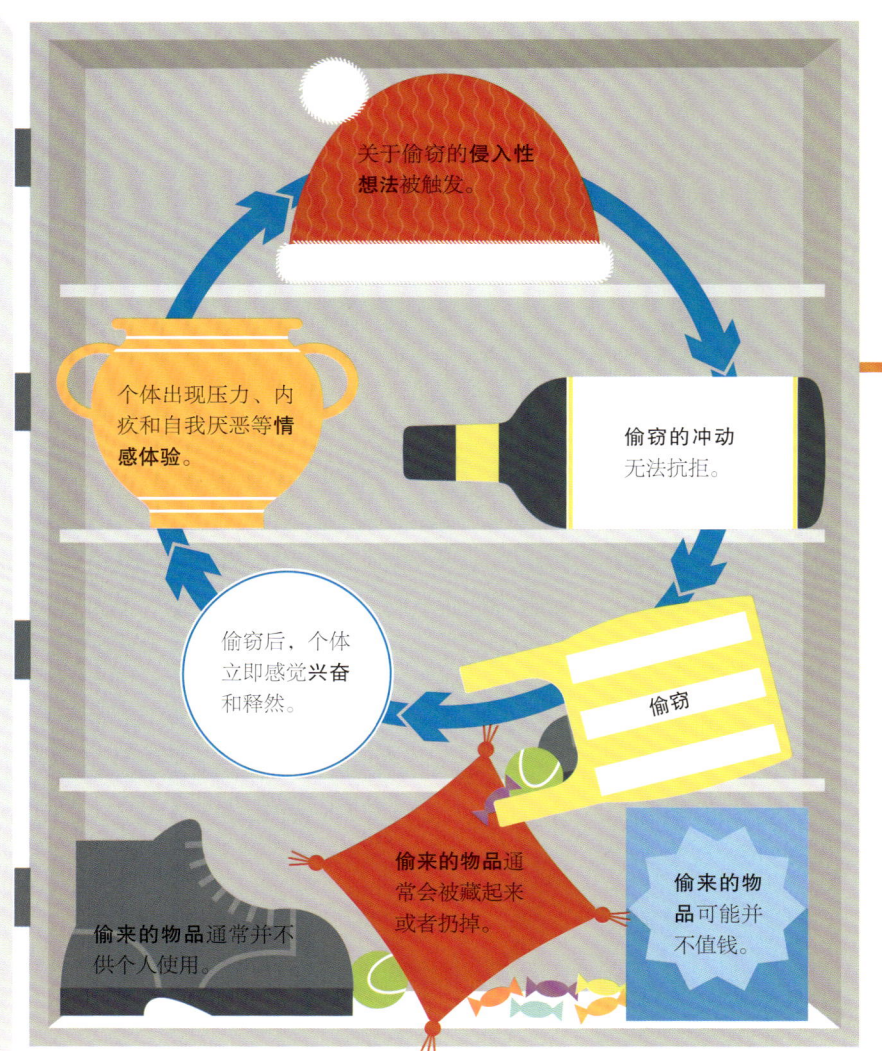

关于偷窃的侵入性想法被触发。

个体出现压力、内疚和自我厌恶等情感体验。

偷窃的冲动无法抗拒。

偷窃后，个体立即感觉兴奋和释然。

偷窃

偷来的物品通常并不供个人使用。

偷来的物品通常会被藏起来或者扔掉。

偷来的物品可能并不值钱。

永无休止的模式

盗窃癖患者在偷窃前可能会感到紧张，在偷窃时会感到愉悦和满足，随之而来的内疚会再次加剧他们的紧张感。

✚ 治疗

▶ **心理治疗**，包括行为矫正、家庭治疗（第138~141页）、认知与行为疗法（第122~129页）和心理动力学疗法（第118~121页），以帮助患者探索深层次的原因，找到更合适的方法来应对压力。

▶ 服用**选择性血清素再摄取抑制剂**（SSRIs）（第142~143页），以辅助其他疗法。

纵火狂

纵火狂患者会故意纵火。这种非常罕见的冲动控制障碍是由压力引起的，而个体的纵火行为可以缓解他们自身的紧张或痛苦。

什么是纵火狂？

纵火狂又称为放火癖，是指个体具有强烈的点火欲望。纵火狂可以是（长期存在的）慢性问题，也可以是个体在某一压力较大的时间内出现几次纵火的偶发问题。纵火狂患者会过分着迷于火灾和火灾现场、目击或协助火灾善后工作等。

纵火狂的个人原因包括反社会行为和态度、寻求感觉和/或关注、缺乏社交技能和无法应对压力等。对儿童和成人而言，父母的忽视或情绪疏离、父母的心理障碍、同辈压力和生活压力事件等都可能成为诱发因素。对纵火狂的儿童和青少年进行访谈发现，他们往往来自一个混乱的家庭，因此需要采取针对整个家庭的治疗方案。

恶性循环

强迫与满足的循环很难打破。

火灾、火灾现场以及与火灾有关的设备和人员使人着迷。

紧张感加剧，导致强烈的点火欲望。

点火满足了个体无法抗拒的冲动。

着火引发个体欣喜若狂和如释重负的**感受**。

治疗

▶ 为儿童量身定制的认知与行为疗法（第122~129页），包括问题解决和沟通技巧、愤怒管理、攻击行为替代训练、认知重组等；针对成人进行长期的领悟取向心理治疗。

儿童、青少年及成人纵火狂

▶ 对**儿童和青少年**而言，纵火可能是一种求助行为或是某种攻击行为的一部分。青少年可能会受到社区中反社会成年人的影响。有些纵火狂会被诊断为精神疾病或偏执型精神障碍（第70~75页），其他人则可能存在认知障碍。

▶ 对**成年人**而言，纵火狂与抑郁情绪、自杀念头和人际关系不良等症状有关。纵火狂经常与心理问题有关，例如强迫症（第56~57页）。

分离性身份识别障碍（DID）

分离性身份识别障碍（Dissociative Identity Disorder，DID）属于一种罕见的重度障碍，是指个体的身份被分裂为两种或两种以上截然不同的人格状态，而这些不同部分却无法整合为一个整体。

什么是分离性身份识别障碍？

分离性身份识别障碍患者并非是不同人格的发展变化，而是存在一种分裂的身份。因此分离性身份识别障碍以前也被称为多重人格障碍。

分离性身份识别障碍患者认为自己身上存在不同的人（称为交替人格）。每种交替人格都有自己的个性、思维和沟通模式，甚至包括不同的笔迹和身体要求（例如佩戴眼镜）。DID患者很难定义这些人是什么样的，他们可能会用"我们"来指代自己。他们无法控制何时或何种交替人格的出现，也无法控制其持续时间。

分离性的体验

分离性身份识别障碍患者采用分离（即与周围世界隔绝）的方式作为他们的一种防御机制。他们可能会感觉自己在漂浮，从外面观看自己。人们就像置身于电影之中，他们观察着而非感受着自己的情绪和身体的某些部分。受DID影响，人们会认为物体在不断改变外在特征，他们周围的世界看上去虚幻而朦胧。

个体的记忆会经常出现明显缺失，无法回忆个人信息，这种现象比单纯遗忘更加严重。他们可能记不住以前和最近出现的人物、地点和事件，但却能够生动地回忆起某些发生过的事情。他们在日常生活中会突然缺席，可能去其他地方旅行但却不记得自己是怎么去的。

个体会经常出现人格改变和分离的症状。这些症状是一种应对方式，通常可以追溯到个体童年时期所经历的严重和长期创伤，但创伤结束很长一段时间后这种分离症状仍然在困扰着个体的日常生活。个体在以后生活中会继续采用分离的方式来应对压力情境。

如何诊断？

如果专家怀疑个体患有DID，他们会要求个体完成心理健康调查问卷，以检测和评估患者症状。DID特有的异常及无法解释的行为会让个体感到痛苦和疑惑，并对其工作、社交生活和亲密关系产生消极影响。DID通常与焦虑和抑郁（第38~39页）、惊恐发作、强迫症（第56~57页）、幻听和自杀念头等症状并存。

身份转换

每一种交替人格，即DID患者的不同身份，都存在截然不同的感知与人格模式，这些模式会不断重现并控制个体的行为。通常情况下，这些交替人格彼此知晓，互相交流，有时还会互相指责。从一种交替人格到另一种交替人格的转换是突然发生的，个体无法控制哪种交替人格占主导，然而某些特定的应激源可能会导致某一特殊的交替人格出现。

治疗

- **心理治疗**，例如认知行为疗法（第125页），重新评估创伤，帮助个体发展心理弹性以解构人格并将人格重新整合为一个整体。治疗需要长期进行。
- **辩证行为疗法**（第126页），治疗自残和自杀行为。
- **抗焦虑药物**及**抗抑郁药物**（第142~143页），帮助个体缓解相关症状。

心理障碍
分离性身份识别障碍（DID）

分离性身份识别障碍患者通常会出现 **8~13** 种身份。

在各种交替人格之间切换

- **更年轻的自己**，可能会像孩子一样说话，甚至不会说话。

- **相反态度**，与主体身份有着不同的看待生活事件的视角。

- **另一种性别或年龄**，会改变对某些事件的记忆或看法。

- **角色变化**，可以从另一个角度看待生活事件。

- **主体身份**，是个体可能觉得最像自己的一种交替人格。当其他交替人格出现时，主体身份可能会忘记自己的个人信息。

- **不同外貌**，例如头发颜色或穿衣风格，可以改变人的性格特点。

- **不同名字**，代表另一种交替人格的思维模式。

莉兹

人格解体与现实解体

人格解体与现实解体是两种互有关联的分离障碍。人格解体会导致个体感到与自身的思想、情感和身体脱节；现实解体则会导致个体感到与自身周围环境脱节。

什么是人格解体与现实解体？

人格解体与现实解体令个体感到困扰和不安，并严重影响其各项功能。有些人害怕自己会发疯、变得抑郁、焦虑或恐慌。人格解体患者形容自己像是机器人，无法控制自身的言语或动作；自己就像是自身思想或记忆的外部观察者；自己的身体被扭曲。现实解体患者会感到自己与周围环境格格不入。有些患者的症状轻微而短暂，而另一些患者的症状可能会持续数月甚至数年。

人们对这两种障碍的致病原因知之甚少，但可能与生物学及环境因素有关。有些人更容易罹患这些障碍，因为他们对情绪的神经反应较少，或者存在某种类型的人格障碍（第102~107页）。巨大的压力、创伤或暴力事件也有可能引发这些障碍。

个体如果表现出这种症状，那么临床评估将包括完整的病史检查和身体检查，以排除疾病或药物副作用的影响；要求个体完成问卷调查，以确定相关的症状和可能的诱因。当个体持续或反复出现与自身或环境脱离的扭曲认知时，才能将其诊断为人格解体和/或现实解体。许多人在人生的某一时刻都会经历一种与自身思想或周围环境分离的感觉，但只有不到2%的人会被诊断为患有人格解体和/或现实解体。

治疗

- **心理治疗**，尤其是认知行为疗法（第125页）、心理动力学疗法（第118~121页）或正念冥想（第129页）能够帮助个体理解产生这些感觉的原因，学习如何应对触发其感受的情境，并学会控制症状。
- **药物**，如抗抑郁药物（第142~143页），可用来治疗包括焦虑和抑郁在内的相关疾病。

身外体验

个体会与现实脱节，仿佛在电影中观察自己，而无法与现实世界中的自己建立联系。

分离性遗忘症

分离性遗忘症是一种短期的分离性障碍，指个体在经历压力、创伤或疾病后出现的与个人记忆分离的现象。

什么是分离性遗忘症？

分离性遗忘症通常与重大压力有关，例如目睹或遭受虐待、经历事故或灾难等。由此导致的严重失忆通常会影响某种特定的记忆，例如童年某段时期的经历，或者与朋友、亲戚或同伴相关的某些事件。遗忘症可能集中在创伤性事件上。例如，一位受害者可能会忘记被持枪抢劫的过程，但却可以回忆起那天余下时间发生的细节。个体也可能会出现广泛性记忆丧失，他们记不住自己的名字、工作、家庭、家人和朋友。他们可能会失踪，或被报失踪。他们甚至可能编造出一个全新的身份，不认识以前遇到的人或去过的地方，也无法进行自我解释——这种现象被称为分离性神游。

临床诊断会要求个体完成评估问卷，以确定某种触发因素，并使个体能够确定及评估其症状。个体还需要接受身体检查和心理测验，以排除其他医学原因造成的记忆丧失。

治疗

> **心理治疗**，例如认知行为疗法、辩证行为疗法、眼动脱敏及再加工、家庭疗法、艺术疗法、催眠或正念冥想（第118~141页）等，可以帮助患者理解和处理引发分离性遗忘症的压力因素，并学习相关的应对策略。

> **药物**，如抗抑郁药物（第142~143页），可用于治疗与遗忘症相关的抑郁或精神疾病。

2%~7%

的人患有分离性遗忘症。

记忆恢复

大多数分离性遗忘症都是短期的，尽管个体的记忆会暂时消失，但它们往往会突然恢复。这种记忆恢复可能会由个体周围环境中的某些事物引发，也可能在个体的治疗过程中发生。

神经性厌食症

神经性厌食症属于一种严重的情绪障碍，个体希望自己越瘦越好。他们厌恶食物，吃得越来越少，食欲也随之降低。

什么是神经性厌食症？

厌食症患者非常害怕体重增加，无法正常进食。他们可能会服用食欲抑制剂、泻药或利尿剂（去除体液），会在饭后催吐（神经性贪食症，第92~93页），但也可能暴饮暴食（暴食症，第94页）。

许多因素都可能引发厌食症。厌食症可能与学校里的压力有关，例如考试或欺凌（尤其是关于体重或体型方面）。厌食症也可能与某些职业（如舞蹈或体育运动）有关，这些职业会认为瘦才是"理想"身材。神经性厌食症也可能反映了个体童年时期所经受的压力，或者反映了个体对某些生活事件的失控感，例如失业、关系破裂或丧亲之痛等。神经性厌食症会导致个体对自己能力范围内的内部心理过程施加过度的控制。

女性厌食症患者多于男性。这些患者可能具有相似的人格和行为特征。他们通常容易被情绪俘虏，有抑郁和焦虑倾向，难以应对压力，总是杞人忧天。许多人会为自己设定严格、苛刻的目标。他们可能存在强迫观念和行为，但不一定患有强迫症（第56~57页）。厌食症会导致个体难以维系人际关系，并对身体产生不可逆的影响，从而导致不孕或严重的妊娠并发症。

如何诊断？

全科医生、临床心理学家或健康专家会询问个人史、家族史、体重和饮食习惯等方面的问题。患者需要尽早治疗以降低并发症的风险。大多数情况下，治疗方案包括心理治疗和饮食及营养等方面的个性化建议。厌食症的康复可能需要数年时间。

治疗

- **多学科护理团队**，包括全科医生、精神科医生、专科护士和营养师，以确保个体能够安全地增加体重，并给家人和好友提供必要的支持。
- **认知行为疗法**（第125页），帮助患者理解问题所在，认识到自己的问题其实是一种诱因、观念、情感和行为等因素的恶性循环。治疗师与患者通力合作进行干预，打破维系厌食症的观念锁链。
- **认知分析疗法**，研究个体的思维、情感和行为模式，分析他们过去（通常是童年时期）经历的事件和人际关系。
- **人际治疗**，以解决患者的依恋及与他人的关系问题。
- **聚焦心理动力疗法**，探索童年早期经历对患者的影响。
- 为重症患者提供**住院治疗**，即通过严格的日常生活和饮食安排来密切监控体重递增的情况，同时还可以开展团体治疗，帮助患者获取同伴支持。

厌食症的症状

所有症状都与自尊、身体形象和情绪感受有关，主要包括三类：认知症状（情绪感受和观念）、行为症状和生理症状。

46%
的厌食症患者可以完全康复。

心理障碍
神经性厌食症
90 / 91

自认为体重太高，必须减肥。

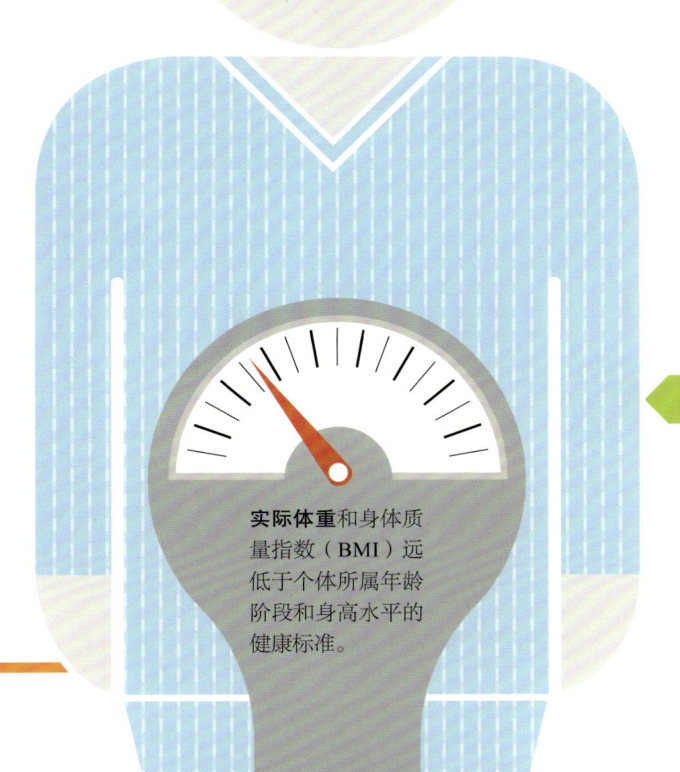

实际体重和身体质量指数（BMI）远低于个体所属年龄阶段和身高水平的健康标准。

认知症状

- 害怕体重增加，过分关注体型。
- 认为越瘦越好，坚信自己体重超标。
- 依据体重和体型来衡量自我价值。
- 过度关注食物以及进食带来的负面影响。
- 变得急躁、喜怒无常，无法专注（部分原因是由饥饿导致），从而影响学习或工作。

行为症状

- 过分关注食物和饮食，过度计算卡路里。避免"高脂肪"食物，只吃低热量食物。可能会不吃饭。
- 避免在他人面前进食，饭后服用泻药。
- 谎报自己的进食量。
- 反复测量体重或对着镜子检查体型。
- 过度锻炼。
- 变得孤僻。

生理症状

- 体重明显下降。
- 女性例假不规律或停经。
- 持续呕吐导致口腔不健康、口臭。
- 汗毛柔软、细密、"毛茸茸"，头发脱落。
- 睡眠困难，身体疲乏。
- 身体虚弱，头晕目眩。
- 胃痛，便秘，胀气。
- 手脚浮肿。

神经性贪食症

贪食症是一种严重的进食障碍，其特征是个体通过严格限制食物摄入、暴饮暴食、继而又通过清除体内食物等方式来控制体重。

什么是神经性贪食症？

贪食症患者异常恐惧体重增加，因此他们会过度关注食物和节食。与厌食症（第90～91页）不同，贪食症患者的体重通常与其身高和体型相称，或接近正常体重。然而，他们与厌食症患者一样，都存在一种扭曲的自我形象，认为自己太胖了。

贪食症患者通常会显得紧张或焦虑，表现出偷偷摸摸的行为。他们会偷偷地快速吃掉大量食物，然后急忙去洗手间催吐。个体的这种行为是他们应对生活事件的一种机制，与抑郁、焦虑和社交孤立有关。事实上，这种行为会使得个体的生活更加困难。时尚与美容行业所推崇的体型压力以及家族贪食史，会增加个体罹患贪食症的风险。贪食症在女性群体中更为常见，但在男性群体中的发病率正在不断攀升。青春期和自我意识的发展往往容易成为贪食症的诱发因素。处于青春期的男孩和女孩如果被他人嘲笑体重超标，他们则容易出现贪食症。

贪食症会对个体的心脏、肠道、牙齿和生育能力造成不可逆的损伤。治疗方案取决于病情的严重程度，其康复可能需要一个漫长的过程。

贪食症的诊断

英国的全科医生都会采用SCOFF问卷来诊断厌食症（第90～91页）或贪食症。如果个体表现出两个或两个以上的"是"则说明可能存在某种进食障碍。其他国家的医生也采用类似的标准。

▶ 个体吃完东西后会**催吐**吗？
▶ 个体对自己的食量是否失去了**控制**？
▶ 个体在三个月内是否减重了一**英石**（约6公斤）？
▶ 即使别人都说他们太瘦，但个体是否仍然认为自己**很胖**？
▶ **食物**是否主导着他们的生活？

暴食-清除循环

个体的自我评价偏低，他们认为减肥是一种重新获取自我价值的方式。他们可能会疯狂锻炼，以消耗额外的卡路里，避免与食物有关的社交场合。

病因

▶ 个体的抚养者可能认为外貌非常重要，他们会对个体的体重或外貌过度苛责。
▶ 个体可能想要控制自己生活的某些方面，尤其是正在从创伤事件中恢复的个体。
▶ 明星们完美无瑕、身材苗条的照片使个体开始严格的节食。
▶ 个体无法坚持节食所导致的绝望感。

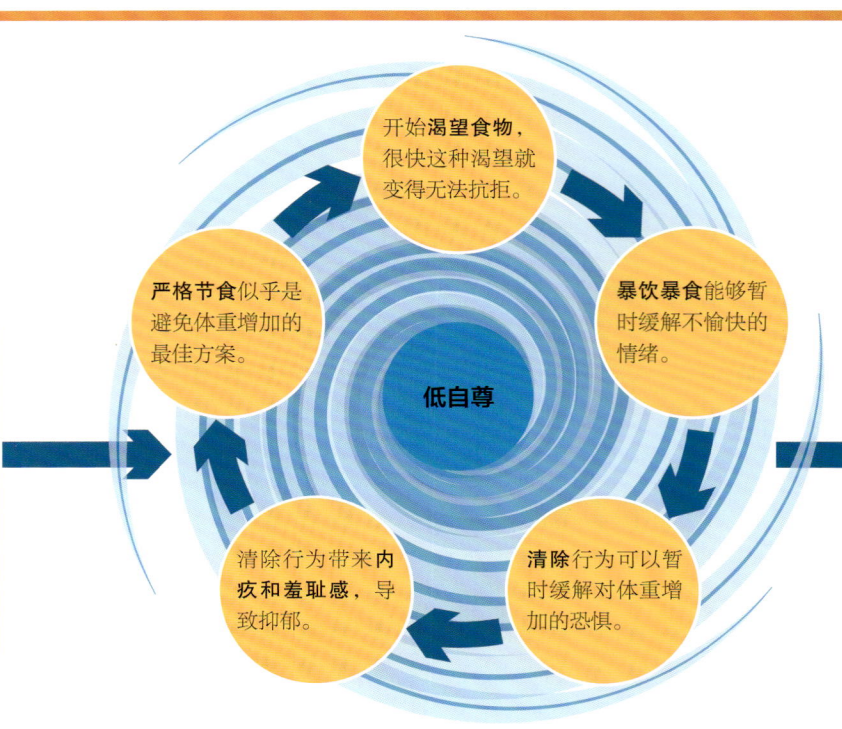

低自尊

- 开始**渴望食物**，很快这种渴望就变得无法抗拒。
- **暴饮暴食**能够暂时缓解不愉快的情绪。
- **清除**行为可以暂时缓解对体重增加的恐惧。
- 清除行为带来**内疚和羞耻感**，导致抑郁。
- **严格节食**似乎是避免体重增加的最佳方案。

心理障碍
神经性贪食症　92 / 93

➕ 治疗

- **心理治疗**，例如团体治疗、自助或一对一的认知行为疗法（第125页），或者人际治疗。
- **抗抑郁药物**（第142～143页），与其他治疗方法配合使用。
- 极端情况下需要**住院治疗**。

1.5% 的美国女性在一生中患有或曾经患有贪食症。

生理症状

- 频繁的增重和减重。
- 口臭，胃疼，喉咙痛以及由呕吐物中的酸性物质造成的牙釉质损伤。
- 皮肤和头发干燥，脱发，指甲脆弱，无精打采以及其他营养不良状况。
- 滥用或过量使用泻药和利尿剂导致心脏劳损、痔疮和肌无力。
- 女性例假不规律或停经。
- 腹胀感和/或便秘。
- 眼睛充血。
- 因催吐导致的手背长茧。

贪食症患者感觉自己无法控制饮食习惯，从而加深了他们对体重增加的恐惧。

暴食症

暴食症患者会习惯性地暴饮暴食来应对自卑感和痛苦感。但事实上，个体这种持续、不受控制的暴饮暴食会加剧其抑郁和焦虑症状。

什么是暴食症？

暴食症患者经常会在不饥饿时独自一人或偷偷地吃下大量食物，而在暴饮暴食之后会产生羞愧和自我厌恶感。他们觉得自己无法控制食量和进食频率。

低自尊、抑郁、焦虑、压力、愤怒、无聊、孤独、体型不好看、减肥压力、创伤性事件和进食障碍家族史等都是导致暴食症的风险因素。当个体严格控制饮食而变得异常饥饿并强烈渴望食物时也可能患上暴食症。暴食症是美国最常见的一种进食障碍。

全科医生会根据患者体重增加的情况（最常见的生理影响）来进行诊断。

治疗

- 采用团体或一对一的**心理治疗**（第118~141页）。
- 在支持小组内或由健康专家监督，通过书籍、在线课程等方式实现的**自助方案**。
- **抗抑郁药物**（第142~143页），与其他治疗配合使用。

暴食循环

暴食症患者并不会去积极地解决问题，而是将食物作为一种即时的（尽管是消极的）慰藉来缓解情绪痛苦。其结果就是带来一种无休止的进食、解脱、抑郁和更多进食的恶性循环。

只有想到食物，才能从日益痛苦的情绪中**解脱**出来。

个体迫切**需要进食**来缓解抑郁：他们会打算大吃大喝，为此经常购买一些特殊食物。

个体通常会偷偷地快速**进食**大量食物（而不管其饥饿程度如何）。个体进食时可能会处于昏昏沉沉的状态，进食后可能会因为吃太饱而出现不适。

进食会暂时麻痹个体的压力、悲伤或愤怒感，因此**焦虑会减轻**。

由于暴饮暴食所带来的罪恶感和羞耻感，个体会**重新感觉情绪低落**和自我厌恶。

由于进食只能暂时缓解"痛苦"，因此**焦虑感会上升**，抑郁也会随之而来。

异食癖

患有这种进食障碍的个体会不断进食非食物性的物质，例如灰尘、油漆等。如果个体所摄入的是危险物品，则可能导致严重的并发症。

什么是异食癖？

患有异食癖的儿童和成人可能会吃动物粪便、泥土、灰尘、毛球、冰、油漆、沙子或回形针等金属物品。儿童比成人更容易出现异食癖，1~6岁儿童中有10%~32%的人可能受异食癖影响。这种奇怪的进食行为可能会导致多种并发症，例如铅中毒、锐器刺伤肠道等。医生在诊断异食癖时，个体的行为模式必须至少持续一个月。健康专家会对个体进行医学检查，以排除营养不良、贫血等可能引发异常进食模式的原因，并评估存在其他疾病的可能性，例如发育障碍或强迫症（第56~57页）。

治疗

- 采用**行为疗法**（第122~129页），将健康饮食与正强化或奖励联系起来。采用积极的行为支持来解决家庭成员和环境方面的问题，尽量减少病情复发。
- 服用**药物**，以提高多巴胺水平；服用补品，以缓解营养不良。

28% 的孕妇会受到异食癖的影响。

更为罕见的进食障碍

进食障碍的特征包括：不规律的饮食习惯、不同寻常的饮食种类、进食或用餐时感觉苦恼或刻意回避、过度担忧体重或体型等。

名称	界定	病因	症状	影响	治疗
清除性进食障碍	进食后经常故意呕吐，影响个体的身体健康	童年期虐待或忽视，社交媒体影响，家族史	饭后呕吐，使用泻药，过度关注体重/外貌，蛀牙，眼睛充血	焦虑，抑郁和自杀观念，会影响个体的人际关系、工作和自尊	治疗生理疾病，健康饮食计划，营养教育，心理治疗
夜间进食障碍	强烈希望在深夜或晚上进食大部分日常所需食物	抑郁，低自尊，应对压力或节食的方式	失眠，夜间进食，睡醒后起来进食	工作、社交或亲密关系等方面出现问题，体重增加，物质滥用	针对进食障碍进行心理教育，营养和行为疗法
反刍障碍	智力障碍儿童可能会反复咀嚼部分已消化的食物	被父母或照顾者忽视或关系异常；可能是为了寻求关注	食物反流和再咀嚼，体重减轻，牙齿受损，胃痛，嘴唇红肿	通常只出现在婴儿早期；如果症状持续出现，会影响个体的日常生活	家庭治疗，积极行为支持

沟通障碍

沟通障碍会影响个体接收、传递、加工和理解语言概念、非语言概念和视觉概念，并表现在听力、语言和言语活动中。

什么是沟通障碍？

沟通障碍包括四种类型：语言性障碍、儿童期流畅性障碍、说话性语音障碍和社会性沟通障碍（Social Communication Disorder，SCD）。有些障碍在婴幼儿期就会表现出来，而有些障碍可能要到孩子入学后才会表现出来。

沟通障碍存在多种致病原因。它们可能是自行发展而来，或者源于某种神经系统疾病；也可能与遗传因素有关——有言语或语言障碍家族史的儿童中，20%～40%的人患有沟通障碍；还可能与产前营养状况有关。此外，精神疾病、自闭症谱系障碍（第68～69页）、唐氏综合征、脑瘫和其他身体问题（例如唇腭裂、耳聋）等因素都有可能影响个体的沟通能力。

如何诊断沟通障碍？

为了最大限度地发挥儿童的发展潜力，沟通障碍的早期干预非常重要；有些障碍可能需要终身治疗。言语和语言专家在制定治疗方案时会收集个体病史资料，包括家庭背景、医疗状况、教师和照顾者的信息等。

治疗

- **言语和语言治疗**，有助于个体掌握语言技能、语音生成及规则、语言流畅性及非言语的手势等；对于口吃者，可以帮助他们学会控制并监控语速和呼吸节奏。
- **积极行为疗法**，以改善个体行为与沟通之间的关系。
- **家庭治疗**、特殊教育支持和环境适应等，促进个体的语言发展。

沟通障碍的病因

沟通障碍可能由多种因素引起，会对个体产生轻微或严重的影响。

障碍 \ 诱因	语言能力受损的家族史	儿童期发展障碍	遗传综合征	听力受损或丧失	情绪或精神障碍	早产	神经系统疾病或受损	不良饮食习惯
语言性障碍	✓	✓	✓	✓	✓	✓	✓	✓
说话性语音障碍		✓	✓	✓			✓	
儿童期流畅性障碍	✓	✓			✓		✓	
社会性沟通障碍	✓	✓	✓	✓	✓	✓	✓	✓

心理障碍
沟通障碍
96 / 97

语言性障碍

儿童无法理解他人（接受型障碍）或无法交流想法（表达型障碍），或者二者兼而有之（接受-表达型障碍）。

▶ 面对父母，**婴儿不会微笑**，也不会咿呀学语，18个月时还只会说几句话。

▶ 儿童不喜欢和他人**玩耍**，喜欢一个人待着。可能会变得害羞和疏远。

▶ **儿童吞咽困难**，影响其说话的能力。

说话性语音障碍

儿童存在发音模式困难，超过预期年龄范围后仍然误读单词的发音。

▶ **语言含糊不清**，常见于童年早期，但8岁以后依然维持现状。

▶ 儿童即使能听懂他人说话，由于**无法产生正确的发音模式**，因此别人无法听懂他们说话。

▶ 儿童明显对语言规则的**理解非常有限**。

对儿童的影响

儿童错误的思维和沟通方式会影响他们的日常交流。儿童变得焦虑，缺乏自信。

▶ 由于儿童是通过沟通来进行学习的，因此他们的**重要发展阶段会有所延迟**。

▶ 儿童会被**社会孤立**，因为他们不会主动与他人互动，也无法结交朋友。他们还可能成为被欺凌的对象。

▶ 如果儿童总是采用回避性的方式，那么他们可能会出现一些**行为问题**。如果儿童无法有效解决语言性障碍，他们会变得具有攻击性。

儿童期流畅性障碍

儿童口吃或结巴，重复单词或部分单词，延长语音。

▶ 言语过程受阻，儿童就像上气不接下气一般。

▶ 儿童采用一些分散注意力的声音（例如清嗓子）或头部、身体运动等方式来掩饰自身问题。

▶ 当儿童试图掩饰自身障碍时，**焦虑会变得愈发明显**。

▶ 当焦虑加剧时，**儿童会避免在公共场合说话**。

社会性沟通障碍

儿童无法同时处理语言和视觉信息。

▶ **儿童的语言无法适应**环境，因此在与成人或同龄人交谈时，可能会显得武断、专横或不合时宜。

▶ **儿童缺乏非语言**沟通技巧，例如与人交谈或参加其他团体活动时不懂得轮流等候。

▶ **儿童不与他人打招呼**，因为他们对社交活动毫无兴趣。

社会性沟通障碍还是自闭症谱系障碍？

社会性沟通障碍（SCD）与自闭症谱系障碍（ASD）有许多共同症状。医生在诊断SCD并制定治疗方案之前，必须排除ASD。

社会性沟通障碍

SCD患儿很难学会日常对话的基本规则，即如何开始交谈、倾听、提问、继续某个话题，并知道对话何时结束。SCD可能与其他发展性问题同时存在，例如语言受损、学习障碍、说话性语音障碍和注意力缺损多动障碍（ADHD，第66~67页）。

自闭症谱系障碍

ASD患儿很难与他人建立联系，难以产生各种情绪情感体验。与SCD一样，ASD可能会导致儿童沟通困难、社交技能受损以及感知能力发生改变。然而，ASD还具备一种特定的典型特征，即儿童会出现限制性或重复性的行为。

睡眠障碍

睡眠障碍包括一系列能够影响个体睡眠质量的疾病。其病因可能源于心理或生理因素，它们都可能导致个体思维、情绪和行为的紊乱。

什么是睡眠障碍？

大多数人偶尔都会出现睡眠问题。如果睡眠问题经常发生并对个体的日常生活和心理健康产生了影响，那么它就可能发展成为一种障碍。缺乏足够睡眠会对个体的精力、情绪、专注和整体健康状况产生负面影响，这会导致定向障碍、思维混乱、记忆问题和语言障碍等问题，而这些问题又会进一步加重个体的睡眠障碍。

睡眠包括三种不同状态：清醒状态、REM（快速眼动）睡眠（与做梦有关）以及N-REM（非快速眼动）睡眠。睡眠障碍既包括睡眠阶段出现的异常，也包括睡前和睡醒后的异常状况。例如，个体可能会有入睡困难或维持睡眠困难（失眠），因此一整天都感觉非常困乏。个体的睡眠也可能受到一些异常行为或事件（异态睡眠）的干扰，例如梦游、噩梦、夜惊、不宁腿综合征、睡眠瘫痪、睡眠侵犯等。当个体醒来时，混乱的觉醒状态会使其表现出某种奇异而令人不解的行为。快速眼动睡眠行为障碍是一种严重的异态睡眠，它会导致与睡眠相关的痛苦呻吟，人们还会依据自己的梦境做出相应的动作。

睡眠障碍的病因是什么？

睡眠中断可能与药物、潜在疾病（例如发作性睡病）以及与睡眠相关的呼吸状况有关。与睡眠相关的呼吸状况包括一系列异常现象，例如睡觉打鼾、阻塞性睡眠呼吸暂停（指个体在睡眠期间喉咙壁不断放松和变窄，从而打断个体的正常呼吸）等，这些状况会导致个体在痛苦中醒来。

睡眠障碍的类型

失眠 是指难以入睡和/或需要很长睡眠时间才能在第二天恢复精神。失眠可能短暂出现，也可能持续数月或数年。失眠在老年人中更为常见。

异态睡眠 是指人们在入睡、睡眠或觉醒过程中发生的一系列非本人意愿的事件。个体在整个过程中都处于睡眠状态，对所发生的事件没有任何记忆。

发作性睡病 是一种长期疾病，是指大脑无法调节睡眠和清醒状态。发作性睡病的特点是个体的睡眠不规律，他们会在不恰当的时间突然入睡。

过度嗜睡 是指个体过度地瞌睡，从而对其日常功能造成干扰。它可能是轻微、短暂发生的，也可能持续发生、病情严重，并且经常伴随抑郁。过度嗜睡主要是对青少年和年轻人产生影响。

五千万至七千万美国成年人患有某种睡眠障碍。

病因	症状	影响	治疗
失眠的诱因包括忧虑和压力（例如工作或家庭问题、经济困难）、重大事件（例如丧亲）、潜在的健康问题、酗酒或吸毒等。	个体可能难以入睡；经常在夜间醒来；醒得很早却无法继续入睡；很难小睡片刻。个体的疲劳状态会导致易怒、焦虑和难以专注。	个体无法放松，过度疲劳会限制其日间活动。个体的工作表现及人际关系均会受损。个体睡前就开始预期焦虑，这种压力会进一步恶化失眠状况。	采用行为疗法（第122~129页），例如刺激控制疗法、睡眠限制疗法和矛盾意向治疗（个体尽可能长时间保持清醒，以减少睡眠带来的焦虑）。
异态睡眠通常会在家族中出现，因此它可能与遗传因素有关；异态睡眠还可能与药物使用或身体状况（例如睡眠呼吸暂停）有关；快速眼动睡眠行为障碍可能会由脑部疾病引起。	常见症状包括梦游、说梦话、夜惊、意识模糊性觉醒、有节奏的运动、腿部痛性痉挛等。更严重的症状是夜间进食障碍和快速眼动睡眠行为障碍。	缺乏充沛的睡眠会导致精神损伤、定向障碍、意识模糊和记忆问题。患有快速眼动睡眠行为障碍的个体可能会出现暴力行为。	轻度或无害的异态睡眠只需要采取一些有效的保护措施，例如移除某些可能对梦游者造成伤害的物品。然而，快速眼动睡眠行为障碍则可能需要药物治疗。
发作性睡病可能是遗传性的，也可能与缺少褪黑激素（调节睡眠的大脑化学物质）、青春期或更年期的荷尔蒙变化以及压力因素有关。发作性睡病还可能发生在疾病感染或接种之后。	发作性睡病的症状包括：白天嗜睡；睡眠发作；某些情绪（例如大笑）反应导致的暂时性肌肉控制丧失（猝倒）；睡眠瘫痪；入睡或醒来前的幻觉。	发作性睡病会扰乱个体的日常生活，人们在情感上很难有效应对。甲状腺活动不良及其他身体症状（例如睡眠呼吸暂停、不宁腿综合征）等都可能加剧发作性睡病带来的问题。	采取健康的饮食和生活方式，有规律的就寝时间以及用间隔均匀的小睡来控制白天的过度困倦等方式对发作性睡病都会有所帮助。
过度嗜睡可能是遗传性的，也可能与药物或酒精滥用、其他睡眠障碍（例如发作性睡病、睡眠呼吸暂停）等因素有关。肿瘤、头部创伤或中枢神经系统受损都可能导致过度嗜睡。	过度嗜睡患者在白天可能会非常困倦，即使他们的夜间睡眠至少有七个小时；他们经常在白天小睡或感觉睡眠不足；他们在长时间睡眠后难以醒来；或者在睡眠14~18个小时后仍然感觉无精打采。	过度嗜睡患者会苦于应对日常生活。他们可能焦虑、易怒、焦躁不安、食欲不振、缺乏活力。他们的思维和语言变得迟缓，记忆力也会出现问题。	治疗过度嗜睡时首先应处理身体病因。如果嗜睡持续，那么应该观察患者的日间活动。为患者量身定制的行为疗法包括建立良好的睡眠习惯和规律的睡眠时间，然后再逐渐改变。

抽动障碍

抽动是指一系列突发、无痛且非节律的行为，可能是运动抽动（与动作有关），也可能是言语抽动。当抽动反复发生且明显与环境或所处情境无关时，就可以诊断为抽动障碍。

什么是抽动障碍？

抽动，即微小、无法控制的动作或声音，通常并不严重，而且会随着时间的推移而改善。然而，如果抽动症状持续发生，就会干扰并影响个体的日常生活——尤其是当个体存在多种形式的抽动症状时。

人们通常认为，控制运动的脑区发生了变化会导致抽动。抽动障碍可能存在遗传倾向，也可能与服用安非他命或可卡因等药物、某些生理疾病（包括脑瘫、亨廷顿氏舞蹈症）或心理障碍（例如注意力缺损多动障碍，第66～67页；强迫症，第56～57页）等因素有关。

抽动在儿童中更为常见，但也可能出现在成年期。关于其患病率的统计数据各不相同，而0.3%～3.8%的儿童患有严重抽动。如果抽动症状较轻，可能并不需要治疗。个体通常只需要进行生活方式管理即可，例如避免压力或疲劳等。

预警

大多数人在抽动发作前会有一种异常或不舒服的感觉。个体通常认为这是一种不断加剧的紧张情绪，唯有抽动本身才能缓解。有人在短时间内可以抑制抽动发作，但是这种冲动会逐渐加强，从而可能导致更为严重的抽动。

先兆性的冲动
- 眼后灼烧感
- 特定肌肉紧张感
- 喉咙干涩
- 瘙痒

→ 需要缓解紧张 →

抽动
- 眨眼
- 个别肌肉抽搐
- 发出咕噜声
- 身体抽搐

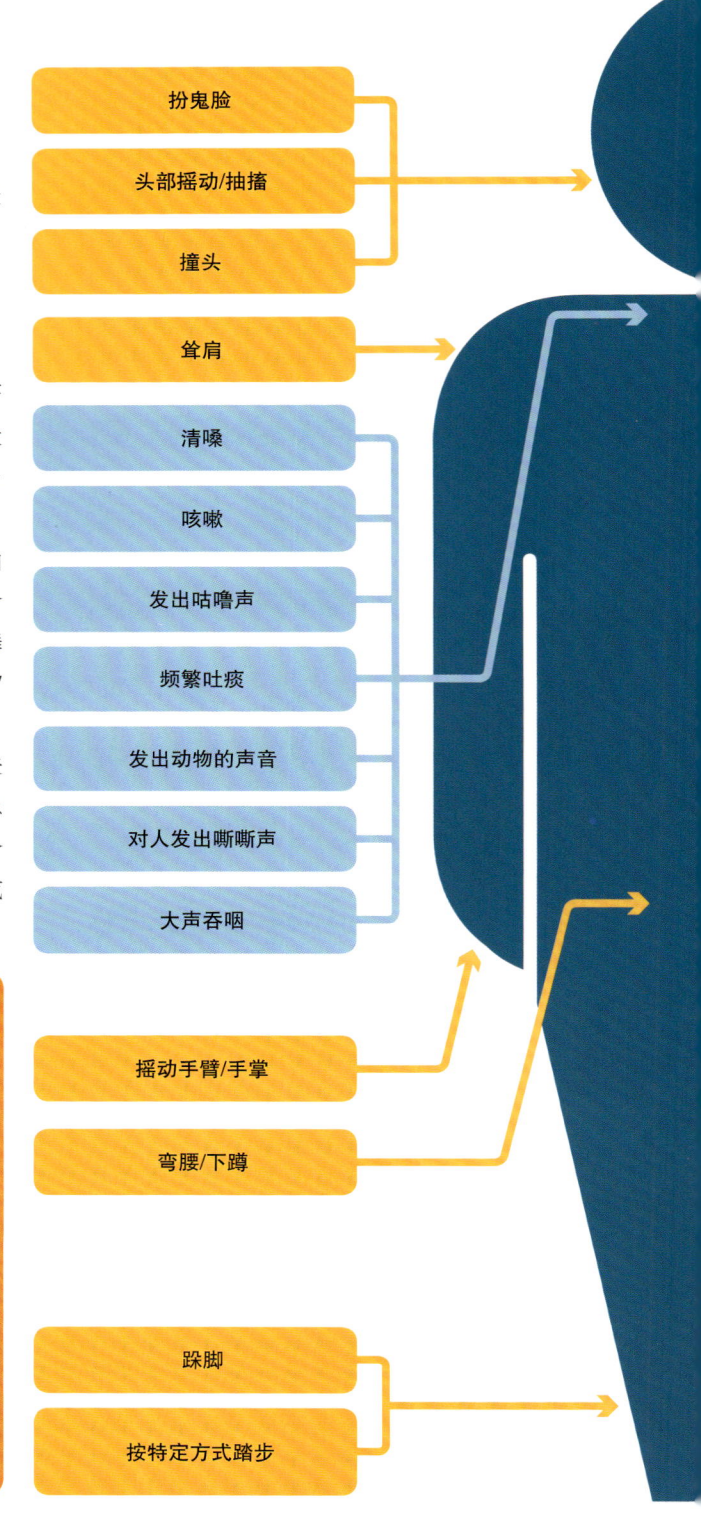

- 扮鬼脸
- 头部摇动/抽搐
- 撞头
- 耸肩
- 清嗓
- 咳嗽
- 发出咕噜声
- 频繁吐痰
- 发出动物的声音
- 对人发出嘶嘶声
- 大声吞咽
- 摇动手臂/手掌
- 弯腰/下蹲
- 跺脚
- 按特定方式踏步

心理障碍
抽动障碍 **100 / 101**

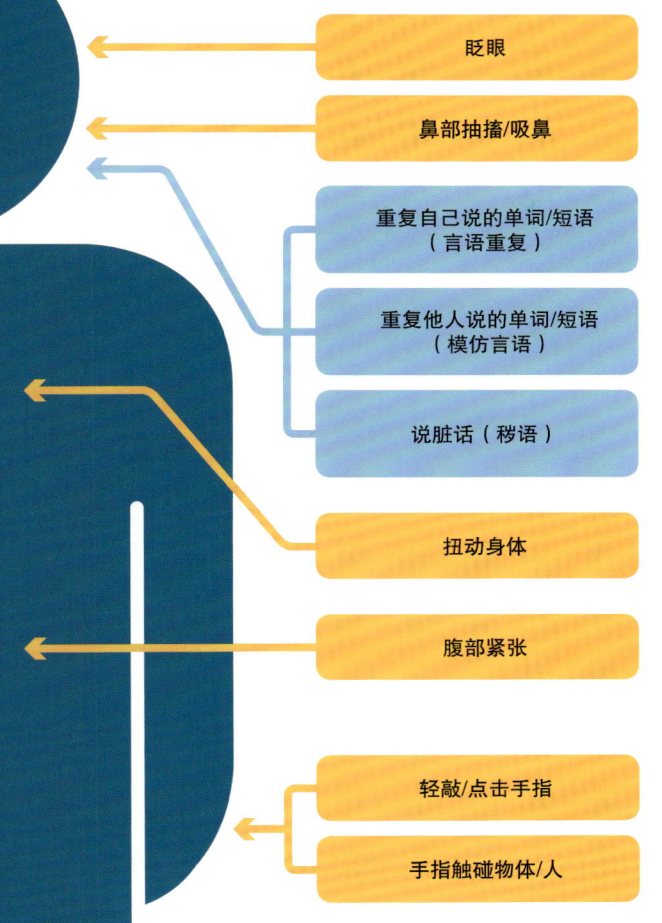

抽动秒语综合征（图雷特综合征）

这是一种以多发性抽动症为特征的疾病，以1884年首次描述该病症的乔治·德拉·图雷特（George de la Tourette）的名字来命名。若要诊断抽动秒语综合征，个体的抽动症状必须至少持续一年，并且至少有一种发声抽动症状。大多数个体会同时具有运动抽动和发声抽动，既可能是简单抽动，也可能是复杂抽动。这种综合征通常具有家族遗传性。

人们认为，抽动秒语综合征与大脑基底神经节的问题有关，也可能与儿童因链球菌感染引起的咽喉疼痛有关。抽动秒语综合征诊断的第一步是检查可能导致症状的其他病因，例如过敏或视力低下。其次，神经科医生或精神病学家会排除诸如自闭症谱系障碍（第68~69页）等疾病，然后再将患者转介，进行心理治疗。在三分之一的病例中，个体的抽动症状会减少，变得不那么麻烦，或者在10年内消失。

图示标签：
- 眨眼
- 鼻部抽搐/吸鼻
- 重复自己说的单词/短语（言语重复）
- 重复他人说的单词/短语（模仿言语）
- 说脏话（秽语）
- 扭动身体
- 腹部紧张
- 轻敲/点击手指
- 手指触碰物体/人

"音乐的节奏对抽动秒语综合征患者而言非常非常重要。"

奥利弗·萨克斯（Oliver Sacks），英国神经病学家

简单抽动和复杂抽动

抽动有多种形式。有些抽动是身体动作方面的，有些抽动是发声方面的。抽动可能是简单的，也可能是复杂的。简单抽动只会影响少数肌肉群，例如眨眼、清嗓。复杂抽动则涉及多个肌肉群的协调，例如眨眼并伴随耸肩、做鬼脸、自发性的吼叫等。

图例
- 运动抽动
- 言语抽动

治疗

▶ **行为疗法**（第122~129页）被广泛应用于治疗抽动秒语综合征患者，以帮助个体体验抽动前的不愉快情绪，并建立某种能阻止抽动产生的反应方式。

▶ **习惯逆转训练**可以帮助个体采用不相容的行为来替代抽动，因此这种有计划、有目的的动作会与抽动产生竞争并最终预防抽动发生。

▶ **生活方式管理**，例如放松技巧、倾听音乐，以减少抽动发生的频率。

▶ 如有需要，可服用**抗抑郁药物**或抗焦虑药物（第142~143页）以辅助行为干预。

人格障碍（PD）

人格障碍是指个体表现出持续性和一致性的不良思维、行为和社会功能模式。

什么是人格障碍？

人格障碍患者不仅难以理解自己，而且难以与他人相处。人格障碍与其他精神疾病不同，因为人格障碍具有持久性，并且不能与某种生理疾病相提并论。患者的行为会明显有悖于社会规范，但他们却可能在没有医疗帮助的情况下管理好自己的生活，这一点是精神分裂症（第70～71页）等极端疾病患者无法做到的。人格障碍通常会伴有物质滥用（第80～81页）、抑郁（第38～39页）和焦虑等情况。

导致人格障碍的确切原因尚不明确，但其风险因素包括：人格障碍或其他精神障碍的家族史；早年经历的虐待、不稳定或混乱的生活；童年期被诊断为具有严重攻击和不服从行为。个体大脑的化学和结构变化也可能导致人格障碍。

人格障碍共有十种类型。根据每种类型的相似性，人格障碍又可以被分为三大类群。

全科医生通常会在个体进入成年早期后再对其进行人格障碍的诊断。在诊断时，个体的症状（见右图及第104～107页）必须已经导致其日常功能受损和主观痛苦感，并且患者必须表现出至少一种人格障碍类型的症状。

A类群：奇异/古怪

A类群人格障碍患者表现出来的行为模式会被大多数旁观者视为奇异和古怪的。他们难以与他人相处，害怕社交场合。个体可能并不认为他们自己有问题。A类群包括三种人格障碍：偏执型，分裂样和分裂型。

偏执型人格障碍

- 个体极度不相信、怀疑他人。
- 他们认为别人对自己撒谎、试图操纵自己，或者会将自己的秘密告诉他人。
- 他们会从毫无恶意的话语中发现隐藏的意义。
- 他们很难维持亲密关系。例如，尽管缺乏证据，但他们往往认为自己的配偶或伴侣不忠。
- 他们的猜疑和敌意可能表现为公开的争论和反复的抱怨，也可能表现为安静却充满敌意的冷漠。
- 个体对潜在威胁的高度戒备会使他们看上去显得谨慎、隐秘、狡诈，缺乏温情。

分裂样人格障碍

- 个体显得冷漠、疏离，对他人漠不关心。
- 他们喜欢独自活动。
- 他们几乎不想建立任何形式的亲密关系，包括性关系。
- 他们的社交表达范围非常有限。
- 他们无法领会社交提示，也无法回应批评或表扬。
- 他们很难体验愉悦或快乐。
- 他们更可能是男性患者，而非女性患者。
- 他们可能有一位亲戚是精神分裂症（第70~71页）患者，但分裂样人格障碍的病情并没有精神分裂症那么严重。

分裂型人格障碍

- 个体即使身处熟悉的社交场合也会非常焦虑、内向。
- 他们对社交暗示会做出不恰当的反应。
- 他们存在妄想的观念，会把不恰当和误导性的意义强加于日常事件上。例如，他们可能会坚信报纸上的标题给他们传递了秘密信息。
- 他们可能相信某种特殊能力，例如心灵感应，或者自己具有某种能够影响他人情绪和行为的神奇能力。
- 他们的说话方式异常，例如长篇大论、东拉西扯、含糊其词或中途切换话题。

心理障碍
人格障碍（PD） 102 / 103

✚ 治疗

- **偏执型人格障碍** 采用以图示为中心的认知疗法（第124页）建立问题之间的关联，例如童年记忆中的情绪和当前生活模式之间的联系；还可以运用认知技术帮助患者建立新的评估方式。然而，由于治疗师和患者之间难以建立融洽的关系和信任感，即使患者会寻求治疗，但依然会出现较高的中辍率。

- **分裂样人格障碍** 采用认知行为疗法（第125页）或生活方式支持，以减少个体的焦虑、抑郁、愤怒情绪爆发和物质滥用；还可采用社交技能训练；服用药物（第142~143页）以缓解情绪低落或精神病发作。然而，患者很少主动寻求治疗。

- **分裂型人格障碍** 采用长期心理治疗，以建立信任关系；采用认知行为疗法，帮助患者识别和重新评估非理性思维；服用药物以缓解情绪低落或精神病发作。

人格障碍患者通常并不认为自己有问题，因此他们很少寻求治疗。

心理生活百科

B类群：戏剧性/情绪化/不稳定

B类群人格障碍患者很难控制自己的情绪。他们通常会过于情绪化、难以预测，其表现出的行为模式在他人看来是戏剧性的、不稳定的、威胁性的，甚至是令人不安的。这会形成一个恶性循环，因为人们不愿意接近他们，所以其社会关系和个人关系很难建立和维持，这反过来又会加剧其初始症状。

精神病态

精神病态有时会被认为是反社会人格障碍的一种亚型（见下图），它是最难诊断的疾病之一，并且精神病态在很大程度上对治疗充满阻抗。精神病态表现为一组特定的人格特征和行为模式。心理健康专家可以采用罗伯特·黑尔（Robert Hare）编制的精神病态检查表修订版（PCL-R）来进行诊断。该量表会对个体在20个所列特征的分数进行0、1或2分的评定。在美国，30分及以上（在英国，25分及以上）的个体会被诊断为精神病态。精神病态患者具有人际特征（例如自大、欺骗、傲慢）、情绪特征（例如缺乏内疚感和同理心）、冲动特征（例如性乱交）和犯罪行为（例如偷盗）等。他们缺乏抑制能力，不能从经验中学习。一开始人们可能会觉得他们很有魅力，但很快人们便会发现这些人缺乏内疚感、同理心或爱心，他们的情感依恋和行为方式也很随意、无所顾忌。在成功人士（尤其是商业和体育领域的成功人士）身上可以发现许多精神病态的特征，尤其是个体能够做出清晰无误、不带任何情感色彩决定的能力。大多数精神病态患者都是男性，这种障碍与个体所处社会或文化背景无关。

反社会型人格障碍

- 他们操纵、剥夺或侵犯他人的权利。
- 他们认为别人很脆弱，可能会毫无悔意地恐吓或欺负别人。他们可能具有攻击性，甚至充满暴力。
- 他们往往会出现犯罪行为；他们撒谎、偷窃或使用化名来欺骗他人。
- 他们罔顾自己和他人的安全。
- 他们总是不负责任、行为冲动，对自己行为造成的后果毫不关心。
- 他们会将自己遇到的问题归咎于他人。
- 这种障碍在青春期晚期变得明显，通常会在中年期消失。

A类群

B类群

C类群

边缘型人格障碍

- 他们的自我形象很脆弱。
- 他们的情绪不稳定（也称为情感失调），会出现严重的情绪波动和频繁、强烈的愤怒反应。
- 他们与他人的关系紧张但并不稳定。
- 他们害怕独处或被遗弃，他们会长期感到空虚和孤独，从而导致易怒、焦虑和抑郁。
- 他们的思维或知觉模式紊乱（称为认知或知觉扭曲）。
- 他们的行为冲动，有自残和自杀的想法或尝试。

表演型人格障碍

- 他们以自我为中心，经常寻求他人关注。
- 他们的穿着或行为并不得体，企图通过外表来吸引他人注意。
- 他们的情绪状态迅速转变，看上去很肤浅。
- 他们过于戏剧化，非常夸张地表达情绪。
- 他们总是不断地寻求安慰或认可。
- 他们容易受到暗示（容易被影响）。
- 他们坚信自己的人际关系比实际上更为亲密。
- 他们在社交环境和工作环境当中可能表现出色。

自恋型人格障碍

- 他们存在一种夸大的自我重要感，期望被大家公认是优秀人才，对自己的才能夸大其词。
- 他们沉迷于成功、权力、才华、美貌或完美伴侣的幻想之中。
- 他们认为自己只能与同等重要的人交往。
- 他们期望他人给予自己特别的帮助和无条件的服从，并从中获利。
- 他们不愿意也无法认识到他人的需求和感受。
- 他们认为别人会嫉妒自己。

治疗

- **反社会型人格障碍** 认知行为疗法（第125页）；然而，只有当人们因犯罪行为而被法庭勒令寻求帮助时才会主动寻求帮助。
- **边缘型人格障碍** 辩证行为疗法及心智化基础疗法，结合心理动力学疗法（第118～121页）、认知与行为疗法（第122～129页）、系统疗法（第138～141页）、生态取向疗法以及艺术治疗（第137页）。如果症状轻微，可采用团体心理治疗；如果症状为中度或重度，则采用协调护理方案。
- **表演型人格障碍** 采用支持性和焦点解决的心理治疗（第118～141页），帮助个体调节情绪；然而，个体往往夸大其自身功能，因此，治疗常常存在困难。
- **自恋型人格障碍** 采用心理治疗，帮助个体理解自身情绪并学会控制情绪。

C类群：焦虑/恐惧

这类人格障碍的特征是焦虑、恐惧的思维或行为。C类群人格障碍患者会不断体验到巨大的恐惧感和焦虑感，并可能表现出大多数人认为是反社会和孤僻的行为模式。C类群包括依赖型、回避型和强迫型人格障碍。若要区分依赖型（见下图）和边缘型人格障碍（第105页），需要进行精神病学评估，因为两者存在一些共同症状。

依赖型人格障碍

- 他们害怕孤身一人，害怕独自照顾自己。
- 他们总是试图取悦他人，避免与他人意见相左，因为他们害怕他人反对。
- 他们对批评过于敏感，他们是悲观主义者。
- 他们缺乏自信，自我怀疑，贬低自身能力和价值，可能会认为自己很"愚蠢"。
- 他们会表现出需要他人支持、被动、顺从和依赖性的行为，可能会容忍虐待行为。
- 如果一段亲密关系失败，他们会急切地寻找下一段亲密关系。
- 他们常常因为害怕失败而无法开始工作。

回避型人格障碍

- 他们非常害怕批评、反对或拒绝，因此他们很难与他人建立联系。
- 他们在建立友谊时非常谨慎。
- 他们不愿意分享个人信息或感受，这使得他们很难维持现有的人际关系。
- 他们避免任何涉及人际交往的工作活动。
- 他们远离社交场合，因为他们坚信自己无法胜任、低人一等。
- 他们总是担心被"揭发"而被他人拒绝、嘲笑或羞辱。

A类群

B类群

C类群

据估计，全球有 **10%** 的人口受某种类型人格障碍的影响。

OCPD还是OCD？

强迫型人格障碍（Obsessive Compulsive Personality Disorder, OCPD）和强迫症（Obsessive Compulsive Disorder, OCD，第56~57页）的共同特征是个体需要完成一些行为或思维任务来减少其强迫性想法和冲动的频率和强度。然而，OCPD开始于成年早期，而OCD则可能发生在任何年龄阶段。OCPD是一种人格类型的夸张化，并发展成为干扰个体日常生活的问题；OCD则是基于个体对发生在自己或他人身上的伤害需要承担责任的不合理估计。OCPD患者认为他们的思维完全是理性的。OCD患者能够意识到自身思维存在混乱，然而这种恶性循环会维持其焦虑感。

强迫型人格障碍

- 他们过分专注于秩序、完美主义、精神和人际控制。
- 他们在追求自己的原则时固执己见。
- 他们过分专注于工作而忽略了朋友和其他活动，因此他们无法建立或维持有意义的社会关系。
- 他们过于认真谨慎，可能会错过工作截止日期，因为他们总是追求完美。
- 他们在道德或伦理问题上缺乏灵活性。
- 他们无法丢弃破旧无用甚至毫无感情价值的物品。

治疗

- **依赖型人格障碍** 采用心理治疗，具体来说是帮助个体建立自信的信心训练；采用认知行为疗法（第125页），帮助个体建立对自身（而非他人）更为坚定的态度和观念。采用长期的心理动力学疗法（第118~121页），帮助个体回溯早年的成长经历，并重塑人格。
- **回避型人格障碍** 采用心理动力学疗法（第119页）或认知行为疗法，帮助个体识别关于自身的固化观念以及如何看待他人对自身的看法，改变个体的行为和社交技能，以改善个体的工作状态和社交生活。
- **强迫型人格障碍** 采用心理咨询和心理治疗专门针对个体各方面的固化观念，尤其是他们对世界和他人的僵化看法。采用认知行为疗法和心理动力学疗法，帮助个体识别他们对某一情境的感受，然后停下来思考为什么这种控制感会使问题继续存在，而不是得以解决。

其他障碍

许多源自生理、发育或文化方面的疾病也会对个体的认知和行为功能产生负面影响。

其他障碍是指什么?

许多身体疾病会影响个体的表现,限制其功能,导致其痛苦,并引发个体的行为问题、抑郁和焦虑。这些疾病包括发育问题(例如唐氏综合征)、生理疾病(例如影响协调运动的运动协调障碍)和退行性疾病(例如帕金森病)。这些疾病所带来的损害或困扰,即便不是精神疾

名称	界定	症状
躯体症状障碍	过度关注生理症状(例如疼痛或疲劳)而导致的严重焦虑和功能受损	对生理症状存在高度焦虑和恐慌,并认为这些症状意味着严重疾病
做作性障碍	捏造病症、自残,或表现出生病、受伤或残障的样子,以获得医疗方面的照顾	患者蓄意模仿、制造或夸大生理症状,并向多位医生寻求治疗
唐氏综合征	一种对个体的智力、生理和社会功能有着不同影响的发育障碍	可能存在广泛性焦虑障碍、强迫症、睡眠障碍、儿童期注意力缺损多动障碍以及自闭症谱系障碍
性别焦虑症	个体的生理性别与其认同的性别不相匹配而导致的冲突	表现出异性的情感和行为;青春期带来的困扰;厌恶自己的生殖器官
性功能障碍	男性或女性所遭受的生理或心理上的困境,导致他们无法享受性生活	男性存在勃起功能障碍、早泄或延迟射精;女性缺乏性欲或性交疼痛(性交困难)
性欲倒错障碍	性唤起仅针对特定的无生命物体、行为或非自愿个体	个体只能对特定的性反常行为产生性唤起和性满足;蔑视作为性目标的对象
儿童排泄障碍	在厕所以外的地方反复小便(遗尿)或大便(大便失禁),包括自愿或非自愿行为	在不恰当的地方排便或小便;食欲不振,腹痛,社交退缩和抑郁
缩阳症(生殖器收缩综合征)	属于一种妄想症,是指个体不可理喻地害怕自己的生殖器正在收缩或消失	尽管缺乏证据,但男性深信自己的阴茎(女性则是乳头)正在萎缩,而这是一种死亡征兆
狂杀症	一种罕见的文化特异性疾病,常见于马来人,是指个体在沉寂一段时间后突然疯狂发作	在突发性的狂杀中(经常是持械攻击)对自己和他人造成严重伤害;对事件没有任何记忆
对人恐惧症	日本文化特有的一种行为,是指个体害怕在别人面前出丑	个体认为自己令人厌恶、过于显眼、不受他人欢迎或喜悦

病，也可能严重到需要治疗的程度。

某些病症具有文化特异性（例如缩阳症、狂杀症），或者源于个体与其社会或文化之间的冲突。某些西方的精神障碍会对应着某些东方的精神障碍，反之亦然。例如日本的对人恐惧症就类似于社交焦虑障碍（第53页）。

10%~20%
的日本人会出现对人恐惧症。

可能的诱因	影响	治疗
遗传因素；对疼痛的情绪敏感性；消极的人格特征；习得性的行为；情绪处理存在问题	过度关注负面诱因；人际关系不良；健康状况不佳；抑郁；不信任医生意见	采用认知行为疗法来检测导致个体忧虑的无益思想和行为
心理因素、压力事件以及童年期复杂或创伤性的人际关系	欺骗会影响其社会关系；不必要的医疗干预会导致严重的健康问题	通过心理治疗来建立个体自身的洞察力，并找到应对压力和焦虑的替代性方法
染色体异常，即体内所有细胞或部分细胞的第21号染色体多了一条	轻度至中度的认知障碍；短期和长期的记忆丧失；身体和语言技能的缓慢习得	父母支持和培训，并进行早期干预以促进儿童发展
可能受出生前的荷尔蒙分泌和双性人状况（生殖器官在解剖学上不完全是男性或女性）的影响	压力；抑郁和焦虑；自残；自杀念头	采用心理治疗，帮助个体以所偏好的性别认同来生活；通过外科手术，改变生理结构
疾病、药物和物质滥用导致的生理原因；压力；表现焦虑；抑郁	丧失信心；社会焦虑；低自尊；抑郁；焦虑；惊恐发作	针对生理问题的特定干预措施；针对夫妻的焦虑和压力管理以及性治疗
儿童期性虐待或创伤；与重度人格障碍有关，例如反社会型人格障碍、自恋型人格障碍	对亲密关系产生负面影响；做出危险或非法行为	精神分析疗法，催眠疗法和行为疗法
创伤与压力；发育迟缓；消化系统问题	丧失社交信心；隐秘行为；在学校遭遇孤立、欺凌或其他问题	采用行为管理方案，鼓励个体建立良好的如厕习惯；采用心理治疗，帮助个体克服羞愧、内疚或低自尊
有其他精神障碍；青春期缺乏性心理教育	极度羞愧；恐惧；隐秘行为；抑郁；焦虑	针对相关的抑郁、躯体畸形障碍或精神分裂症采取心理治疗和药物治疗
地理隔离；助长自我实现预言的灵性修炼	长期的生理伤害；社会孤立；精神病院禁闭；监禁	针对相关的精神或人格障碍采取心理治疗；提升心理社会应激源的耐受性
与特定的脸红、畸形、目光交流、身体异味等恐惧有关	抑郁；焦虑；社交孤立；自信心不足	采用认知行为疗法，以检验并重新评估一些夸大化的观念

治疗方法

有多少种心理学取向，就有多少种治疗方法。将治疗方法与个体特殊的疾病体验相匹配，是帮助其恢复心灵平静的关键。

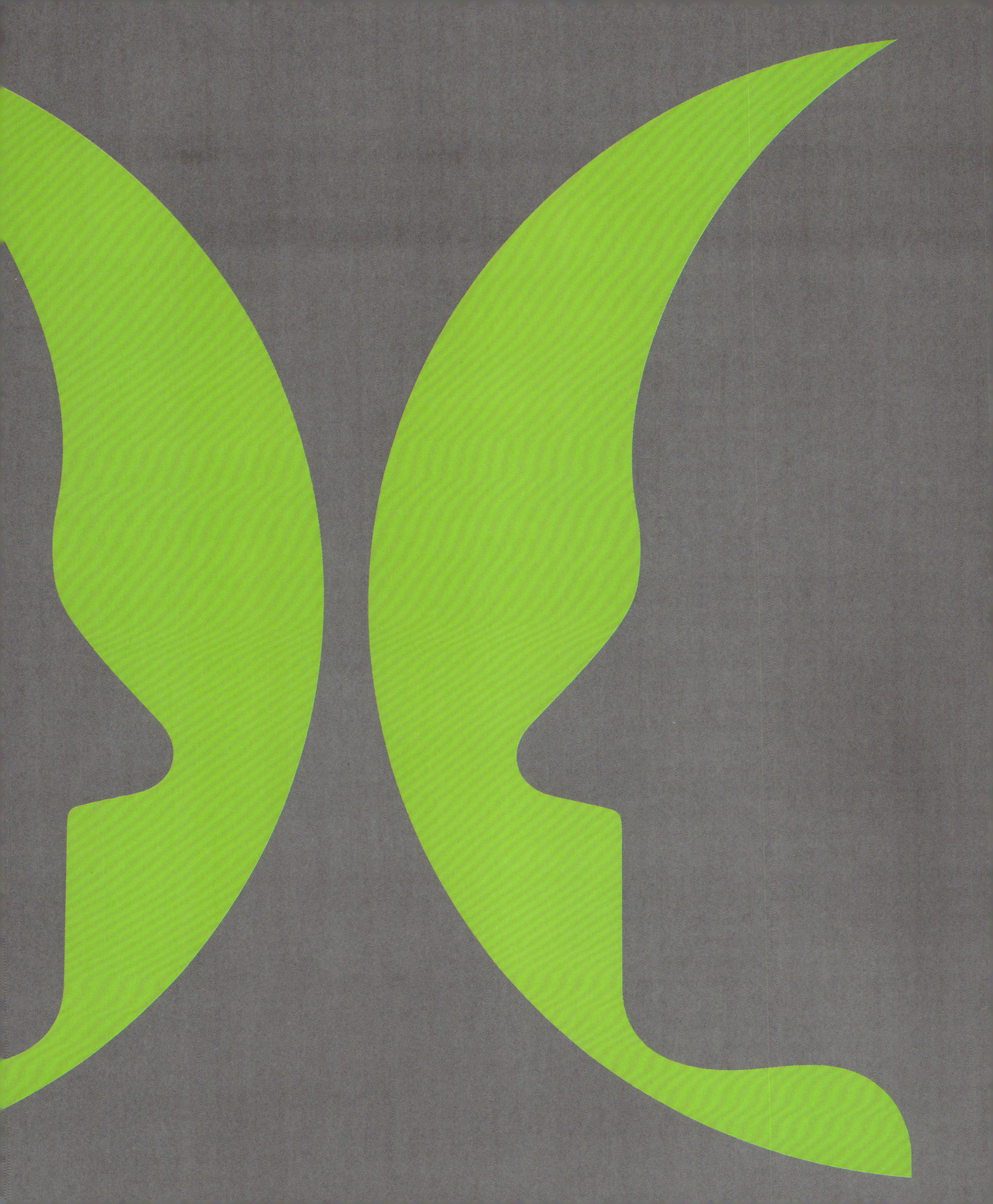

健康与治疗

健康领域的心理学家旨在改善个人、特定群体和更广泛人群的心理健康以及相关的生理健康问题。他们会设计并提供一些疗法，旨在预防和治疗精神障碍，并改善个体的健康水平。他们还会评估治疗方法对健康状况的改善情况以及哪些治疗方法是最有效的。这些工作大大影响着心理治疗在个人和大众层面的实施情况。

心理学家的角色

心理学家无论独立工作，还是作为跨学科卫生保健团队的一员，或是在研究机构工作，他们都致力于改善人们的心理健康和总体幸福感水平。心理学家的不同角色反映了他们能从不同角度帮助个人或团体实现这一目标。

谁能提供治疗？

许多心理健康专家都可以提供心理评估、治疗和咨询服务，但只有一部分人可以开具治疗疾病的药物。

心理学家
▶ 这些专业人士会根据个人或团体的需要进行心理评估，并提供一系列会谈或行为治疗。

精神科医生
▶ 精神科医生是专门治疗精神疾病的医生。他们具有处方权，能够为病人开具精神疾病类的药物来进行治疗。

一般医学专家
▶ 医生（全科医生和医院顾问）和高级精神科护士可以开药或采取其他疗法。

其他心理健康专家
▶ 社会工作者、精神科护士和咨询师可以单独提供治疗，也可以作为心理健康团队的一员来提供治疗。

健康心理学家

他们的专长

健康心理学家致力于研究人们如何应对疾病以及影响健康的心理因素。他们可能会从事研究并提供一些改善健康和预防疾病的策略（例如减肥、戒烟），也可能帮助个体应对某些特定的疾病（例如癌症、糖尿病）。

他们的受益者

▶ 需要适应某种严重疾病或应对疼痛的**慢性疾病患者**。

▶ 需要一些生活方式建议以预防疾病的**大众群体**。

▶ 需要知道如何改进自身服务的**卫生保健提供者**。

▶ 需要一些建议以有效管理病情的**患者**，例如糖尿病人。

他们的工作场所

医院；社区卫生部门；公共卫生部门；地方政府；研究机构。

他们的资质

具有博士学历，并参加实践培训以及后续的专业发展训练。

治疗方法
健康与治疗 112 / 113

在英国，**84%**的全科医生预约与患者的压力和焦虑问题有关。

心理教育

治疗过程的一个关键在于提高人们对心理健康问题的意识水平。无论个体治疗、团体治疗，还是通过互联网开展的线上治疗，心理教育都能帮助精神障碍患者更好地了解自身病情和相关的治疗方法，同时也能帮助他们的家人、朋友和护理人员提供更有效的支持。当人们能够掌握详尽的信息，他们就能更好地管控自己的生活，并采取积极措施来应对自身症状。与此同时，心理教育还能提高患者对治疗方法的依从性，并减少与精神障碍相关的污名化效应。

临床心理学家

他们的专长

临床心理学家致力于帮助人们应对各种心理和生理健康问题，例如焦虑、成瘾、抑郁、人际关系问题。他们对个体开展测试、讨论或观察以进行临床评估，并提供相应的治疗方法。

他们的受益者

- 需要个体或团体治疗的**焦虑**或**抑郁人群**。
- 存在学习困难或行为问题的**儿童**。
- 需要戒除成瘾行为的**物质滥用者**。
- 需要通过治疗来应对过去的创伤事件和经历的**创伤后应激障碍患者**。

他们的工作场所

医院；社区心理健康小组；健康中心；社会服务机构；学校；私人诊所。

他们的资质

临床心理学博士

咨询心理学家

他们的专长

这些专业人士为面临生活困境（例如丧亲、家庭暴力）的个体和精神障碍患者提供帮助。他们与来访者之间建立牢固的关系以促成其改变。他们可能也会进行治疗，以便更好地开展工作。

他们的受益者

- 遭遇人际关系问题的**家庭**。
- 存在社交、情感或行为问题，或者曾遭受某种虐待的**儿童**。
- 潜在问题能够得以解决的**应激人群**。
- 需要情感支持与指导的**丧亲者**。

他们的工作场所

医院；社区心理健康小组；健康中心；社会服务机构；企业；监狱；学校。

他们的资质

具有博士学历，并参加实践培训以及后续的专业发展训练

身心健康

越来越多的科学研究将人们的心理健康与生理健康联系起来。该领域的心理学家已经开发出了许多工具用来评估和改善人们的身心联系。

建立联系

健康心理学家探讨的是个体的心理状态（例如每天承受压力）如何影响他们的身体状态。他们通过帮助人们改变思维方式来改善其身体状况。例如，改变人们的生活方式、社交网络、态度和观念。健康心理学家扮演着不同的角色——在社区帮助弱势群体和病人，就健康问题向政府提供建议，或者在医院工作。

心理学家在对个体进行评估时会考虑导致其疾病或问题的所有因素，然后再制定一套改变方案。该方案可以包括：指出某种有损健康的行为（例如吸烟、不良饮食）；鼓励积极行为（例如锻炼、健康饮食、注意口腔卫生、健康检查和自我检查）；改善睡眠习惯；安排预防性的体检。健康心理学家还会帮助个体改变认知行为，使其能够更好地管控自己的生活。

生物-心理-社会模型

健康心理学家使用这一模型来评估三方面的影响，它们就像蜂巢一样相互交织，影响着个体的生活：生物因素，即身体特征的影响；心理因素，即思维模式和态度；社会因素，即生活事件和他人的影响。心理学家认为，这三个方面对个体的健康和幸福感既有积极影响，也有消极影响。

有益健康

心理因素
压力管理，积极思维，复原力，心智训练，给予和接受爱。

生物因素
健康饮食，锻炼，非成瘾的生活，有放松的时间，无疾病遗传史。

社会因素
社会团体（包括朋友、家人、宗教或其他团体）的支持，获得医疗保健和健康教育的机会。

管理健康状况

当人们被诊断患有某种疾病（例如癌症、酒精或药物成瘾）而需要住院或长期治疗时，健康心理学家能够为他们提供帮助。健康心理学家会对个体需要改变的方面进行评估，帮助患者提高对生理疼痛或不适的心理应对能力，并帮助他们应对疾病给生活带来的潜在影响。

人们可以采取多种方式协助个体进行康复。在心理层面，健康心理学家致力于建立和维持患者的自尊和动机水平，训练他们更积极地思考。同时，还可以寻求朋友、家人和其他健康专家的共同支持来进行治疗。在身体层面，健康心理学家可以采取替代疗法（例如瑜伽、针灸）来改善患者的健康水平，帮助其控制某种需求，或战胜抑郁。他们也可能会建议患者进行定期锻炼，参与营养计划或进行维生素治疗。

心理健康评估

如果需要正式评估，心理学家会使用问卷对个体的心理状态进行评估或测量，以区分心理健康和情绪健康。

心理健康问题

> 心境　总体而言，你的情绪是积极的吗？
> 积极人际关系　你有朋友或积极的情感联系吗？
> 认知功能　你能正确地思考和处理信息吗？

情绪健康问题

> 焦虑　你感觉焦虑吗？
> 抑郁　你感觉抑郁吗？
> 控制力　你是否觉得自己失去了控制或无法控制自己的情绪？

有损健康

心理因素
压力，焦虑，应对能力差，消极思维，悲观、多疑或好斗的人格特征。

生物因素
不良饮食，疾病遗传史，吸烟，污染，酗酒或吸毒。

社会因素
孤独，贫穷，剥削，遭受暴力、虐待或情感创伤。

压力如何影响身体？

压力是大自然向人们提出警示的一种方式，它会使人们的身体进入原始的"战斗或逃跑"模式（第32～33页）。面对压力，人脑会产生一系列的化学物质，从而引起全身的变化。

神经系统
头痛，易怒，紧张，高度敏感

心血管系统
心跳加快，血压升高

呼吸系统
呼吸短促，肌肉紧张

消化系统
腹泻，恶心，便秘，胃痛，胃灼热

肌肉骨骼系统
肌肉酸痛，特别是颈部、肩膀和背部位置

生殖系统
女性：月经不调，性欲降低；男性：阳痿

治疗的作用

心理治疗会采用一系列方法来帮助人们改变那些有损于自身生理或心理健康的想法、行为和情绪,并帮助他们提高自我觉知。

治疗作用

心理治疗通常被称为"会谈疗法",因为个体改变的关键是他们与治疗师的交流。心理治疗的目标包括:管理逆境;最大限度地挖掘潜能;澄清观念;提供支持、鼓励和责任;培养平和的心态和深刻的意识。心理治疗旨在提高来访者对自己、他人及其人际关系动态网络的认识,同时也能帮助他们设置个人目标和可实现的行为目标。

心理治疗会揭开来访者的旧伤疤,帮助他们了解过去的负面经历是如何以不健康的方式影响他们的。心理治疗也能帮助他们改变对外部刺激的反应方式以及他们加工、解释经验的内部过程,使他们能够超越当前的想法和行为状态。心理治疗还可以促使来访者探索其灵魂和精神自我,并在生活中获得更多满足感。心理治疗旨在提升个体的自我接纳和自信心水平,减少无用的消极或批判性思维。

治疗的类型

人的心理千变万化,而心理治疗取向和方法也是多种多样的,并不断推陈出新。个体心理上的变化可以通过多种方式来实现。心理治疗的主要类型是根据其哲学基础来进行分类的。不同类型的心理治疗方法各不相同,包括个体治疗、团体治疗或线上治疗以及任务完成等形式。

精神分析与心理动力学取向

这类治疗取向认为,个体无意识的观念是导致各种非适应性思想和行为的关键。深入了解个体的这些观念可以帮助人们解释并缓解自身问题。治疗师和来访者致力于寻找更适宜的方法来处理个体之前被压抑的情感,并帮助来访者利用内在资源和能力解决自身问题。

认知与行为主义取向

这类治疗取向认为,导致个体心理不安的原因并不在于他们所经历的事件,而在于他们如何看待这些事件以及他们如何解释自己的过去经验。认知与行为疗法使人们意识到自己有能力去改变思考问题的方式,并学会通过改变思维方式来改变自身的反应和行为方式。

28% 的英国人咨询过心理治疗师。

团体治疗

十二步治疗计划

十二步治疗计划是一种团体治疗方法，专门用于治疗成瘾行为（例如药物、酒精或性成瘾）和强迫行为（例如进食障碍）。克服成瘾或强迫行为的一个关键因素在于社区的支持和联系。团体治疗可以减少个体的孤独感和羞耻感，使个体明白自己并非孤身一人深陷痛苦挣扎之中，并为个体提供一个能够给予支持和责任感的社交网络。

自助团体

这种支持性的团体聚焦于个体的自我披露。有些自助团体由专业的组长带领，而有些团体则由同伴带领。在自助团体中，分享个体的经验比专业知识更为重要。

在团体中，**分享经验**使人们能够给予和接受彼此的支持和反馈，共同交流如何促成自身的改变。

人本主义取向

这一治疗取向认为，倾听比观察更重要。因此，治疗师会采用开放式问题和质性测量工具来考察人格特点，并鼓励来访者积极探索自己的想法、情绪和感受。治疗师认为，来访者具备与生俱来的能力，亦有责任去实现个人成长，他们并非只是一些受无意识驱动影响的有缺陷的个体。

系统化取向

"系统化"的治疗取向使人们能够解决由人际关系的相互作用而引起的问题。治疗师通过与系统（家庭或团队）中的每位成员进行接触，倾听不同的观点，并观察他们之间的互动来获得对某一问题更深入的理解。这种治疗取向使人们可以更好地探索他们在某一群体中的自我认同，同时也有助于其社交网络联系的形成——该方法有助于解决因社交孤立而引发的问题（例如成瘾行为）。

药物的作用

大脑和行为之间会不断地相互影响。药物可以改变大脑内的化学物质，帮助改善情绪、专注、记忆和动机，提升能量，减少焦虑。大脑功能的改善可以减轻精神疾病的症状，并促成积极的行为改变。

心理动力学疗法

心理动力学疗法是所有分析疗法的总称,而它本身也是一种治疗方法。分析疗法遵循西格蒙德·弗洛伊德的基本目标——将无意识观念引入意识层面。

什么是心理动力学疗法?

心理动力学治疗取向认为,个体的无意识心理包含着情感和记忆,这些(尤其是从童年时期开始的)情感和记忆影响着人们成年以后的思维模式和行为。治疗师会引导来访者谈论这些他们通常不愿提及的感受,从而将其引入到心理的意识层面。人们若将不愉快的记忆隐藏起来会导致焦虑、抑郁和恐惧,而将它们揭示出来可以帮助已是成年人的来访者解决自身心理问题。

承认被隐藏的记忆有助于来访者认识、面对并最终改变他们的防御机制,这些防御机制是他们为了避免经历痛苦的现实或面对不愉快的事件或想法而建立的。这些(通常是无意识的)心理策略包括:否认(拒绝接受现实);压抑(隐藏不想要的想法或感受);间隔化(从心理上允许互相冲突的情绪或观念存在);反向(表现出与真实想法完全相反的行为);合理化(为不可接受的行为进行自我辩护)。

在所有的心理动力学疗法中,治疗师都会一边倾听来访者谈论他们意识层面的问题,一边寻找隐藏于潜意识感受中的模式、行为和情绪。治疗的目标是使来访者能够更积极地处理内部冲突。

疗程

所有类型的心理动力学疗法都是在一种熟悉、安全、尊重、非评价性的环境中进行的。疗程通常是一对一的,每次持续50~60分钟。

释梦
作为一种进入潜意识的方法,释梦可以解释个体隐藏的情绪、动机和联想。

阻抗分析
帮助来访者了解他们在思想、观念或情感上所阻抗的事物、方式和原因,从而可以解释其防御机制。

弗洛伊德口误
来访者无意间说出来的话表达了他们真正的想法(无意识的想法)。

移情
在与治疗师的相处中,来访者的潜意识冲突会浮出水面。他们会将(通常始于童年期的)情绪和感受从自己身上移情至治疗师身上。

自由联想
来访者会自发地谈论他们想到的任何事情,而不必编辑他们所说的话或试图给出一个线性结构。因此,他们真实的想法和情感就会浮现出来。

来访者
在传统的弗洛伊德分析中,来访者会躺在沙发上,看不到治疗师。而在更具互动性的治疗中,来访者可以与治疗师面对面交流。

精神分析疗法

精神分析疗法与心理动力学疗法的目的相似，都是为了整合个体无意识和意识层面的心理，然而其治疗过程的深度有所不同。

什么是精神分析疗法？

精神分析疗法的创始人西格蒙德·弗洛伊德在巴黎与神经学家让-马丁·沙可（Jean-Martin Charcot）共事后提出了他的"会谈疗法"。沙可发现，当病人谈论过去的创伤经历后，他们的症状会有所减轻。

20世纪初，弗洛伊德提出了自由联想、释梦、阻抗分析等技术，至今仍被广泛使用。通常来说，治疗过程中来访者的沉默与其所说的话同样重要。所有的精神分析疗法都认为个体的心理问题源于潜意识；隐藏于潜意识中的未解决事件或被压抑的创伤经历会导致个体的焦虑和抑郁；心理治疗可以将个体的矛盾冲突暴露出来，这样来访者就能顺利解决问题。精神分析疗法通常会持续数年之久，以帮助来访者解构并重建整个信念系统。该疗法适合那些头脑健全、表面的生活很成功，但却长期存在某些苦恼或折磨（例如无法维持一段关系）的人。而心理动力学疗法的强度较低，侧重于解决个体当前的问题，例如恐惧症或焦虑等。

解释
治疗师保持相对安静，分析来访者所说的话，帮助他们克服潜意识的限制。

治疗师
治疗师会倾听，但不会做出评价。因此来访者不必担心自己会说出一些令人震惊、不合逻辑或愚蠢的话。

	精神分析疗法	心理动力学疗法
时间安排	一周2~5次会谈	每周1~2次会谈
持续时间	长期：持续数年	短期或中期：持续数周或数月
方式	来访者通常躺在沙发上，看不到在其身后的治疗师	来访者通常要面向并看见治疗师
与治疗师的关系	治疗师是专家——立场中立、客观	治疗师的互动程度更高，扮演着促成改变的代理人角色
焦点	促成更深层次的长期改变和幸福感	为目前的问题提供解决方案

心理生活百科

荣格疗法

荣格拓展了弗洛伊德的观点——他认为潜意识远比单纯的个人意识要深刻得多，是行为模式的核心。

什么是荣格疗法？

荣格和他的同事西格蒙德·弗洛伊德一样，认为意识与潜意识的不平衡会导致个体的心理困扰。但荣格认为，个体记忆是一个更大的整体记忆中的一小部分而已。

荣格发现，无论文化背景如何，世界各地都存在着相同的神话和符号。他认为，这必定是人类共同经历和知识的产物，存在于每个人的记忆（他所谓的集体无意识）之中。这些存在于潜意识最深处的记忆，会以原型的形式出现。原型是一些可立即识别的符号，可以塑造个体的行为模式。意识中的自我是个体呈现给世界的公众形象。它的原型是人格面具（Persona），即一个表现最佳的人。大多数人会隐藏心灵中的阴暗面，荣格称之为阴影（Shadow）。还有两种原型是阿尼玛（Anima，男性心灵中的女性意象）和阿尼姆斯（Animus，女性心灵中的男性意象），它们经常会与意识中的自我和阴影发生冲突。要找到真实的自我，个体人格的各个层次都需要和谐共处。

精神分析疗法是探索来访者潜意识的最顶层，而荣格疗法的治疗师却会探索潜意识的所有层次。他们会帮助来访者运用原型来理解和改变自身行为。

荣格疗法治疗师会使用释梦和词语联想等技术来解释内在原型与外部经历的冲突。在分析过程中，来访者能够理解他们心理的哪些层次存在冲突，从而采取积极措施来重新恢复心理平衡。与精神分析疗法类似，荣格疗法是探索个体心理的奇幻之旅，可能会持续数年之久。

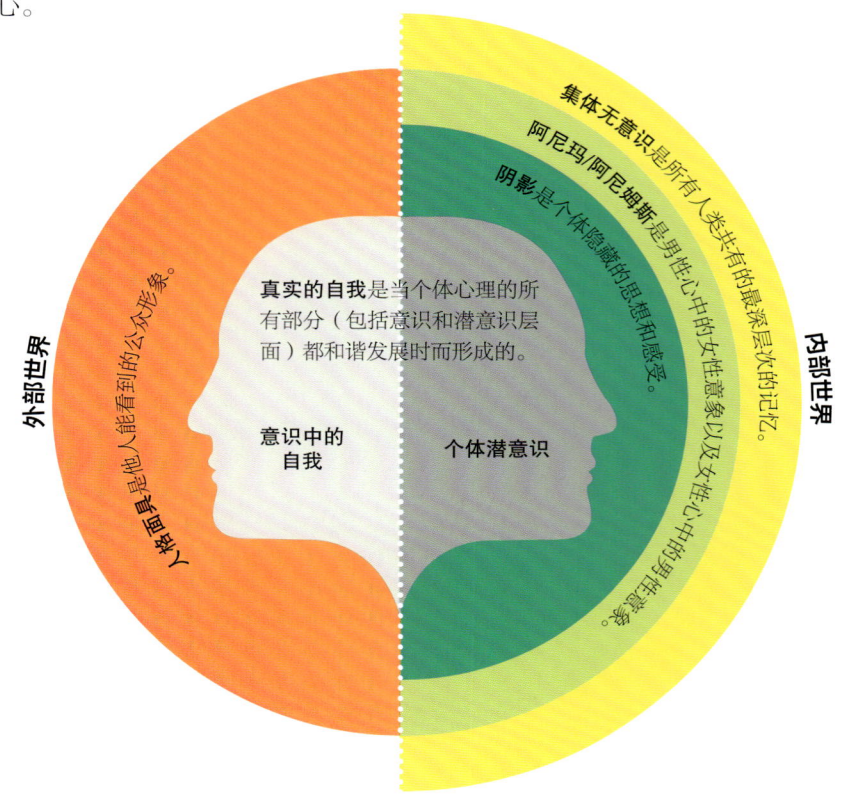

✓ 知识点

- **词语联想** 治疗师给出一个词，来访者说出他们头脑中出现的一切想法。
- **外向型** 注意力集中于外部世界和他人的个体；外向，敏感，积极，甚至鲁莽、果断。
- **内向型** 注意力集中于自身思想和感受的个体；害羞，沉思，内敛，只顾自己，优柔寡断。

外部世界 / **内部世界**

集体无意识是所有人类共有的最深层次的记忆。

阿尼玛/阿尼姆斯是男性心中的女性意象以及女性心中的男性意象。

阴影是个体隐藏的思想和感受。

真实的自我是当个体心理的所有部分（包括意识和潜意识层面）都和谐发展时而形成的。

意识中的自我 / **个体潜意识**

人格面具是他人能看到的公众形象。

自我心理学与客体关系疗法

自我心理学与客体关系疗法都属于弗洛伊德精神分析疗法的分支。治疗师采用同理心来理解来访者对生活的独特看法，并建立可以改善人际关系的行为模式。

什么是自我心理学与客体关系？

自我心理学与客体关系都聚焦于来访者的早年经历，以此来理解和改善他们成年后的人际关系。自我心理学的前提假设是，儿童幼时若缺乏同理心和支持，他们成年后就无法发展出自我满足与自爱。而治疗师则是实现了来访者向他人求助以满足自身需求的强烈愿望，为来访者建立了自我价值与自我觉知，使他们能够运用于自身的人际关系中。客体关系（成人不恰当地重复童年期的关系形态）的目标是利用来访者与治疗师之间的同理心来分析来访者过去的人际互动与情绪状况，并学会运用全新的积极的行为模式。

在**客体关系**疗法中，治疗师会帮助来访者摒弃童年期的关系，而采用他们成年后的行为模式。

交互分析

交互分析并不是通过探索个体的无意识来揭示意识心理，而是关注个体人格的三种"自我心态"。

什么是交互分析？

治疗师并不询问来访者关于自身的问题，而是去观察和分析他们的互动情况。治疗师会帮助来访者从成人式自我心态中发展出一种策略，而不是照搬童年期家长对待他们的方式（父母式自我心态），或者是表现出孩童一般的情感和行为（儿童式自我心态）。

当个体同时从不同的自我心态来做出反应时就会产生冲突。例如，人格的一部分从父母式自我的角度提出命令，但另一部分却从儿童式自我的角度做出防御性的反应。

交互分析能够帮助来访者有效识别这三种自我心态，并学会在所有的人际互动中采用成人式的自我心态。交互分析也能够帮助来访者按照自己的意愿来进行沟通，而不受童年期形成的沟通模式的影响。个体的成人式自我心态是基于当前情境的，他们通过分析儿童式和父母式的观念，从而做出理性、有智慧的行为决策。

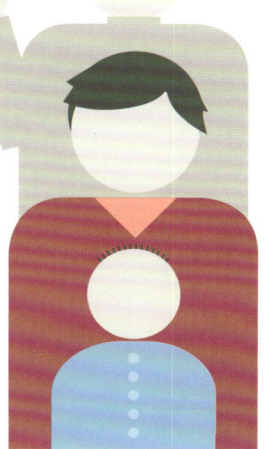

父母式
可能是控制、批评，或者是培养、支持

成人式
在当下做出理性抉择

儿童式
运用童年期的情感和行为

自我心态
（单一人格的组成部分）

认知与行为疗法

个体的想法会影响其感受和行为。这一系列疗法关注的是观念如何影响行为，旨在帮助人们改变消极的思维模式。

什么是认知与行为疗法？

认知与行为疗法的基本观念是困扰人们的并不是发生在他们身上的事情，而是他们如何看待这些事情。人们的这些观念可能会导致他们基于错误的前提而做出某些行为。基于认知的疗法旨在改变人们消极的思维模式。基于行为的疗法则是通过采用积极行为替代无益行为，从而改变内在的感受。许多心理疗法都从认知主义与行为主义理论中汲取内容。治疗师会帮助来访者质疑自动化思维，并练习新的反应方式。一旦来访者能够改变自身观点，他们就能改变自己的感受和行为方式。

合作取向

认知与行为疗法要求来访者积极

非理性信念与行为

虽然现实让人感觉是绝对的，但它实际上是主观的，会受个体思维模式的影响。处于相同情境中的两个人可能会有截然不同的感受和反应。很多人都会自动地做出不恰当的假设并付诸行动，而心理治疗能够帮助人们质疑这些假设。

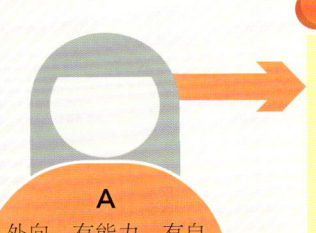

A
外向，有能力，有自信，拥有强大的社交网络。

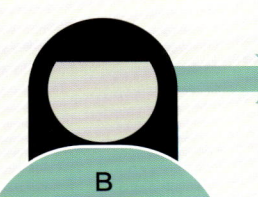

B
缺乏自信，害羞，自卑，缺乏支持网络。

情绪刺激

A和B发现她们的一位共同好友打算举办一个聚会，却没有邀请她们两人。虽然A和B面对同一情绪刺激，但她们会基于各自的认知加工模式，以截然不同的方式来处理信息。A可能会理性地分析她没有被邀请的原因或委婉地询问朋友，而B则会自动得出她被朋友故意排除在外的结论。

理性信念

▶ **技术错误** 也许是邀请函出了差错。

▶ **工作功能** 也许这只是一个同事聚会，仅限于同行交流。

▶ **客人名单有限** 也许这只是一群许久未见的老朋友聚会，而她并不认识他们。

非理性信念

▶ **消极的个人感受** 朋友未邀约意味着朋友对自己的态度。

▶ **故意排斥** 朋友未邀约是因为自己不擅长社交。

▶ **自我摧毁的模式** 自己本就不应该被邀请，因为从来就没有好事发生在自己身上。

治疗方法
认知与行为疗法

参与治疗过程。治疗师并不是扮演领导角色，而是与来访者共同合作来解决问题。双方之间的亲密与坦诚是治疗取得进展的重要因素。

在不同的心理治疗中，治疗师都会主导整个治疗过程，积极地对来访者进行诊断，并指导会谈与对话进程。这种权威的方式可能会让一些来访者感到格格不入，尤其是对被指导或被控制反应不佳的，对评判或评价很敏感的，自身问题与医学或权威人士有关的，以及在治疗中曾有过负面体验的来访者。

然而，在合作式治疗中，来访者与治疗师之间是平等、互惠、灵活的关系。来访者和治疗师都可以进行观察、指导对话并评估治疗取得的进展。双方的讨论可以帮助来访者从全新的角度来看待自身问题，并鼓励他们采取行动来改变自身的行为模式。这一过程是一种反复试验的过程，因此，如果某种行为会增加来访者的困扰，那么来访者和治疗师可以讨论采用其他替代性的行为，并强化对个体有效的行为。在整个治疗过程中，来访者始终积极参与，他们对自身的康复承担着同等重要的责任。

理性行为

> **取得联系**　给正在聚会的朋友打电话或见面闲聊。

> **获取答案**　慎重委婉地提问，而不做任何预设，以确定自己不被邀请的真正原因。

非理性行为

> **逃避**　因为畏难而不去面对朋友或情境。

> **愤怒对峙**　过度自我防卫，与朋友愤怒对峙，指责朋友粗心大意、不够体贴或故意不友好。

> **防御行为**　以牙还牙地对待朋友。

治疗

无论现实情况如何，B的消极思维模式都是基于自身感知而形成的一种特定的现实假象。治疗有助于：

> **认识自己的情绪习惯**　在这一案例中，个体倾向于感觉被忽视，习惯自责和批评。

> **自我觉知**　了解自身的情绪习惯（例如缺乏自尊、焦虑）是如何形成的，以及在何种情况下会引发非理性信念。

> **行为策略**　采用自信训练或改善沟通技巧。

> **练习**　学会挑战和反驳非理性和消极的思维模式，能够意识到可能存在其他更符合事实的情况。

> **改变**　练习行为与认知策略，为以后的积极改变提供依据。

行为疗法

如果行为可以通过学习而获得，那么行为也可以通过解除学习而消除。根据这一理念，这种基于行动的治疗方法旨在用积极行为取代不受欢迎的行为。

什么是行为疗法？

该疗法的基础是经典性条件作用（通过联想而学习）和操作性条件作用（通过强化而学习）（见第16～17页）。

经典性条件作用是将中性刺激与非条件反应建立联系，从而改变个体的行为。随着时间的推移，这些刺激会引发新的条件反应。例如，一个孩子在听到狗叫（中性刺激）的时候摔倒并受伤了，他/她可能会对狗产生恐惧。而行为疗法可以逆转这一过程，使儿童能够脱敏。操作性条件作用是采用奖励系统来建立和强化适宜性的行为，并阻止和惩罚不受欢迎的行为。其策略包括为表现良好的孩子发放代币，或者将孩子"隔离"（Timeout）以缓解其怒气。

通过不断重复能够引发积极行为的任务让来访者重新学习反应的方式。行为疗法有助于克服恐惧症（第48～51页）、强迫症（第56～57页及下文）、多动症（第66～67页）和物质使用障碍（第80～81页）。

认知疗法

认知疗法由精神病学家亚伦·贝克于20世纪60年代创立，该疗法旨在改变可能会导致问题行为的消极思维过程和观念。

什么是认知疗法？

贝克提出，我们对自己、他人或世界的消极或不准确的想法和信念会对我们自身的情感和行为产生负面影响，而行为又会强化个体扭曲的思维过程，这样就形成了一个恶性循环。

认知疗法的重点在于打破这种模式，帮助人们用更灵活和积极的思维方式去识别和取代消极的想法。治疗师会引导来访者观察和监控自己的想法，并评估这些想法是否符合现实或是非理性的。治疗师会布置一些家庭作业（例如写日记），帮助来访者识别自己的消极观念，并证明这些观念是错误的。通过改变个体的根本信念能够改变与之相关的行为。认知疗法尤其适合治疗抑郁（第38～39页）和焦虑（第52～53页）。

实践中的疗法

针对诸如强迫症这样同时具备认知和行为因素的障碍，心理治疗可以致力于改变导致障碍的观念，或者改变个体对这些观念的反应，或者两者兼而有之。

行为疗法

▶ 适合那些做出强迫性的行为以减少恐惧的人。

▶ 帮助来访者打破某一物体或情境与恐惧感之间的联系。

▶ 来访者学会停止仪式性行为而直面焦虑。

▶ 减少焦虑，停止不健康的行为。

认知疗法

▶ 适合那些进行内心检查，在心理和生理上采取回避和做出仪式性行为的人。

▶ 帮助来访者消除信念，重组思维模式。

▶ 质疑来访者对自身观念进行赋意而使自己失去力量。

▶ 来访者不需要再做出仪式性行为。

治疗方法
认知与行为疗法

认知行为疗法（Cognitive Behavioural Therapy，CBT）

该疗法帮助人们识别、理解并纠正可能对个体情感和行为产生负面影响的扭曲观念。

什么是认知行为疗法？

这种实用、结构化和问题解决式的治疗方法基于最初应用于认知疗法（见左页）的理论，旨在重塑来访者的思维模式；并运用行为疗法（见左页）的策略来改变来访者的行为方式。该疗法的目的是改变导致来访者不快乐的消极观念和行为周期。

为了解观念和行为之间的联系，治疗师会将问题分解成不同的部分，从而分析个体的行为、观念、情感和身体感觉。然后治疗师就能理解来访者的内部对话和自动思维（通常是消极、不现实的）是如何影响其行为的。治疗师还可以帮助来访者认识到是何种经历或情境会引发这些无益观念，从而帮助他们掌握改变自动反应的技巧。

学习与实践这些技巧是治疗取得效果的关键。治疗师会为个体设定任务，让他们在家练习。通过在日常生活中反复操练新的策略，来访者就能建立积极行为与现实思维的全新模式，并在将来能够付诸实践。

起点

阶段1
了解来访者，建立信任关系，解释周期的概念

观念，情感与行为周期
- 消极观念会引发情感
- 情感会引发不受欢迎的行为
- 行为会进一步强化观念

阶段2
目标是打破这一周期

探索来访者存在问题的观念和行为

分析这些观念和行为对来访者自身和他人造成的影响

一起制订计划以改变这些观念和行为

阶段3
采用各种方法来打破该周期，例如放松技巧、和来访者一起解决问题、暴露疗法（见第128页）等

监控有益于来访者的活动类型

阶段4
鼓励来访者在治疗后继续练习技巧

行动计划
完成每次会谈之后的任务，例如观念日志、记录焦虑水平、愉快事件日记等

认知行为疗法（CBT）

▶ 适合那些将恐惧与夸大化想法联系在一起的人。

▶ 帮助来访者停止强迫观念和强迫行为。

▶ 来访者认识到，即使自己停止强迫也不会发生任何糟糕的事情。

▶ 来访者焦虑减少，思维循环被打破，强迫行为也随之消失。

改变之路

来访者在治疗师的帮助下按照小步骤原则进行结构化练习，并获得独立解决问题的技能。

认知行为疗法（CBT）第三浪潮

这一系列不断发展的疗法既扩展了认知行为疗法的方法，又改变了其目标。该疗法并非聚焦于减少症状（尽管这是其中一种益处），而是帮助来访者远离无益的观念。

什么是CBT第三浪潮？

CBT第三浪潮主要包括两种疗法：接纳与承诺疗法（Acceptance and Commitment Therapy，ACT）和辩证行为疗法（Dialectical Behaviour Therapy，DBT）。

接纳与承诺疗法旨在改变来访者与其观念的关系。来访者并非试图改变或停止不想要的观念，而是学会接纳与观察它们。来访者不再认为"我从来没做过对的事情"，而是转而认为"我现在的想法是我从来没做过对的事情"。来访者成为自己观念的观察者会削弱这种观念对其心理状态和存在状态的影响。个体的观念不再需要指导反应或行为，人们可以根据自己的价值观来选择行动。

有些人会经历强烈的情绪反应，但却缺乏处理强烈情绪的能力，这可能会导致自残或物质滥用等伤害行为。辩证行为疗法教导人们如何接纳与忍受心理困扰，并学会处理令人不安或具有挑衅性的情绪刺激。在此过程中，人们学会控制行为，体验（而非压制）情绪压力，讨论与接纳过去的创伤经历，处理自责和功能失调的想法等。

诸如可视化等正念（第129页）技巧可以帮助来访者在日常生活中保持情绪规律，建立冷静处理问题的信心，并提升其保持快乐的能力。

ACT的方法

ACT治疗师会引导来访者学会化解消极自我判断带来的影响。

▶ **价值观** 澄清对自己而言最重要的事情。

▶ **接纳** 不要试图控制或改变想法，而是学习不加评判地接纳它们。

▶ **认知解离** 将自我与心中的解释进行分离，只进行观察。

▶ **观察的自我** 无论外界刺激如何，保持内在意识和注意的稳定状态。

▶ **承诺** 为行为的改变设置目标、做出承诺，不要理会任何有害的想法或情绪。

DBT的四种技能

DBT技能培训能够帮助那些受自身情绪控制的人去接纳自我和自己的观念，学会用积极行动替代不正常的行为。

正念
意识到情绪体验——观察而无须做出反应。

人际效能
保持冷静，尊重他人。

痛苦耐受
在压力情境中运用自我安慰式的鼓励。

情绪调节
尽管存在消极情绪，但仍选择以积极方式面对。

认知加工疗法（CPT）

该疗法旨在帮助人们处理和改变负面、恐惧的想法（这些想法被称为"停滞点"，会在创伤事件后反复出现），使他们感到更平静、更安全。

什么是认知加工疗法？

认知加工疗法对创伤后应激障碍（第62页）患者尤其有效。这些患者会经常出现影响其康复进程的令人苦恼的片面想法，包括无助感，失去信任、控制与自我价值感，认为自己活该受苦，自责，内疚等。这些"停滞点"会让患者陷于创伤后应激障碍的症状，并且常常不考虑实际发生的情况。认知加工疗法的目的是帮助个体评估这些停滞点，并提出类似"这些事实支持我的想法吗？"等问题。来访者会重新审视创伤，并在治疗师的帮助下认识到习得性的认知扭曲，并改写他们在创伤后的消极观念。这种认知重组有助于他们准确区分真正危险和安全的事物，并在将来学会修正无益的观念。

阶段

认知加工疗法的阶段旨在帮助个体理解创伤是如何影响其大脑的。

心理教育
讨论创伤后应激障碍的症状，个体的想法和情绪。

创伤的正式处理
回忆创伤，获得对自身观念的觉知。

运用新技能
学会并练习挑战观念和改变行为的技能。

理性情绪行为疗法（REBT）

理性情绪行为疗法可以帮助来访者理解他们如何看待事件比事件本身更为重要。

什么是理性情绪行为疗法？

理性情绪行为疗法旨在用更有益、更理性的信念替代那些导致痛苦和自我挫败行为的非理性信念。它能够打破来访者僵化的思维模式（经常受控于"应该""应当""必须"等词汇）。例如，只严苛地关注消极因素，用黑白分明的绝对化方式思考（尤其是针对自己），整体评估（"彻底白痴"）等。通过了解ABC框架（见右侧），来访者学会接纳自己和他人，区分烦心事件与危机事件，并以宽容和自信去迎接生活中的挑战。理性情绪行为疗法对焦虑与害羞障碍（第52~53页）和恐惧症（第48~51页）均有疗效。

ABC框架

诱发性事件（A）
引发非理性信念的事件，例如未获晋升

信念（B）
"我是一个糟糕透顶、没有价值的人，从来没有做过正确的事情，我永远不会快乐或成功。"

后果（C）
不健康的情绪，例如抑郁、愤怒、自责、自我厌恶、自卑等。

疗法

辩论（D）
"事情没有那么可怕，生活中一定会有挑战；我可以应对这种挫折和失落。"

有效的情绪（E）
"我很想获得晋升，但无论结果如何，我都是一个有价值、有能力的人。"

认知行为疗法的方法

人们常常会因为不良的应对机制而加剧自身的压力或恐惧。压力接种疗法（SIT）和暴露疗法给我们提供了一些实用策略。

什么是压力接种疗法和暴露疗法？

压力接种疗法旨在帮助人们识别引发压力反应的诱因和扭曲思维过程。许多来访者都会高估所处情境的威胁程度，而低估自己应对危机的能力。

治疗师通过角色扮演、可视化或记录压力源等方式来呈现带来压力的焦虑情境。作为回应，来访者学习和操练新的应对机制，例如放松、正念（见右页）和自信训练。因此，来访者能够逐渐学会改变他们的压力应对与处理方式，而不是像以前那样做出无益反应。经历过创伤或患有恐惧症的个体，会倾向于避免接触可能引发恐惧的情境、物体或地点（"触发器"）。这种回避往往会使问题更加严重而加剧恐惧。在暴露疗法中，治疗师会故意让来访者暴露在引发焦虑的刺激中以消除他们的恐惧。

暴露过程是渐进的，从"想象"接触开始——即想象害怕的事情，或者回忆创伤事件。暴露强度随着"视觉"暴露而增加——真实暴露于引发焦虑但并不危险的情境中。暴露疗法包括多种模式（见右侧）。

暴露方法

> **满灌** 强烈暴露于个体最恐惧的情境中，以消除恐惧反应。

> **系统脱敏** 逐渐暴露于恐惧情境中以消除恐惧反应。

> **逐级暴露** 对引发焦虑的情境进行分级，形成恐惧等级列表。个体按照列表逐级暴露，最后面对的是最害怕的事件。

> **暴露与反应阻止** 让强迫症患者暴露于某一触发情境中，不允许他们做出平常的仪式性动作。例如，不允许一位强迫洗手患者去洗手，然后他们发现并没有出现灾难性的后果，从而缓解强迫症状。

> **厌恶疗法** 将不愉快的刺激与不想要的行为建立联系，从而改变行为。

实际应用中的暴露疗法

治疗师发现暴露疗法对恐惧症的治疗特别有效。

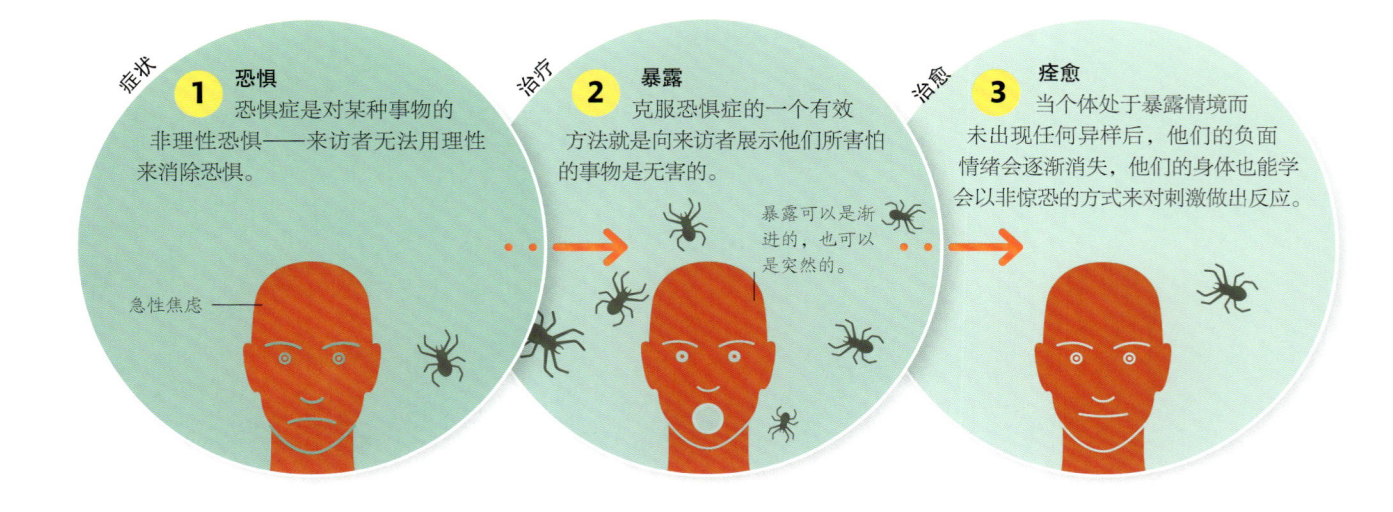

症状

1 恐惧
恐惧症是对某种事物的非理性恐惧——来访者无法用理性来消除恐惧。

急性焦虑

治疗

2 暴露
克服恐惧症的一个有效方法就是向来访者展示他们所害怕的事物是无害的。

暴露可以是渐进的，也可以是突然的。

治愈

3 痊愈
当个体处于暴露情境而未出现任何异样后，他们的负面情绪会逐渐消失，他们的身体也能学会以非惊恐的方式来对刺激做出反应。

正念

学会关注当下（观察自己的思想、情感和身体在每个时刻的体验）可以帮助人们理解和管理无益的反应。

什么是正念？

正念技术旨在帮助人们将全部注意力集中在周围发生的事情上。个体以一种超然、非评判性的方式去观察和接纳这些经验和感受，这样他们才有足够的空间去评估这些观念和行为是否存在功能失调，从而去改变自身反应。促进正念的练习包括呼吸、可视化、听力练习、瑜伽、太极和冥想等。

正念的益处

当人们学会观察而不是被自己的想法所控制时，他们就能够有效地预测和处理压力和焦虑，改变消极的思维模式。正念练习也具有镇静作用——关闭大脑中的压力区域，激活大脑中负责觉知和决策的区域。通过这种方式，人们可以专注在改善健康状况的积极行动上。

> "正念是心灵的避难所。"
> ——佛陀

积极心理学

传统的心理治疗侧重于处理疾病和问题行为；而积极心理学与人本主义疗法类似，旨在关注自我实现和幸福感，并以此作为改变的契机。当人们学会积极思考，能够关注带来幸福的因素，人们就可以在个人和社会层面采取更为积极的行动，例如发展自身优势、改善人际关系、实现目标等。人们常常运用正念技巧来帮助自己将心理与行为集中在积极行动上。

PERMA模型

PERMA模型由心理学家马丁·塞利格曼（Martin Seligman）提出，这一模型包括几种提升幸福感的成分：（P）积极情绪；（E）投入；（R）积极的人际关系；（M）意义；（A）成就感。当人们能够理解这些因素的重要性，并在日常的思想与行为上都采取措施去追求这些因素，他们就可以利用自身优势与资源去实现未来的幸福。

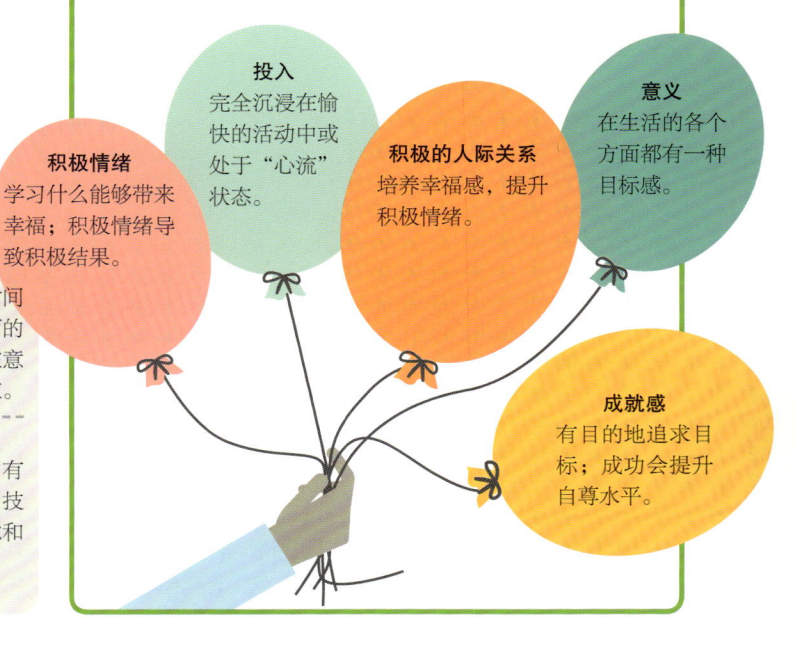

积极情绪
学习什么能够带来幸福；积极情绪导致积极结果。

投入
完全沉浸在愉快的活动中或处于"心流"状态。

积极的人际关系
培养幸福感，提升积极情绪。

意义
在生活的各个方面都有一种目标感。

成就感
有目的地追求目标；成功会提升自尊水平。

正念的策略

正念行走
行走时将你的觉知集中在你所看到的、听到的、闻到的、你的观念和走路时的身体感受上，让你与当下建立起联系。

正念进食
进食过程中放慢速度，花时间将全部注意力集中在吃东西的过程和感受上。集中你的注意力，这样可以改变你的反应。

正念身体觉知
练习瑜伽或进行"身体扫描"（将你的注意力按照顺序集中在身体的每个部位上，并注意其感受）可以帮助人们集中精神、关注身体。

正念呼吸
学会专注呼吸是一种非常有用、具有镇静效果的冥想技术，它可以缓解压力、焦虑和消极情绪。

人本主义疗法

人本主义疗法鼓励个体通过认识、理解和利用自身的发展能力来解决他们面临的问题，并获得更高程度的自我实现。

什么是人本主义疗法？

在20世纪50年代末人本主义得以发展之前，心理问题被视为个体内在的缺陷，需要通过彻底的行为疗法或精神分析疗法进行治疗。而心理学理论则依赖于行为测量和其他科学、量化（统计学）的研究来对个体进行评估与分类。然而，人本主义学者认为，这些具体而系统的方法太过局限，无法描绘出广泛、丰富而个性化的人类经验。与精神分析疗法相反，人本主义疗法将人视为一个能够行使自由意志和做出积极选择的整体，而不是一套可以预先确定的驱动力、冲动或行为的组合。人本主义疗法治疗师强调，个体的内在力量、资源和潜力是解决问题的基础。人们的生活也许充满挑战和伤痛，但是人类在本质上是善良的、有韧性的，并且有能力去忍受和克服困难。

人本主义学者认为，治疗不仅是针对严重的神经官能症，它还可以拓展为任何一种能够提升自我的方法。学者们还认为，人们想要克服困难、

治疗关系

人本主义疗法治疗师重视来访者，并表现出真诚、无条件的积极关注，他们的目标是培养一种积极、建设性的咨访关系。这种氛围有利于来访者的自我认识、对自身选择的信心和情绪的发展，从而帮助他们自我实现（发挥自身潜力）。

治疗师要促进：

▶ **自我觉知** 旨在让来访者了解自己的个人选择，理解自己的动机和目标。

▶ **自我接纳** 重视来访者，使他们能够接纳自我，提升自尊和自我信念。

▶ **自我实现与成长** 帮助来访者利用自身能力与资源进行自我发展与提高。

培育环境

积极成长 营造建设性的氛围，帮助来访者扎根、茁壮成长。

寻求幸福、改善世界、过上满意而充实的生活等自然愿望是人类的主要与核心动机。个体发掘自身潜能、实现目标和梦想的需要称为自我实现。

人本主义学者相信个体不仅具备改变和实现个人成长的能力，这也是他们的责任所在。该观点认为，个人能够完全掌控自己的选择和目标。

人本主义疗法用于了解来访者的方法颇具创造性和多样性，就像人类自身一样，但这些方法都是建立在交谈与信任的基础之上。在治疗过程中，治疗师不是依靠自己的观察，而是提出开放式的问题，倾听来访者对自身行为和人格特点的看法。所有的人本主义疗法治疗师都会运用同理心和理解来帮助来访者接纳自我。

知识点

> **咨访关系** 在亲密与合作式的咨询过程中，治疗师会鼓励来访者利用自身资源来寻找解决方案。

> **质性方法** 治疗的基础是倾听，而不是采用问卷这种定量方法来评估行为，因为来访者才是自身经验的专家。治疗师会引导来访者提升自我觉知。

"个体具有持续不断的潜能，而不是固定数量的特质。"

卡尔·罗杰斯，
美国人本主义心理学家

来访者的收获
自我实现 实现自身目标或愿望，发掘自身潜能，成为心目中的理想自我。

来访者的参与
责任 积极主动地做出个人成长所需要的改变。治疗师帮助个体学会对自身选择、行为和自我发展负责。

心理生活百科

个人中心疗法

在个人中心疗法中，治疗师和来访者之间建立的接纳与支持的关系能够提升和促进来访者的自我信念、自信心和个人成长。

什么是个人中心疗法？

与人本主义疗法一样，个人中心疗法认为，所有人都拥有获得洞察力、体验个人成长、改变态度和行为以充分发挥其潜能（自我实现）所需要的资源。

治疗过程关注的是现在和未来，而不是过去。在治疗中，由来访者引导会谈。治疗师则专注地倾听来访者的经历，并做出非评判性的反应。

真诚而深入（一致）的咨访关系使得来访者能够自由地表达他们的想法和情绪。治疗师无条件的积极关注可以帮助确定来访者的感受、态度和观点，而治疗师的接纳使得来访者可以真正地接纳自己。来访者的自尊、自我理解和自信得到提升，而内疚感与防御反应会有所减少。

自我接纳使来访者对自身能力更有信心，能够更好地表达自己，改善人际关系，还可以帮助畸形障碍患者改变其身体知觉。

来访者

自我实现
来访者充分发挥内在能力，渴望个人的成长与改变。

治疗师营造氛围，促成来访者的改变。

咨访关系
治疗师是来访者自我完善的载体。

治疗师

一致
治疗师是积极、乐观、真诚的。

无条件关注
治疗师以积极态度看待来访者，希望来访者也能够这样看待自己。

同理心
治疗师从来访者的角度来理解和体验世界。

现实疗法

这种问题解决式的疗法旨在帮助来访者评估和改变他们当前的行为与思维过程。该疗法对处理人际关系的问题尤其有效。

什么是现实疗法？

在现实疗法中，治疗师帮助来访者先改变行为方式，再改变思维模式，因为这两者比他们的情绪或反应方式更容易控制。该疗法认为，一个人唯一能控制的行为就是自己的行为，这些行为是由五种基本需要（见右图）所驱动的。现实疗法关注的是当下。治疗师不鼓励批评、指责、抱怨或找借口，因为这些做法都会伤害人际关系。相反，治疗师会和来访者一起来识别和监控行为方式，并制订一个可行的改变计划。

五种基本需要

- **乐趣**：快乐，满足及喜乐
- **生理（生存）**：食物，住所及安全感
- **爱与归属**：成为家庭、朋友或社区中的一员
- **权力**：获取成功，给予他人，胜任感，成就被认可
- **自由**：自主掌控自己的人生

存在主义疗法

这种哲学式的疗法旨在帮助人们通过做出选择和对自己的行为负责,从而学会接受确实存在着一些不可避免的挑战。

什么是存在主义疗法?

存在主义疗法的前提是,如果人们能够接纳既定事实(见右侧),他们就可以摆脱焦虑,过上更充实愉快的生活。存在主义认为,人有自由意志,是自己人生的积极参与者。存在主义疗法通过探索来访者人生的意义、目的和价值,帮助他们了解自己需要承担的责任而不仅仅是被动地受控于各种驱动力和冲动,从而达到提升来访者自我觉知的目的。治疗会谈中可能会提出这样的问题:我们为什么在这里?如果生活中有痛苦,那它怎么可能是美好的呢?为什么我感到如此孤独?

来访者认识到自己对过去某些导致情绪崩溃的决定负有责任,从而能够获得重新掌控自身体验的能力。治疗师会帮助来访者找到细致而个性化的解决方法。治疗的关键主题是接纳、成长和乐于接受未来的无限可能性。

既定事实

▶ **死亡的必然性** 延续生命的渴望与了解死亡的必然性之间存在冲突。

▶ **存在孤独** 每个人都是独自进入世界,再独自离开。无论人际关系或联系如何,人都是天生孤独的。

▶ **陪伴孤独** 人是孤独的,但仍然努力寻求与他人的联系。

▶ **无意义** 人们追求目标却常常找不到出路,也无法理解存在的意义。

▶ **自由与责任** 所有人都有责任去探索自己的目的与结构,因为存在本身并没有任何的目的与结构。

格式塔疗法

这种生动活泼、自发式的疗法使来访者可以摆脱约束,帮助他们更好地意识自己的想法、情感、行为及其对周围环境的影响。

什么是格式塔疗法?

德语中的格式塔一词可翻译为"整体",意思是个体不仅仅是部分的总和,而且他们对外部世界有着独特的体验。格式塔疗法治疗师认为,单纯的讨论并不能减轻来访者的负罪感和未解决的愤怒、怨恨或悲伤。治疗师可以使用角色扮演、幻想、视觉化或其他刺激来唤起来访者过去的负面情绪,这样他们就可以了解自身在某些情况下的反应。这种自我觉知的提升使来访者能够识别自身行为的方式和行为带来的真正(而不是自认为的)影响。格式塔疗法的创立是为了治疗成瘾行为,但也可以用于治疗抑郁、悲伤、创伤和双相障碍。

空椅子技术
来访者把椅子当成他们生活中的重要人物,然后互换角色来理解不同的立场。情绪和感觉的释放可以提升个体的自我觉知。

表演能够提升自我觉知

心理生活百科

情绪聚焦疗法

情绪聚焦疗法试图帮助人们更好地理解与承认自己的情绪，并利用这种新发现的自我觉知来指导自身行为。

什么是情绪聚焦疗法？

情绪聚焦疗法的前提在于情绪是个体身份认同的基础并支配着个体的决策与行为。这种疗法鼓励来访者讨论和分析他们过去所体验的各种情绪，识别哪些情绪是有益的或无益的，并理解他们自身的情绪反应。

随着来访者自我觉知的不断提升，他们能够更清晰地描述自己的情绪，评估自身情绪是否切合所处情境，并学会利用积极情绪以指导自身活动。当来访者认识到无益情绪（包括那些与创伤经历有关的情绪）会对自身选择和行为造成消极影响后，他们就能够对自身情绪进行调节，并使用一些策略来改变自身的情绪状态。

这些策略包括使用呼吸技巧、意象与视觉化、重复积极语句或利用新经验来引发积极情绪等。

> ### 情绪取向疗法
>
> 虽然情绪取向疗法与情绪聚焦疗法的名称相似，但两者有所不同。情绪取向疗法是针对配偶和家庭的一种关系疗法，以帮助人们理解支配着彼此互动的情绪。当人们的情绪需求没有得到满足时，会导致消极的行为方式和冲突，因此治疗师会帮助来访者识别自身情绪，并理解其他家庭成员或配偶的情绪。通过学习表达与调节情绪、学会倾听他人、积极运用情绪，来访者能够增进他们与配偶或家庭成员的亲密关系，解决过去的问题，并为将来的问题提供对策。

焦点解决短期治疗

这种前瞻性的疗法鼓励个体关注自身优势，朝着可实现的目标积极努力，而不是去细想或分析过去。

什么是焦点解决短期治疗？

该疗法的理念认为，每个人都有改善自身生活的资源，但在制订计划时可能需要帮助。治疗师通常会通过所谓的奇迹询问（"如果……生活会有什么不同？"）以帮助来访者展望自身问题解决后的生活。由此，个体可以确定一个目标，创建可能的解决方案，并勾勒出实现目标的具体步骤。另外，还可以通过因应询问（例如，"你过去是如何处理这一问题的？"）来帮助个体关注以往的成功经验，使他们认识到自身其实已经具备能够实现积极改变的各种技能、资源和韧性。

该疗法通常包括五个疗程。治疗师会承担责任并提供支持，而来访者通常被视为解决自身问题的专家。这种疗法对年轻人尤其有效，因为年轻人可能更喜欢短期、结构化的治疗，而不喜欢对过去追根究底。

达成目标/期望的状态

评估已取得的成就

衡量距离这一目标的远近程度并确定一些可行的小步骤

详细描述这一目标并设想某种解决方案

确定一个清晰可行的目标

躯体疗法

躯体疗法认为未解决的情绪问题会存留于个体的生理和心理中,因此该疗法通过作用于身体来缓解负面紧张情绪、恢复心理健康。

什么是躯体疗法?

心理治疗有时会通过人们无法完全解释却依然奏效的方式发生。许多身心治愈疗法都是如此,这些疗法有时被称为能量心理学,即从整体上来处理身体与心理的关系。

躯体疗法认为身心的整合对心理健康至关重要。按摩、躯干动作、呼吸动作、瑜伽、太极、使用精油或花精等都属于躯体疗法,这些疗法可以缓解个体身体和情绪的紧张。人身体的特定部位与心理问题是密切关联的。例如,许多人的肩部会承担着自身压力,而情绪创伤则可能会导致身体疼痛或出现消化问题。身体姿态的改变可以促使心理体验的改变。例如,感觉伤心通常会出现肩部前倾、保护心脏的牵拉动作,而感觉挫败则会导致眼睛向下凝视。因此可以鼓励来访者向后舒展肩膀,挺直身子,抬起下巴,这样他们会感觉更有力量、更加乐观,也能更坦诚地面对世界。

创伤经历会破坏人的自主神经系统。心理问题存在于个体的身心之中。

瑜伽及其他形式的躯体疗法能够释放身体内的负面情绪以恢复身心的平衡。

这种治愈的力量能够改善人的精神状态,并减少痛苦带来的生理症状。

情绪释放技术(EFT)

这一整体疗法针对的是与针灸和穴位按压相同的经络(能量通道)。该理论认为,创伤经历会阻断人的能量通道,导致持续的痛苦。当来访者在回想某个特定的问题、情景或负面感受时,治疗师会用手指指尖按压来访者身体上的经络位置,并给予来访者以正面肯定的声音。

按压这些经络位置能使杏仁核平静下来,而杏仁核是大脑中负责处理情绪、控制"战斗或逃跑"反应的部位。随着时间的推移,这种按压过程会重新调整个体的想法,消除其负面情绪,并使其产生新的积极情绪与行为。个体也可以学习由自己来完成按压的过程。

按压位置
按压气户穴之后,再从头部位置自上而下(按1至8的顺序)按压各个经络位置。

气户穴

80%的人报告情绪释放技术(EFT)有积极作用。

眼动脱敏及再加工（EMDR）

该疗法通过眼球运动来刺激大脑，重新加工创伤记忆并使其失去干扰能力，教会来访者处理情绪困扰的技巧。

什么是眼动脱敏及再加工？

在治疗中，来访者回忆过去创伤经历的图片、场景或感受，同时追踪双侧刺激（例如，治疗师的手在他们面前来回移动）。来访者想到一个与创伤有关的负面陈述（例如，童年期总是遭受父母反对而认为"我没有价值"），然后用一种积极、更好的陈述来代替它。

该疗法认为，即使实际的威胁早已不存在，但消极的信念系统却会一直存在于来访者的神经系统中，而眼动与回忆相结合则可以在神经学上释放创伤记忆及其负面影响，这就使得记忆可以被中性化地存储，并有助于建立一种全新而健康的信念系统。

这一过程模拟了在快速眼动（REM）睡眠阶段发生的记忆加工和身体运动。该疗法对治疗创伤后应激障碍（第62页）尤其有效，其症状可以在短短三个90分钟的疗程内显著减轻。

在双侧刺激过程中，眼睛左右运动可以帮助大脑理解创伤性记忆，并重新组织这些记忆的存储方式。

催眠疗法

在催眠疗法中，来访者会进入一种深度的、意识恍惚的放松状态，这种状态会抑制个体的意识心理，使其潜意识更容易被注意和接收。

什么是催眠疗法？

治疗师利用催眠暗示的力量使来访者负责分析的脑区安静下来，并将其注意力完全集中在潜意识上。来访者一旦处于深度放松状态，治疗师就会提出建议，逐步建立不同的大脑模式，以改变来访者的感知、思维过程和行为。

催眠疗法特别有助于来访者克服吸烟或暴饮暴食等不良习惯，也可以用来减少来访者所预期的在某种情境中的疼痛感，例如分娩、外科或牙科手术。催眠疗法的另一个用途是可以让被压抑或隐藏的记忆浮出水面，这样与之有关的问题和情绪就可以得以解决。

在两次治疗会谈之间，来访者通常会使用治疗师录制的音频来学习深度放松以巩固治疗效果。

艺术类疗法

艺术类疗法采用艺术和音乐的表达形式来改善个体的自我发现、自我表达和健康状况，可以帮助人们更好地表达自己的观念和感受，有效调节情绪。

什么是艺术类疗法？

有些人很难用语言来表达自己的情绪和感知。通过艺术类疗法，他们可以描述内心世界，探索并验证自己的观念和感受，并提高自我觉知水平。艺术创作过程的身体行动本身也可以具备治疗性，因为它将个体的身体和心理都集中在某个单一的创作目标上。

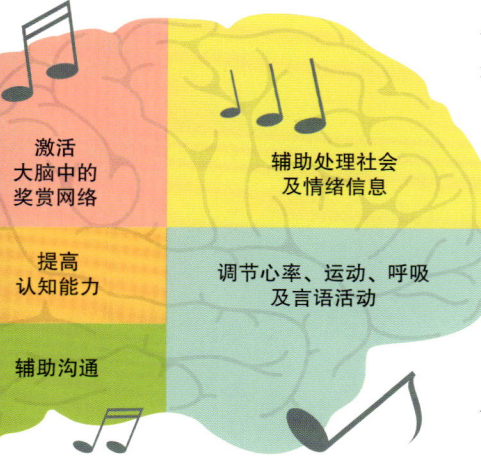

艺术类疗法的重点是作为某种交流形式的创作过程，而非创作技巧。在公共场合展示艺术作品可以帮助个体突破自我意识与自我批评，更容易接纳自我，并提高自尊水平。

音乐治疗的作用有所不同。当音乐刺激大脑（见左图）时，它会激活无数的感官联系，从而改变个体的身体和情绪状态。音乐作用于整个大脑的神经通路，可以改变个体处理信息、体验与表达情绪、使用语言、与他人互动和行动的方式。

音乐可以引起长期的行为与情绪改变，包括减少抑郁和焦虑症状。其生理作用包括能够触发多巴胺等调节情绪的化学物质的释放以及降低心率等。

所有类型的音乐都可以使用，在治疗会谈中可能会采取听音乐、使用乐器、唱歌、即兴创作、作曲等多种形式。

- 激活大脑中的奖赏网络
- 提高认知能力
- 辅助沟通
- 辅助处理社会及情绪信息
- 调节心率、运动、呼吸及言语活动

动物辅助疗法

该疗法旨在借助人与动物之间的联系来改善个体的沟通技巧、情绪控制和独立性，并减少孤独感和孤立感。

什么是动物辅助疗法？

人与动物互动时会提高催产素（一种能够促进亲密感与信任感的激素）和内啡肽（有助于提升情绪）的水平。学习如何与动物相处还能提升行为与社交技能，增强自尊水平。

抚摸猫咪、定期照顾狗或马、与海豚一起游泳等方式能帮助弱势群体学习设定界限、学会尊重与信任，并发展出自主性与独立性。

在愤怒管理与物质滥用的团体治疗中，动物的存在可以鼓励参与者敞开心扉，勇于谈论逝去的纯真和暴力的过往，从而使来访者更好地接纳自我、学会饶恕。

> "宠物是一种没有任何副作用的药物。"
>
> 爱德华·克里根（Edward Creagan）
> 博士，美国肿瘤学家

系统疗法

系统疗法认为，人是关系网络中的一部分，这一关系网络塑造了他们的行为、情感和信念。系统疗法试图去影响整个系统，而不仅仅是某个个体。

什么是系统疗法？

系统疗法采用的是系统论的概念，而系统论认为任何个体只是一个更大、更复杂系统中的一部分。对人类而言，这个系统可能是一个家庭、工作场所、组织或社会团体。

系统中某个部分的失调可能会影响或破坏其他部分。例如，一位抑郁患者可能会发现，抑郁会破坏他们与家人的关系，也可能会影响他们与同事、朋友的互动。因此，系统疗法并不是孤立地处理个人的问题，而是在整个系统的背景下处理这些问题，即寻找对每个人都有用的解决方案。对系统中的某个部分进行改善（例如，为工作中的个体提供更好的支持）可以使关系网络中的所有成员都能受益。

系统疗法不仅将系统视为一个整体，它们还会考虑系统的动力学因素，设法去识别一些根深蒂固的模式与倾向。例如，许多家庭动力学就是由一系列不成文的规则和无意识行为所控制的。

系统疗法可以让个体意识到他们与他人相互作用与影响的方式，从而做出有利于团体动力学的积极改变。这些做法包括考虑所有相关人员的观点、期望、需求和个性，鼓励对话，使每个人都能深入了解团体中其他人的角色和需求。

为了解决问题，团体中的所有成员都必须意识到需要做出改变，并了解自己的行为会如何影响他人。在许多情况下，个体的微小变化会导致群体行为的极大转变。

此外，系统地看待问题也能帮助人们发现看似无关的问题其实具有密切的关联。因此，某个问题的解决可能也会有利于系统中的其他部分。

> "家庭的熔炉必须具有某种形状、形式和行为准则，而这些是需要治疗师来提供的。"
>
> 奥古斯都·纳皮尔（Augustus Napier），
> 美国作家、家庭治疗师

平衡人际关系

当两个人发生冲突时，他们可能不会直接解决他们的问题，而是把注意力集中在第三个人身上，以此来稳固两人之间的关系，因此，情感关系可以被视为三角关系。但是在现有关系中增加第三者（例如婴儿的出生）并不总是有益的，可能会导致两人产生冲突。

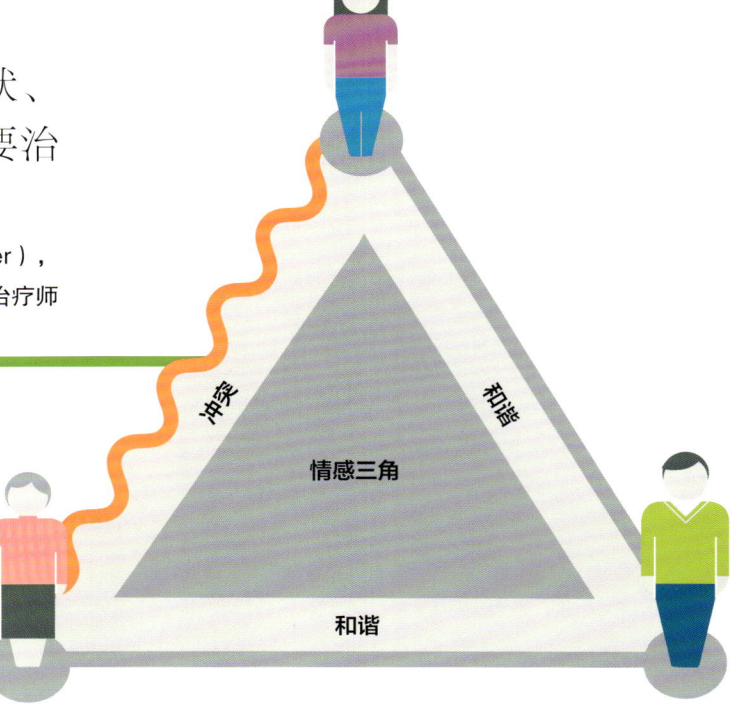

家庭系统疗法

家庭系统疗法注重团体动力学因素，并认为家庭内部的关系既是造成问题的根本原因，也是解决问题的途径。

什么是家庭系统疗法？

家庭系统疗法的基础是精神病学家默里·鲍恩（Murray Bowen）的理论。鲍恩提出了八种连锁概念来研究出生顺序、个体的家庭角色、人格特点和遗传特征对家庭系统中人际关系的影响。他对家庭的定义既包括家庭成员，也包括他们之间的互动方式。

这种将家庭看作是一个情感单位的方式，可以使家庭成员共同努力来解决问题。这些问题可能是影响整个家庭的情感问题（例如死亡、离婚），也可能是与某位家庭成员有关，也会影响其他成员的具体问题。

治疗师会探索家庭成员如何看待及表达自己的角色。这种探索使每个人都能更好地理解自身行为如何影响群体内的其他成员，又是如何受其他成员影响的。

该疗法的关键在于了解外部因素是如何影响家庭内部关系的，以及家庭模式会如何在几代人之间重复出现。例如，对自身个性定义不明确的孩子（可能是受专横式父母的影响）可能会寻找一位分化程度也比较低的人做配偶。然后，他们两人再将与这些特征相关的冲突或问题传递给他们的孩子。改善沟通、提高自我觉知和同理心能够帮助个体打破这些代际模式，使家庭能够发挥其优势，并依靠家庭的相互依存关系来做出积极的改变。

鲍恩提出的八种连锁概念

自我分化
个体既能保持自己的个性特征，又能在家庭中发挥作用。

情感三角关系
人际关系系统中最小的网络，多数情况下由父母和孩子组成。

家庭投射过程
父母的情绪、冲突或困境是如何传递给孩子的。

情绪隔离
个体通过疏远家人来处理家庭内部冲突。

兄弟姐妹的出生顺序
出生顺序如何影响父母对待孩子的方式——父母期望的差异会导致孩子扮演不同的角色。

代际传递过程
人们会去寻找具有相似分化程度的配偶，因此这种模式会代代相传。

社会性的情绪加工
家庭情绪系统会影响更广泛的社会系统，例如职场。

核心家庭的情绪加工
任何家庭矛盾都会影响家庭内部的关系模式。

策略家庭疗法

治疗师在策略家庭疗法中发挥着重要作用，他们帮助每个家庭找到影响家庭关系的问题，并制定结构化的治疗方案和针对性的干预措施来解决这些问题。

什么是策略家庭疗法？

这种聚焦解决方案的疗法建立在治疗师杰·哈利（Jay Haley）的理论基础之上。该疗法会采取适用于每个家庭结构和动力学的特定策略来达成某个一致目标。其重点是聚焦当前的问题与解决方案，而不去分析过去的原因和事件。

治疗师积极地帮助每个家庭去识别自身问题。他们会共同商定一个能在相对较短时间内实现的目标。治疗师会制定一个策略性的方案，帮助家庭成员采用他们可能以前从未考虑过的全新互动方式。治疗师可能会鼓励个体重现常见的家庭互动或对话，目的是帮助家庭成员更好地认识家庭运作和问题产生的方式。

促成家庭成员做出改变的策略是基于他们自身的力量，这就使得家庭成员能够利用自身资源互相支持，针对行为做出积极的改变，并作为一个整体来成功实现其目标。

> "在策略疗法中，治疗师负责直接去影响个体。"
>
> 杰·海利，美国心理治疗师

治疗师的策略性角色

▶ **识别可解决的问题** 观察家庭并找出问题所在。例如青春期的儿子汤姆拒绝沟通。

▶ **设置目标** 帮助家庭选定一个明确目标——汤姆必须告诉父母他在哪里。

▶ **设计干预方案** 制定一个针对家庭内部问题的方案——汤姆能够定期给家里打电话。

▶ **实施方案** 设计和检查角色扮演、讨论和布置家庭作业，帮助家人理解汤姆为什么不愿意保持联系的原因。

▶ **考察结果** 保证父母和汤姆都做出了积极的改变。

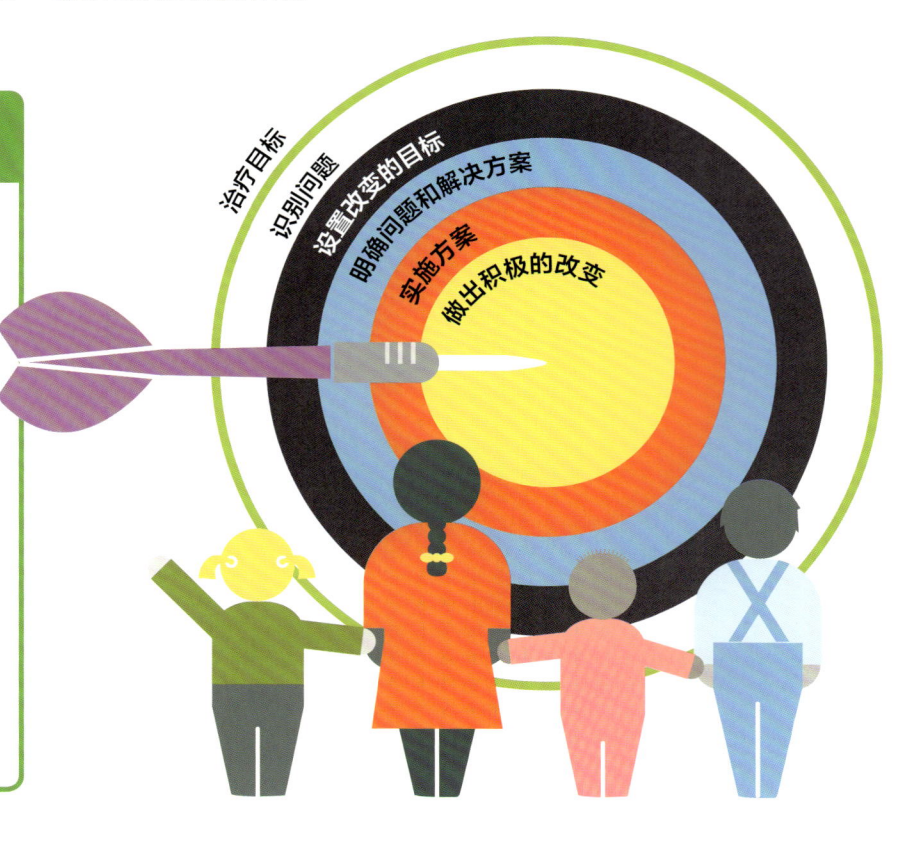

治疗目标 / 识别问题 / 设置改变的目标 / 明确问题和解决方案 / 实施方案 / 做出积极的改变

双向发展疗法

双向发展疗法的目的是给经历过情感创伤的儿童创建一个坚实基础，使他们能够与父母或照顾者之间形成稳定的依恋与爱的关系。

什么是双向发展疗法？

被忽视、虐待或没有得到适当照顾的儿童可能容易出现：违反规则或攻击行为；思维、注意力和人格障碍；焦虑；抑郁；难以形成健康的依恋关系。

双向发展疗法旨在为有这种成长背景的儿童建立一个安全、同理心和保护性的环境，使他们能够学习新的沟通与行为方式。治疗师需要与儿童及照顾者建立一种合作关系，以此作为促进儿童与父母或照顾者之间牢固关系的基础。他们会采用PACE的原则（P：有趣的，A：接纳的，C：好奇的，E：有同理心的）与儿童互动，这会让儿童感到有价值、安全、被理解，并愿意在这种关系中接受教育与支持。

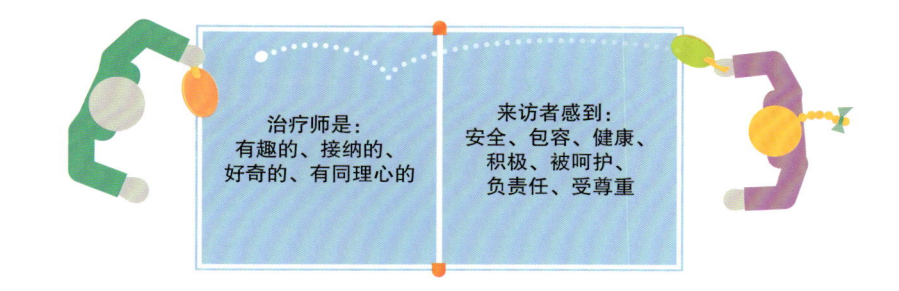

治疗师是：
有趣的、接纳的、
好奇的、有同理心的

来访者感到：
安全、包容、健康、
积极、被呵护、
负责任、受尊重

情境疗法

情境疗法旨在恢复家庭内部的平衡，从而充分、公平、互惠地满足每个人的情感需求。

什么是情境疗法？

在家庭中，当人们觉得别人对自己不公平、忽视他们的需求，或者情感没有得到相同的回报时，家庭关系就会失衡。

情境疗法采用公平、平等权利与责任等概念（关系伦理，见右侧方框）来理解家庭关系的问题。关系伦理也是制定策略以恢复平衡与和谐的基础。家庭成员的不满受年龄、背景和心理特征的影响。治疗师会鼓励每位家庭成员表达他们对冲突的看法，并听取其他成员的意见。治疗师会帮助他们认识到其他家庭成员所做出的积极努力，并为自己的行为承担责任。

当人们能够认识到每位家庭成员的需求都应该得到满足，并学会为此承担共同责任时，家庭成员就能发展出全新的行为方式，在给予与索取之间找到平衡。

家庭动力学的影响因素

▶ **背景** 年龄、社会和文化因素，以及每个人的独特经历。

▶ **个人心理学** 每个人的人格特征与心理结构。

▶ **系统事务** 家庭成员之间的关系——情感三角关系、结盟、权力争斗等，包括代际关系和遗传性的行为方式。

▶ **关系伦理** 给予与索取的平衡，支配家庭动力学的情感需求与满足；为了达到平衡，每位家庭成员都必须对自身行为及其与其他成员之间的互动负责。

生物治疗

生物治疗的基本观点是生物学或生理因素会对精神障碍产生较大影响，其目的是改变大脑结构或功能，以减轻症状。

什么是生物治疗？

心理治疗注重环境与行为因素，并将咨访关系作为治疗的手段。与心理治疗不同，生物治疗是由精神病学家来制定针对大脑机械功能的治疗方案。生物治疗通常采用药物治疗，或在极端情况下采用电休克疗法（ECT）、经颅磁刺激（TMS）或精神外科手术等干预措施。有些疗法旨在纠正与双相障碍、精神分裂症等精神疾病有关的生理异常现象。这些生理异常可能与遗传因素、大脑结构异常或大脑各脑区协调运作功能障碍有关。

生物治疗通常用于控制症状，并与非生物治疗（例如行为疗法或认知疗法等）协同工作，帮助人们控制症状及致病因素。

药物治疗

药物可以用来减少某些特定症状，例如幻觉、情绪低落、焦虑或情绪波动。尽管精神类药物并不能改变潜在的心理健康问题，但它们却可以帮助人们拥有更好的应对能力和更有效的社会功能。

类别	适用症状	药物种类
抗抑郁药物	抑郁，包括情绪低落、缺乏快感（无法体验快乐）、绝望。有时也用于治疗焦虑。	SSRIs（选择性血清素再摄取抑制剂）；单胺氧化酶抑制剂；血清素去甲肾上腺素再摄取抑制剂；三环抗抑郁药。
抗精神病药物	双相障碍；精神分裂症；幻觉、妄想、思维障碍和情绪波动等症状。	阻断多巴胺的一类药物。旧版药物称为"典型"，新版药物称为"非典型"。
抗焦虑药物	广泛性焦虑障碍；惊恐障碍；社交焦虑障碍；创伤后应激障碍；强迫症；恐惧症。	苯二氮卓类；丁螺环酮；β受体阻滞剂；选择性血清素再摄取抑制剂；血清素去甲肾上腺素再摄取抑制剂。
情绪稳定剂	双相障碍；也可用于治疗与精神分裂症、抑郁和癫痫有关的情绪问题。	锂（用于治疗躁狂症）；抗惊厥药（例如卡马西平，用于治疗抑郁）；抗精神病药（例如阿西那平）。
兴奋剂	嗜睡症和注意力缺损多动障碍。	安非他命；咖啡因；尼古丁。
安眠类药物	睡眠障碍。	抗组胺药；镇静催眠药；苯二氮卓类；睡眠觉醒周期调节剂。
治疗痴呆的药物	改善痴呆的相关症状，减缓疾病进程（无法治本）。	胆碱酯酶抑制剂。

治疗

精神药物治疗主要作用于神经递质，例如多巴胺和去甲肾上腺素（两者都与奖赏、快乐有关）、血清素（调节情绪与焦虑）（第28~29页）。这些药物可以非常有效地减轻症状，但可能存在副作用，例如嗜睡、恶心或头痛。

如果药物治疗无效，人们有时会采用物理干扰或刺激大脑电信号的疗法。在电休克疗法与经颅磁刺激疗法中，人们会使用低电流作用于大脑。少数情况下，人们会采用精神外科手术来改变大脑功能，包括在大脑中造成微小损伤，以破坏边缘系统的联系（第26~27页）。

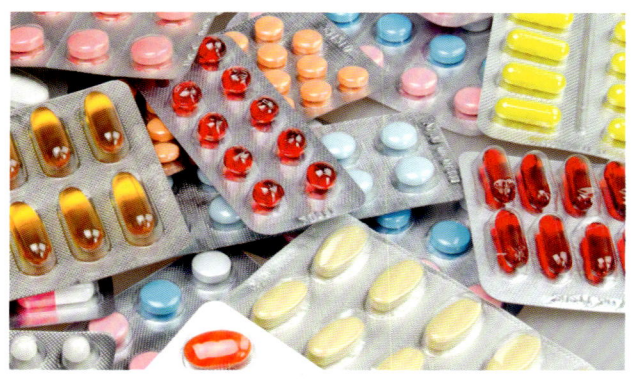

药物可以阻断或增强大脑内不同化学神经递质的活性。它们可能是增加某种特定神经递质的产生，干扰大脑内受体对神经递质的吸收方式，或者直接作用于受体。

从1999年到2014年，抗抑郁药物的使用增加了将近**65%**。

美国疾病控制与预防中心，2017年

药物机理	使用效果	副作用
给大脑提供更多"感觉良好"的神经递质（例如血清素、多巴胺和去甲肾上腺素）。	改善情绪和提高幸福感；提升动力与乐观性；提高能量水平；改善睡眠模式。	体重增加；嗜睡；抑制性欲和性高潮能力；睡眠紊乱；口干；恶心；头痛。
阻断大脑对多巴胺的吸收，因为多巴胺系统的过度活动会导致精神病症状。	减少听幻觉和视幻觉；稳定情绪；提高思维清晰性。	影响情绪，例如易怒、喜怒无常；影响神经肌肉；体温问题；头晕。
药物的作用机理大相径庭——有些是改变神经递质，有些（β受体阻滞剂）则是治疗生理症状。	提高管理压力与面对挑战的能力；减少肌肉紧张；降低对致病心理诱因的反应。	头晕；平衡或协调能力差；口齿不清；记忆出问题，难以专注；戒断症状。
药物的作用各不相同——有些能改变神经递质，例如多巴胺；有些则能增加镇静类化学物质。	减少躁狂；防止躁狂与抑郁发作周期；缓解抑郁。	体重增加；情感淡漠（情绪反应少）；口干；痤疮；烦躁不安；性功能障碍；对阳光敏感。
增加大脑内的多巴胺和去甲肾上腺素等神经递质，提高活动性。	提高警觉程度与专注力；提高思维的清晰性与条理性；提高能量水平。	焦虑；失眠；食欲减退；体重减轻；心率增加；下颚震颤。
阻断组胺（抗组胺药）；增强伽马氨基丁酸（第29页）（安眠药，苯二氮䓬类）；影响褪黑素（睡眠周期调节剂）。	催生入睡和/或保持睡眠的能力。	记忆力减退；白天嗜睡；跌倒风险增加；药物耐受性和依赖性的风险。
抑制胆碱酯酶的作用——胆碱酯酶是一种能分解乙酰胆碱的酶，而乙酰胆碱是对记忆非常重要的神经递质。	预防连续中风；延缓认知功能的进一步衰退。	体重下降；恶心；呕吐；腹泻。

现实生活中的心理学

专业的心理学家会研究社会方方面面的问题。他们旨在了解儿童与成人在游戏和工作中的互动方式,并最终改善每个人的生活体验。

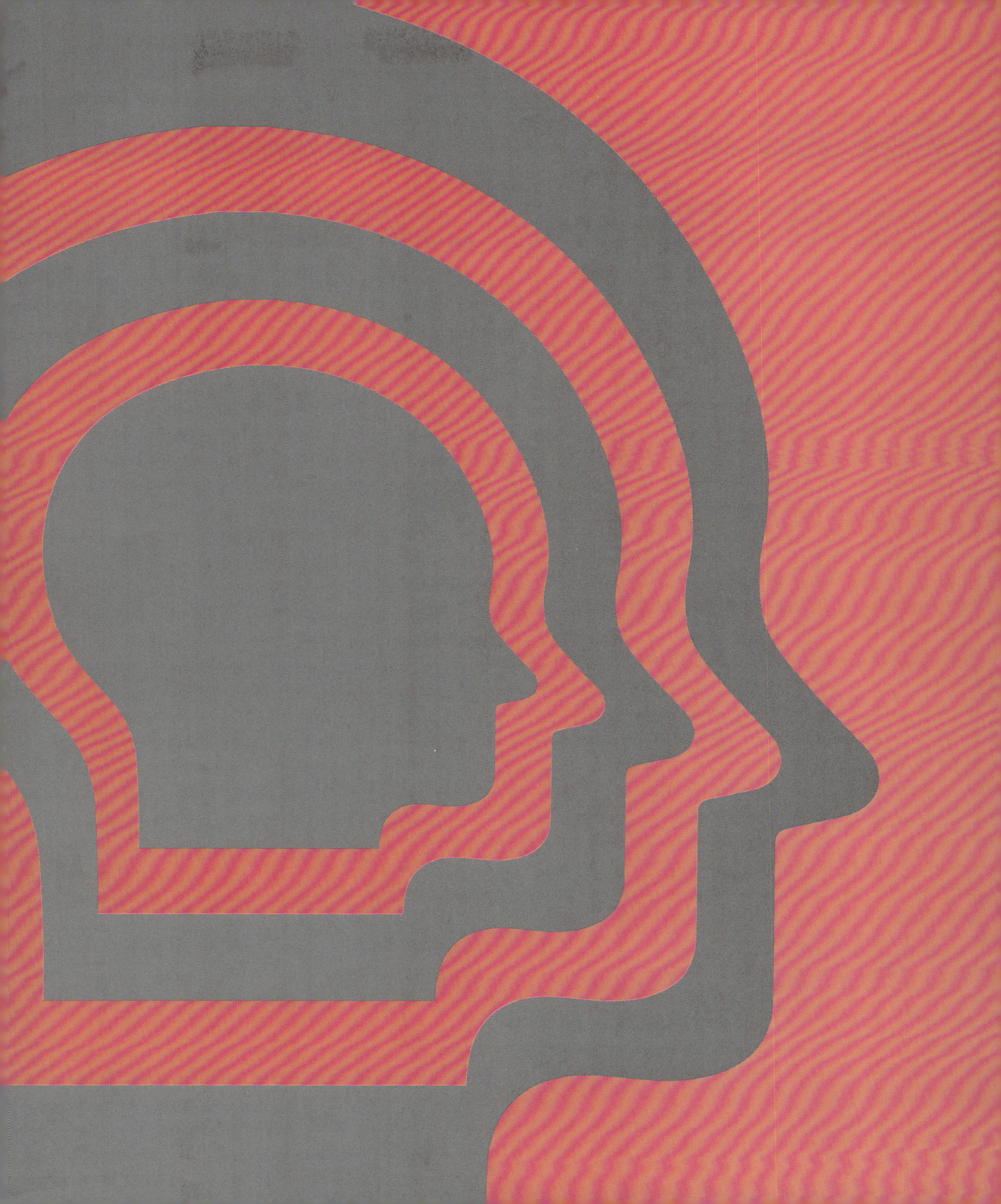

自我认同的心理学

自我认同是指个体对自己是谁、自己与现实世界的联系等方面的认识，它通过个体的人格特征表现出来。个体差异领域的心理学家开展研究的前提是：人们有足够的自尊来发展对自己及其与世界关系的认识。随着时间的推移，个体的自我认同可能会发生改变或演化，他们可能会发展出更强的自我意识，甚至到达自我实现的高峰。

认同网络

个体对自己是谁的认识，部分来自他们的社会认同或群体认同。他们所属的群体会强化他们的信念和价值观，并给予其认可与自尊。人的一生，会不断积累经验、结识新朋友、变换工作、做出选择与承诺，同时也在为自己的认同网络增添新内容。社交媒体和新兴技术正在改变人们塑造认同的方式，因为个人自我与公共自我之间的界限变得越来越模糊。

个体的认同

宗教
隶属于某个宗教团体会影响个体的文化与社会认同，以及他们的个人信仰系统。

亚文化
认同某个特定的小团体或社团可以是一种在更为广泛的社会或文化中定义自我的方式。

社会化
人们会把自己与有共同观点或兴趣的朋友或其他社会团体联系起来。

教育
个体的教育方式、地点和水平会影响其个人认同和获得的价值观。

爱好
隶属于一个有相同兴趣爱好的群体可以培养个体的自尊与认同感。

地域
个体的出生地或居住地的某些特征也可能会融入其身份认同之中。

同伴
同伴群体，特别是在青少年时期，对于个体建立价值观与身份认同起着决定性的作用。

地位
社会和经济地位会影响个体对自己的看法，也会影响他们如何看待他人眼中的自己。

现实生活中的心理学
自我认同的心理学 146 / 147

自尊与觉知

▶ 自尊 建立在个体对自身思想、信仰、情绪、选择、行为和外表的评价基础上的自我价值感；在心理学中被视为一种稳定而持久的人格特质。

▶ 内在自我觉知 个体（内在）的思想、情绪和感受，包括他们如何看待自己与他人，想成为什么样的人以及自尊状况。

▶ 公众自我觉知 与个体的生理属性有关，包括美感、肢体语言、身体能力、公共行为和物质财富，也包括个体遵守与公众化的自我表现有关的文化与社会规范的程度。

> "从众的回报就是每个人都喜欢你，除了你自己。"
>
> 丽塔·梅·布朗（Rita Mae Brown），美国作家、活动家

规范
个体是努力遵循还是无视文化或社会规范决定了他们的身份。

政治
政治派别反映了一种社区意识，是个人价值观与信仰的公开表达。

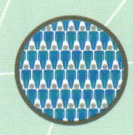

文化
主流文化会通过意象、价值观、信仰和社会规范来影响个体的自我认同。

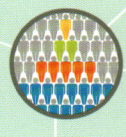

阶级
隶属于某些阶级群体或被排除于某些阶级群体的社会分类是个体身份认同的一部分。

年龄
个体的年龄群体反映了他们如何看待自己，以及他人如何看待自己。

角色
个体所扮演的不同公众角色（例如子女、兄弟、律师、妻子、网球队长）会影响其自我意识。

家庭
家庭既提供了遗传身份，也提供了一套影响个体的价值观与社交网络。

社交媒体
科技发展让人们能够与反映其个人兴趣与信仰的小组建立联系。

性别
个体的性别决定了他们对自己的看法、自己与他人的关系及其社会地位。

价值观
子女会接受父母的价值观，之后他们可能会接受其他群体的价值体系。

工作
职场和同事会影响个体的地位、自尊、兴趣和选择。

身份认同的形成

从童年开始的个体化（身份认同的形成）会在青少年时期经受考验，因为这时候的年轻人会开始探索自己的自我意识和所扮演的角色，而个体化会在成年期继续发展。

什么是身份认同的形成？

"我是谁？""我有什么特别之处？"等问题是个体身份认同发展的基础。对于婴儿来说，抚养者的照顾方式就是对这些问题的解答。到3岁时，儿童会根据自己的个性和能力，以及年龄、性别、文化或宗教背景、兴趣等因素形成对自己和自身地位的看法。这一年龄阶段的儿童若能获得良好的支持，便会形成一种强烈而积极的认同感，从而有助于培养自信与自尊。安全的身份认同也会让人更宽容，即愿意接纳差异，而不会感到被威胁。

当儿童对自身有更细致的了解时，他们就会开始与他人（在人格、长相和能力上）进行比较，同时也会将他人对自己的看法内化。

青少年可能会质疑他们以前的身份认同，这会让他们在一段时间内感到很困惑。新的外部影响以及身体与心理的变化会促使青少年重新定义他们的自我意识。随着他们独立性的增强，以及从对家庭依恋到对朋友依恋的转换，青少年的自我认同会逐渐加强。

到成年期，个体的自我认同或自我意识可能在某些方面已经稳定，然而在其他方面还可以继续发展。除了独一无二的特征，内部或外部因素可能会改变人们的态度、目标、职业和社交网络，从而改变他们的个人和公众身份认同的各个方面。

身份认同发展的阶段

心理学家埃里克·埃里克森（Erik Erikson）认为，受人与环境相互作用的影响，个体的身份认同会经历八个发展阶段。每个阶段都会产生某种形式的心理社会危机（冲突）。个体的发展（"品质"的获得）取决于他们如何解决这些冲突。

早年

儿童会形成一种"自我概念"——他们认为能够影响自己的各种能力、属性和价值观。儿童与抚养者、同伴和后来与教师的互动都会影响这种自我概念和自信、自尊的发展。

1. 年龄
2. 冲突
3. "品质"

0～18个月
信任对非信任
"希望"

婴儿对世界充满了不确定。如果他们能得到良好的照顾，信任就会取代恐惧。

1～3岁
自主对羞怯
"意志"

儿童开始学习独立，但害怕失败。

3～6岁
主动对内疚
"目的"

儿童开始维护自己的控制权，但如果这种控制权被抚养者扼杀，他们就会感到内疚。

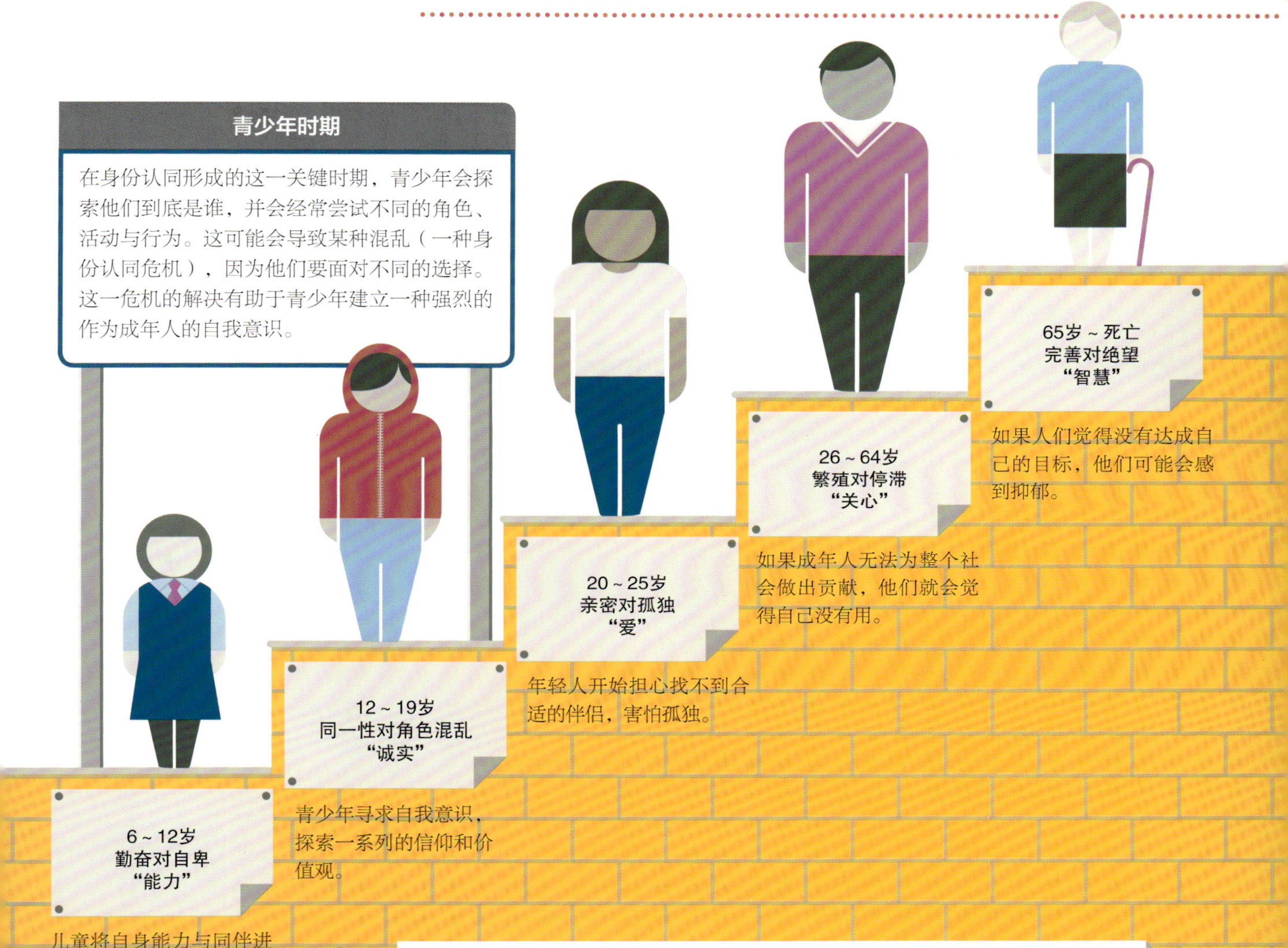

现实生活中的心理学
身份认同的形成 148 / 149

青少年时期

在身份认同形成的这一关键时期，青少年会探索他们到底是谁，并会经常尝试不同的角色、活动与行为。这可能会导致某种混乱（一种身份认同危机），因为他们要面对不同的选择。这一危机的解决有助于青少年建立一种强烈的作为成年人的自我意识。

65岁~死亡
完善对绝望
"智慧"

如果人们觉得没有达成自己的目标，他们可能会感到抑郁。

26~64岁
繁殖对停滞
"关心"

如果成年人无法为整个社会做出贡献，他们就会觉得自己没有用。

20~25岁
亲密对孤独
"爱"

年轻人开始担心找不到合适的伴侣，害怕孤独。

12~19岁
同一性对角色混乱
"诚实"

青少年寻求自我意识，探索一系列的信仰和价值观。

6~12岁
勤奋对自卑
"能力"

儿童将自身能力与同伴进行比较，他们可能会觉得自己能力不足。

同一性状态理论

心理学家詹姆斯·玛西亚（James Marcia）在埃里克森的青少年理论基础上提出，当年轻人在学校、人际关系和价值观等领域顺利解决危机（评估自己的选择），并能够做出承诺（选择某些特定角色或价值观）时，他们的同一性就会得以发展。玛西亚设想了处于一个连续体上的同一性发展的四种不同状态：

▶ **同一性扩散** 青少年无法对特定的同一性做出承诺，也没有设定生活方向或目标。

▶ **同一性早闭** 青少年过早地认定某种同一性，他们选择接受传统的或强加的价值观，而不去探索自己的观点。

▶ **同一性延缓** 年轻人积极探索不同的角色和选择，但尚未对特定同一性做出承诺。

▶ **同一性获得** 青少年通过对一系列的目标、价值观和信仰做出承诺，从而探索不同的选择并解决其同一性问题。

人格

长期以来，心理学家一直致力于了解人格（人们表达同一性的方式）是如何发展的。遗传、生活经历和环境只是其中的部分影响因素。

什么是人格？

人格是影响人们如何看待自己、他人和周围世界的思想、情感、动机和行为的特征模式。人格影响着人们的感受、想法、愿望和行为。人格是每个人的独特之处，影响着从人际关系到职业生涯的方方面面。

许多广为流行的理论都在试图分析人格是如何发展

人格的不同理论取向

这些理论都在试图理解和解释人格的复杂问题。有些理论关注人格是如何发展的，而有些理论则关注如何解释人格的个体差异。

生物学

汉斯·艾森克（Hans Eysenck）等心理学家强调遗传和生物学因素在人格形成中的作用。该理论认为，人格特征和特质由大脑结构和功能决定，它们是可以遗传的——先天因素比后天因素更重要。

行为主义

行为主义观点认为，人格是通过人与环境互动而发展的，并在一生中不断演变。新经历、新朋友和新环境都会影响人们的反应和特质。

心理动力学

心理动力学包括弗洛伊德和埃里克·埃里克森的理论，该理论取向认为个体的人格是由无意识驱力以及人们如何成功解决人生特定阶段的心理社会冲突所决定的。

人本主义

人本主义者认为，人们通过行使自由意志来实现潜能的内在愿望以及因自由意志而积累的个人经验共同塑造了个体的人格。人本主义观点认为，人们可以为自己想成为什么样的人而负责。

进化论

该理论认为，不同的人格特质在遗传水平上会随环境因素而进化。因此，不同的人格特质是随着自然选择或性选择而进化适应的结果。这些特征在特定环境中会增加繁殖与生存的概率。

社会学习

社会学习观点与行为主义理论有关，该理论认为社会互动和环境会塑造人格。人格特质是人们通过观察他人行为和条件反射而形成的。人们会将自身行为与反应内化为自己的人格。例如，如果人们不断地对某个孩子说，他/她很淘气，孩子就会将这一信息内化，并逐渐表现出这种人格特点。

倾向（特质）

特质理论认为，人格是由不同的广泛倾向或特质构成的。尽管来自相同文化背景的人们可能具有共同特质（例如外向性），但这些特质如何结合和相互作用对每个人而言都是独特的（人们的"中心特质"）。"首要"特质是指那些起决定作用、占主导地位的特征——例如纳尔逊·曼德拉（Nelson Mandela）的利他主义。

的，并对人格特质或人格类型进行了分类。虽然生物学观点表明人格特质是固定的，然而其他理论（例如人本主义、行为主义理论）则认为环境因素与个体经历会逐渐改变个体的人格。对双胞胎的研究表明，先天（生物学）与后天（环境）因素都会影响人格。目前，人们普遍采用大五人格理论（见下表）来区分和测量个体人格的不同特征或特质。该理论认为，人格是可塑的——虽然某些特质会保持稳定、一致，但是另一些特质可能会改变其表现方式或变得更为突出，这取决于个体所处环境的类型。

大五人格理论

大五人格理论是最受欢迎和最被广泛接受的人格理论，该理论认为人格包括五个维度，每个人的人格都在这五种特质的范围之内。

低分	特质	高分
实用；僵化；喜欢常规；传统	**O 开放性** 包括想象力、洞察力、情感和观念	好奇；有创造性；冒险；对抽象概念的开放性
冲动；杂乱无章；不喜欢周密安排；粗心	**C 责任心** 包括深思熟虑、能力、控制冲动、设置目标	可靠；努力工作；富有条理；细节驱动
安静；孤僻；矜持；喜欢独处	**E 外向性** 包括社交能力、自信心、表达能力	外向；善于表达；亲切；友善；健谈
挑剔；不信任人；不合作；无礼；善于操纵	**A 宜人性** 包括合作、诚信、利他、善良	乐于助人；善解人意；信任；关爱他人；彬彬有礼，和蔼可亲
冷静；安全；情绪稳定；放松	**N 神经质** 包括冷静和情绪稳定的程度	焦虑；容易生气；不开心；紧张；喜怒无常

个案研究：斯坦福监狱实验

1971年，心理学家在斯坦福大学建立了一个模拟监狱。一些年轻人扮演狱警的角色，其他人则扮演囚犯。六天后实验就终止了，因为狱警们表现得非常残暴，而囚犯们则顺从地忍受极度的痛苦。这项研究不仅表明所有人都存在丑陋的人格特质，也说明环境和情境能够塑造人的行为与态度，从而有效地改变人们的人格。

> "我几乎认为囚犯们就是一群牛。"
>
> ——斯坦福大学"狱警"

自我实现

自我实现这一概念试图描述人们的动机，它能够解释人们生活中那些可以塑造行为的不同目标，以及个体如何完全发挥自己的潜能。

什么是自我实现？

自我实现与人本主义心理学理论（第18~19页）有关，它是指个体希望发挥其全部潜能。1943年，心理学家亚伯拉罕·马斯洛提出，自我实现是所有人努力实现的"需要层次"的顶峰。需要层次模型的底层是基本的生存需要，一旦这些需要得到满足，人们就会渴望实现更抽象的具体目标。这些需要包括社会需要（爱与归属感的需要）、自尊和尊重的心理需要以及最后一种使命感。只有当人们在对自己有意义的任何领域中，可以创造性地、专业地在精神上发挥自己的真正潜力时，这种使命感才能实现。

需要层次模型

马斯洛认为，人们的行为是由满足一系列需要的愿望所驱动的。一旦较低层次的需要得到满足，人们就不会因缺失而行动，而是渴望自我实现与成长。当人们达到个人成长的最高境界时，可能会产生"巅峰"体验。

自我实现的需要
当个体将自身能力发挥至极致，也就是达到了自我实现的状态。

丧失地位

尊重的需要
个体努力获得他人认可、威望和成就感，这样他们会对自己的能力充满信心，并提升自尊。

离婚

爱与归属感的需要
个体通过亲密关系、家庭、朋友和社区来满足他们对爱与归属感的心理需要。

失业

安全需要
个体对稳定、人身安全、就业前景、资源、健康和财产的需要必须得到满足，他们才能感到安全和无所畏惧。

生理需要
个体必须满足对空气、食物、水、住所、温暖与休息的基本需要。在儿童时期，这些需要通常能得到满足；而在成年时期，只有当个体的这些需要得到满足后，他们才能开始寻求使生活更有意义的更高层次的需要。

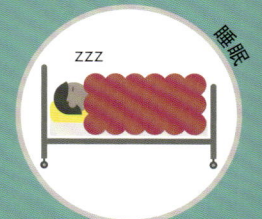

现实生活中的心理学
自我实现 152 / 153

个人成长的障碍

马斯洛认为，每个人都有自我实现的愿望和能力，但只有1%的人能够做到自我实现。人们在生活中，较低层次的需要往往会反复出现，这就使得自我实现几乎不太可能完成。离婚、丧亲或失业等生活经历使人们难以满足自己对经济保障、安全感、爱或自尊的需要，无法发挥他们心理上的、创造性的个人潜能。当前高度竞争、信息驱动的社会所带来的压力也会影响人们的自我实现。人们经常收到这样的信息：他们应该做得更多、更加努力工作、收入更多、更多参与社交，这些都会剥夺个人成长所必需的安静思考时间。

欲望/尊敬
丧亲
朋友/社区
疾病
未来的保障
健康
住所/温暖
衣物

迈向自我实现的步骤

▶ **不要比较** 与其拿自己与他人比较，不如专注自己的进步。

▶ **接纳** 与其自我批评，不如接纳并了解自己的优、缺点。

▶ **放下防御机制** 否认不愉快的事实或感受，或者回归孩子气的行为，都是阻碍个体前进的做法。应该寻找全新的、更有创造性的方法来应对各种情况。

▶ **做出诚实的选择** 了解自己的真实动机，这样你才能做出真正的选择，并以正直的态度行事。

▶ **充分体验生活** 让自己沉浸在当下，真正地享受各种经历。

▶ **相信自己的个人能力** 保持积极心态，这样你才能掌控局面，从容应对生活中的挑战。

▶ **不断成长** 自我实现是一个持续过程，因此需要不断寻求新的挑战。

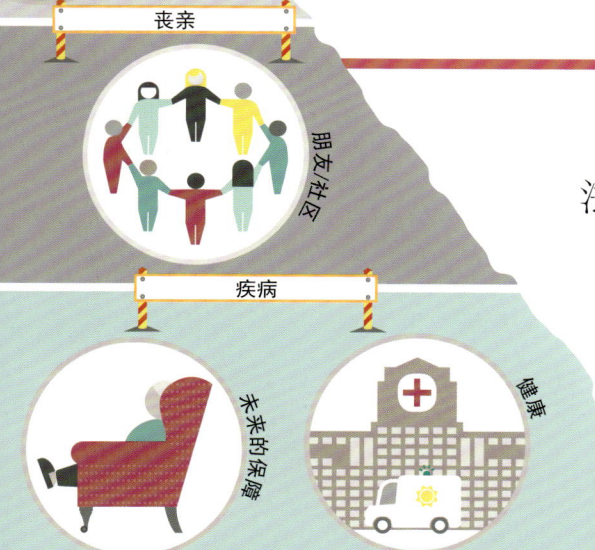

"个体能成为什么样的人，他就必须设法做到。这种需要称之为自我实现。"

亚伯拉罕·马斯洛，美国心理学家

✓ 知识点

▶ **巅峰体验** 自我实现的超越或真正达成之时。

▶ **使命感** 自我实现带来的意义感。

▶ **"缺失"的需要** 存在缺失的较低层次的生存需要。

▶ **"存在"/成长的需要** 与个人发展相关的需要。

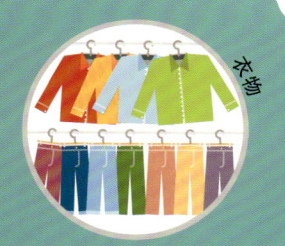

恋爱关系心理学

专门研究恋爱关系的心理学家主要关注恋爱关系的运作方式以及恋爱关系为何会蓬勃发展或是破裂瓦解。现代的恋爱关系理论基于这样一个前提假设，即人们会根据生物性、社会性和环境因素来选择伴侣，而个人建立浪漫关系和家庭的一个关键动力在于他们组建与维持关系的遗传驱动力。

依恋理论

心理学家约翰·鲍尔比（John Bowlby）在1985年首次提出依恋理论，这一理论得到了人类关系和其他物种关系研究的验证支持。鲍尔比认为，儿童的早期经历决定了成年后的恋爱关系。这一理论得到了众多研究支持，包括20世纪五六十年代哈里·哈洛（Harry Harlow）的恒河猴实验。哈洛发现，被剥夺母爱的猴子长大后会变得更加胆小，不懂得如何与其他猴子相处，也不能交配。20世纪70年代，玛丽·安斯沃思（Mary Ainsworth）在前人研究的基础上，通过单向玻璃观察母亲与婴儿之间的互动。她提出，儿童的需要如果能得到母亲及时的满足，他们就能在依恋中建立一种安全感。如果母亲对孩子的需要并不敏感，那么孩子就会缺乏安全感。这种安全感的建立或缺失，正是成年后恋爱关系形成的基础（第156～157页）。

> "你的生活质量就是恋爱关系的质量。"
>
> 安东尼·罗宾斯（Anthony Robbins），
> 美国作家、生涯顾问

夫妻治疗

20世纪90年代，夫妻治疗作为一种心理工具出现时，其初衷是让两个人消除彼此之间的分歧。然而，根据西雅图大学约翰·戈特曼（John Gottman）的大量研究，治疗师现在意识到冲突在一段关系中是不可避免的。因此，夫妻应该努力做到：

▶ **接纳冲突**，修复裂痕。

▶ **改善沟通**，不要隐藏感受而在情感上变得疏离。

▶ **在情感上保持开放**，克服表达亲密需求的恐惧感。

夫妻常相随，方能长相守。双方一起享受日常生活中的点点滴滴，这有助于建立牢固的关系。

现实生活中的心理学
恋爱关系心理学

约会
心理学家认为约会是一门艺术。人们如果能正确地自我装备，并学会识别常见的人际信号，那么他们成功的概率就会提高。

爱情科学
大脑中的不同化学物质会影响人们在不同恋爱阶段（情欲期、吸引期、深度依恋期）的行为与感受。

早期依恋
个体在童年期形成的依恋类型会影响他们日后所选择的配偶以及这段关系的发展态势。

关系建立
当一对情侣开始一段稳定的新关系时，他们会经历几个不同阶段，包括试验期、强化期和联结期。

关系破裂
爱情关系很少会仅仅因为一次灾难而结束。它们通常会随着时间的推移而解体，并逐渐地分阶段破裂。

爱情的阶段
　　心理学家对恋爱关系的每个阶段所发生的事情都有所解释，从约会时的情感危机，到初入爱河的兴奋，再到心满意足或心碎不已。人们懂得协商并维系关系的能力，是在早年与父母或抚养者形成依恋关系之时就已经建立起来的。当然，这些能力在人们成年以后依然可以加以完善与建立。

心理学与依恋

关系心理学的一个主要理论认为，个体在童年期的依恋关系，特别是与抚养者之间建立的依恋关系，会影响他们成年后与伴侣的相处方式。

婴儿期的情感联结

个体在婴儿期的情感联结方式决定了他们成年后的情感联结，这一原则源于约翰·鲍尔比的开创性工作。与精神分析学家西格蒙德·弗洛伊德一样，鲍尔比感兴趣的是儿童早期经历会如何影响日后的生活。鲍尔比在20世纪五六十年代建立的理论认为，每个人生来就有一种本能需要，即为了生存而建立依恋关系；每个人在两岁之前都需要建立一种紧密而持续的情感纽带；如果无法顺利完成，那么将会导致个体的抑郁、攻击性增强、智力低下以及童年期和成年期都难以表达个人情感。

在随后的几十年里，心理学家扩展并完善了鲍尔比的假设，他们设计实验来观察婴儿与母亲或其他抚养者的互

依恋类型

童年期依恋		成人期依恋
安全型 当孩子确信自己的需求能够得到满足时，他们就会产生一种安全型的依恋。抚养者对孩子的需求非常敏感，他们反应迅速且颇有规律。孩子会很开心地探索周围环境，有安全感。	导致	**安全型** 作为成年人，他们对爱情关系充满信心，愿意向伴侣寻求帮助，并在必要时给予伴侣支持与安慰。他们保持独立，但对伴侣充满爱意。
矛盾型 孩子并不相信抚养者能够满足他们的需求。抚养者的行为反复无常——他们有时很敏感，但有时却很马虎。孩子会变得焦虑、不安和愤怒。	导致	**焦虑–痴迷型** 成年人由于总是害怕被拒绝，他们变得黏人、苛求、近乎偏执，根本不想与伴侣分开。他们的爱情是由情感渴求驱动的，而非真正的爱与信任。
回避型 如果抚养者疏远孩子，对孩子的需求反应迟钝，那么孩子在情感上也会变得疏远，并下意识地认为自己的需求并不会得到满足。孩子无法形成安全的依恋关系。	导致	**轻视–回避型** 成年人的情感疏远，显得孤僻而独立。然而，独立是一种幻觉，是否认爱人重要性的结果。如果他们的伴侣感到难受，想要结束关系，他们会表现出并不在意的样子。
混乱型 抚养者难以捉摸，他们的虐待行为或自身被动、害怕的状态会让孩子受到惊吓。痛苦的孩子会变得孤僻、反应迟钝、困惑，他们没办法来满足自身需求。	导致	**恐惧–回避型** 成年人会从一个极端摇摆至另一个极端。他们的情绪无法预测，最终可能会陷入一种虐待关系之中。他们总是左右为难，既想要向伴侣寻求安慰，又害怕被伤害而不敢太过亲近。

动。这项研究表明，发展依恋的关键并不是谁来喂养婴儿或给婴儿换洗尿布，而是谁与他们交流和游戏。研究还表明，个体会与他人发展出不同的依恋关系。这些依恋类型会形成于童年早期，并一直影响人们在成年期的关系选择和行为。如今，心理学家已经明确了童年期的四种依恋类型以及与之相关联的成年期的四种依恋类型。

婚恋依恋

想要建立一段成功的恋爱关系，我们有必要了解不同的成人依恋类型会如何影响伴侣关系。安全型依恋的人通常具有最稳定的关系，而缺乏安全感的人则需要更加努力地去巩固一段恋爱关系。根据20世纪70年代心理学家玛丽·安斯沃思的心理学实验（第154页）所提出的三种依恋类型，人们做出了以下的配对。少数人可能同时具有焦虑型和回避型的特点，因此他们就应该了解在不同配对情况中焦虑-痴迷型和轻视-回避型的表现。

焦虑-痴迷型 + 焦虑-痴迷型
这种组合可能会产生一种充满激情的关系，但考虑到双方的情感强度，也可能会出现极端的高潮和低谷而最终使双方分道扬镳。

焦虑-痴迷型 + 轻视-回避型
这种艰难的配对会强化双方的自我形象。焦虑的一方害怕被拒绝，因此他们需要变得更坚强才能维持关系。回避的一方害怕亲密，所以他们需要学习与伴侣更亲近。

焦虑-痴迷型 + 安全型
在这种伴侣关系中，安全型的伴侣可以帮助焦虑的一方变得不那么焦虑，因为双方都在寻求亲密关系，而安全型的人能够缓解伴侣的焦虑并满足对方的需求。

轻视-回避型 + 轻视-回避型
这种配对很少会让一段关系变得持久，因为双方都无法做出承诺。大多数回避型的人都希望与他人建立联系，但对方如果也是回避型的人，那就无法填平彼此之间的鸿沟。

轻视-回避型 + 安全型
这种配对关系可能会很强烈，安全型的人可以给回避型的人足够的空间，使他们减少被困感，从而使回避者更加放松、享受亲密关系，并学会更加亲近。

安全型 + 安全型
双方都能很容易地分享亲密关系，轻松地交流他们的需求与担忧，因此这种配对是一种完美的组合，双方都能得到满足。

爱情科学

心理学家通过大量的科学研究试图了解恋爱的过程,并分析人们恋爱后的心理活动。

恋爱的回报

用科学的方法来解释人们为何坠入爱河或建立关系,似乎与浪漫主义的观点背道而驰,但是心理学家确实提出了一些有趣的解释。

20世纪60年代,罗伯特·扎伊翁茨(Robert Zajonc)根据对同住一幢公寓楼居民的观察,提出了一种名为"单纯曝光效应"的理论。该理论认为,人们之所以会互相吸引,主要是因为经常密切地接触。20世纪80年代的另一项研究中,卡里尔·鲁斯布尔特(Caryl Rusbult)通过观察大学生之间的恋爱关系,提出了一种数学方法来解释人们为何选择或放弃承诺,以及为何会维持一段并不幸福的关系。她的投资模型提出了一个等式,即承诺=投资+(回报-

斯腾伯格的爱情三角理论

心理学家罗伯特·斯腾伯格(Robert Sternberg)认为,理想的爱情形式是结合了亲密、激情和承诺的完美爱情。斯腾伯格把这三种成分想象为三角形的三条相互作用的边。例如,更多的承诺可能会导致更亲密,而更亲密则可能导致更多的激情。爱情关系可以是这三种成分的任意组合,从而产生八种不同类型的爱情。

承诺
爱一个人的短期决定和维持爱情的长期承诺是成为伴侣的关键。但如果只有承诺,则是一种空洞的爱。

伴侣之爱

愚蠢之爱

完美之爱
理想的爱情包含三个要素:亲密、承诺和激情。

亲密
亲密感是爱情关系的一部分,但如果这是爱情中的唯一成分,那么只会导致喜欢,而非真正的亲密。

浪漫之爱

激情
身体上的吸引可能是爱情的导火索,这是保持爱的活力的重要组成部分,但如果只有激情,则会成为一种迷恋。

非爱
三种成分都没有。

花销）-具有吸引力的备选对象。

近年来，人类学家海伦·费舍尔（Helen Fisher）和她的同事们提出了恋爱的三阶段——欲望期、吸引期和依恋期。这三个阶段在一定程度上是由人类为物种生存而繁殖的先天需要决定的，尽管人们通常并不会意识到这种根深蒂固的原始冲动。爱情的每个阶段都是由影响情绪和行为的化学物质所驱动的。

爱情的化学反应

众多研究表明，人们在恋爱时大脑的化学反应会发挥作用。科学家们认为，神经递质会使大脑内肾上腺素、多巴胺和血清素等化学物质含量激增，使人感到兴奋，并不断想念自己的伴侣。这种生理反应会反映在人们的行为上。研究表明，在约会的最初几分钟之内，个体的渴望是通过肢体语言、语调和语速来表达的，而并非人们所说的内容。

意大利的一项研究中，心理学家采集了新近热恋情侣的血样，发现他们的血清素水平与强迫症患者相似（第56~57页）。气味在恋爱中也发挥着重要作用——瑞士的一项研究发现，女性更喜欢那些免疫系统与自身基因不同的男人的气味。尽管这并不是一种有意识的偏好，但他们所选择的在基因上不同于自身免疫系统的男性若成为现实生活中的伴侣，那么他们将会繁衍出最为健康的后代。

> "浪漫的爱情是……一种驱动力。它源于心理的活动、需要与渴望。"
>
> 海伦·费舍尔，美国人类学家和研究者

化学吸引

科学家们通过采集处于不同爱情阶段研究对象的血样，测量出人们在每一阶段的荷尔蒙水平变化，从最初的冲动到深度吸引，再到做出承诺等阶段。

▶ **欲望** 爱情的第一阶段是由性激素（男性的睾酮和女性的雌激素）所驱动的。

▶ **吸引** 肾上腺素带来一种兴奋感，脉搏加快；多巴胺能提供更多能量，对睡眠和食物的需求减少；而血清素不仅能激发性欲，还能带来愉悦感。

▶ **依恋** 性高潮时释放的催产素使人在性行为之后感觉与伴侣更亲密；在性行为后也会释放抗利尿激素，它能促使个体对伴侣的忠诚。

嗅觉和大脑中的化学反应是交配过程中的两种不可见的因素，它们会引发快速反应——人类只需要90秒到4分钟的时间来决定自己是否被对方所吸引。

约会的原理

大多数的恋爱关系都是从约会开始的，但这个过程往往是令人焦虑的。了解约会的心理学原理可以帮助人们更顺利地应对约会，并找到合适的对象。

爱情的追求

关于约会的建议似乎是流行心理学关注的领域，但事实上，爱情关系的科学研究已经能够为人们在约会时如何表现并成功恋爱提供非常实用的建议。

心理学家建议，无论通过传统约会还是网上约会来寻求伴侣，都应该采用同样的方法。约会是一场数字游戏，所以找到合适伴侣的概率非常小。因此，作为初步筛选，第一次约会的时间应该尽量短暂，因为大多数认真的爱情关系会在第二次或第三次约会时开花结果。虽然约会并不存在万无一失的方法，但心理学家强调保持开放心态的重要性。生理上的吸引通常会在与某人见面的几分钟之内产生，然而研究表明，大约20%的配偶一开始并不完全喜欢自己的伴侣，他们只是在以后的约会中才对彼此产生好感。

对于一个努力寻找认真恋爱关系的人来说，可以采用一个简单的心理策略，即人们应该逐渐透露自己的喜好和愿望，并观察约会对象的反应和行为，以便评估他们彼此的匹配程度。然而，沟通不畅和过于敏感可能会导致人们得出错误的结论，并破坏约会的进展。例如，延迟回复短信可能代表对方缺乏兴趣，没有准备好说"我爱你"的人可能并不希望继续保持这段关系等。

约会对象彼此喜欢的信号

第一次约会时，人们可以发现一些明显的线索，但也有一些线索是无意识的，容易被忽略。除了肢体语言和谈话内容，还有各种理论解释吸引人们寻找伴侣的因素。

被吸引的肢体语言

- 瞳孔**扩张**
- 头部略微倾斜
- 视线从眼睛到嘴唇再到眼睛（"调情三角"）
- 微笑，营造积极氛围
- 镜像反映对方肢体语言
- 抚摸头发，摆弄项链，脸红
- 身体前倾，面向对方
- 挽起衣袖，露出手腕
- 不经意地触碰
- 双脚朝向对方
- 改变音量或音调（女性）
- 大笑、打断、变换说话的音量（男性）

现实生活中的心理学
约会的原理   160 / 161

匹配假设
根据伊莲·哈特菲尔德（Elaine Hatfield）和她同事所提出的匹配理论，人们更容易与那些跟自己很像并拥有相似社会地位和智力水平的人建立关系。这类人往往比那些"遥不可及"的人更容易接近。

过滤器模型
艾伦·克霍夫（Alan Kerckhoff）和基斯·戴维斯（Keith Davis）认为，恋爱会经过三个过滤阶段。第一阶段是评估背景、教育和地理位置的相似性；第二阶段是寻找相似的信仰和态度；第三阶段则是互补阶段。相差甚远的人就会被过滤掉。

回报/需要理论
唐·伯恩（Donn Byrne）和杰拉尔德·克洛尔（Gerald Clore）的理论表明，人们最容易被那些能够满足他们对友谊、性、爱和感觉良好等需要的潜在伴侣所吸引。

社会交换
卡里尔·鲁斯布尔特（Caryl Rusbult）的理论（第158页）指出，如果收益（例如礼物）大于支出（例如时间、金钱等），人们就会维持一段关系。

首次约会的自我表露
人们希望当自己在第一次约会中透露个人信息时，对方也能做出类似的反应。如果约会对象没有这样做，那就说明他们可能透露的太多，或者对方并不感兴趣。不过，如果约会对象确实喜欢那个先自我表露的人，他们可能会因为对方的分享而对其更有好感。

约会教练
对于那些难以吸引长期伴侣或自我感觉总是吸引不合适对象的人来说，具备合格心理素质的约会教练可能会对其有所帮助。约会教练会训练来访者更自信地交流，练就重要的约会技巧，例如调情、肢体语言、个人表现以及调整自我表露的进程等。约会教练还可以探索来访者可能出现的任何心理障碍，帮助来访者建立心仪对象的真实形象，并指导他们如何遇到更合适的约会对象。

心理学与恋爱关系的发展阶段

心理学家提出了一些理论框架来解释恋爱关系的发展与破裂，这些理论可以帮助人们认识并确定恋爱关系的发展阶段。

恋爱关系的发展阶段

经过数十年的研究，心理学家能够了解大多数人所经历的生活事件，但是他们往往会被爱情蒙蔽双眼。恋爱关系存在不同的阶段，每个阶段都有不同的进展和双方在进入下一阶段之前必须面对的挑战。

最常用的一个恋爱关系模型是心理学家马克·耐普（Mark Knapp）所提出的，他认为恋爱关系的建立就像上楼的过程，两人维持情感联结就像处于一段平台期，而关系恶

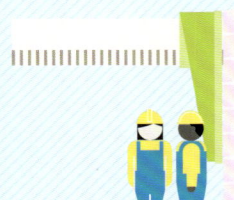

耐普的恋爱关系模型

耐普将恋爱关系的建立与破裂比喻为楼梯，该楼梯包括五个台阶，因为一段恋爱关系是一步一步建立起来的。如果一对配偶最终分手，他们的关系也是沿着该台阶逐级下降。耐普的模型可以帮助人们更好地了解恋爱关系出现的问题以及伴侣们会面临的不同挑战。

维持关系的方法

▶ **原谅**对方的小过失，淡化对方的缺点，强调彼此的优点，保持亲密的关系。

▶ 享受两人独处时间。

联结期

双方的生活完全交织在一起。他们会公开恋爱关系，可能会讨论结婚事宜或其他一些永久性的亲密关系。

融合期

双方关系变得更加亲密，两人在生活的各方面都逐渐融为一体。双方在感情上容易受伤，愿意做出爱的宣言。

强化期

双方开始透露更多的个人信息，放下戒心。随着关系的进展，双方的感情会进一步增强，开始期待彼此的承诺。

试验期

双方进一步彼此了解，探询个人信息，寻找共同兴趣，以便决定是否要继续这段关系。

起始期

这一阶段通常较为短暂，第一印象非常重要。约会表明彼此感兴趣，人们还会通过外貌、衣着、肢体语言和声音来考察对方。

携手同行

恋爱关系

化则像是下楼的过程。通过将恋爱过程清晰地划分为不同阶段，耐普提出的模型可以帮助情侣们随时确定自己在恋爱关系中所处的位置，预测未来的发展方向，并做出必要的改变。情侣们在不同阶段的发展速度各有不同。如果恋爱关系正在迅速发展或瓦解，他们也可能跳过整个阶段。

发展与衰落

心理学家安妮·莱文森（Anne Levinson）在对自己的婚姻进行分析后提出了一个简单的五阶段模型，用来描述婚姻关系的发展与衰落。她将此模型不仅应用于爱情关系，也应用于消费者关系，并将性伴侣之间的关系类比为品牌厂商与消费者之间的关系，即诱惑、赢得消费者，并使其保持一段时间的承诺，然后要么继续保持承诺，要么因一系列原因而离开。莱文森模型的第一阶段是吸引期，然后是建立期和承诺期。如果伴侣关系进展不顺利，就会出现恶化期，最后是结束期。

▶ 融入彼此的朋友圈。
▶ 互相帮助；愿意暂缓自己的需要来帮助对方。
▶ 保持情感的同步。

分歧期
生活压力导致关系紧张，他们并不认为自己是一对夫妇，而是两个独立的个人。双方的情感联结似乎已经破裂。

限制期
酝酿怨恨会造成沟通障碍，降低交流水平。双方甚至可能因为害怕争吵而停止有意义的交流。

停滞期
双方关系迅速衰退，不太可能得到改善。双方的交流更加有限。但有些夫妇可能会为了孩子而继续在一起。

回避期
即使在同一屋檐下，双方也没有沟通，两人过着各自的生活。他们可能会试图重修旧好，以避免永远分开导致的痛苦。

终止期
关系结束。已婚夫妇离婚。如果双方还没有分居，那么此时他们会选择分居，各自生活。

48% 的男性和 **28%** 的女性会一见钟情。

分道扬镳

彼此交谈

配偶之间的交流方式会对其关系产生巨大影响，因此了解谈话模式可以决定双方关系是取得进展还是走向破裂。心理学家认为，人们可以通过了解沟通机制和寻找预警信号等方式来改善他们最初对伴侣的选择，并改善双方恋爱关系的质量。

从初见潜在伴侣的那一刻开始，个体透露自己的程度（心理学家称之为"自我表露"）会深刻影响双方关系的后续发展。刚开始的时候，大多数情侣会尽可能多地分享彼此的信息，他们会从一些无关紧要的话题开始，然后再透露更多的个人细节，比如对未来的希望。然而，如果一方比另一方透露更多的信息，他们可能会觉得对方在这段关系中的投入较少。过早地透露个人信息可能也会让人感到害怕，因为双方都还没有做出承诺的心理准备。

良好的沟通是防止关系恶化的关键，但有时仅有良好沟通也是不够的。社会心理学家斯蒂夫·达克（Steve Duck）指出，一段关系的破裂有四种方式：由于根本不匹配导致的"前世注定"；由于沟通不畅导致的"机械故障"；由于缺乏沟通、未充分发挥潜力导致的"过程损失"；由于失去信任导致的"猝死"。恋爱关系专家约翰·戈特曼也认为沟通不良是直接导致分手的原因（见下表及右表）。

65% 的离婚源于沟通问题。

终点线

根据约翰·戈特曼及其同事科恩（Coan）、卡雷尔（Carrere）和斯旺森（Swanson）等心理学家的研究，消极沟通对爱情的扼杀存在四个发展阶段。他们将这种现象描述为圣经所预言的"末世四骑士"，因为每个阶段都预示着一段关系的死亡。

爱情关系中的沟通

美国心理学教授约翰·戈特曼因其对家庭系统和婚姻的研究闻名于世。他的观点对爱情心理学和夫妻治疗产生了巨大影响，并构成了戈特曼式夫妻治疗的基础。通过对成千上万对夫妻的观察，戈特曼认为，一种温和的沟通方式（包括积极倾听，而非消极倾听）能使夫妻在严重争吵后重新恢复关系并修复彼此的伤害。

消极倾听

总是认为别人针对自己或者时时戒备伴侣所说的话，肯定会激化双方的矛盾。戈特曼认为，关键在于人们要实事求是，认真反省自己的行为是不是令人讨厌，而不要立刻否认对方说的话，例如"那不是真的""不，我并没有"。要避免为了解气而说"至少我没有……"或"你反应过度了"这样的话来激怒对方。

积极倾听

个体应该表达他们对某一情况的感受，而不是做出笼统的陈述。戈特曼建议，人们在对话时要用"我"而不是"你"来开头。例如，"我觉得你没有在听我说话"，而不是"你没有在听"，这样可以避免一些反复无常的对话。另外，控制语调和音量也能帮助人们利用这种和解性与建设性的方法来解决分歧。

现实生活中的心理学
心理学与恋爱关系的发展阶段   164 / 165

批评	防御	蔑视	沉默不回应
第一阶段 口头攻击伴侣的性格或个性，而不是共同处理令人生厌的行为。这种做法会使伴侣对自身产生消极感受。	**第二阶段** 针对批评做出消极反应，找借口责备对方，而不愿为冲突承担一部分责任。这种做法会增加不满情绪。	**第三阶段** 粗鲁无礼，通过翻白眼等面部表情公开表示对伴侣的不尊重。双方都必须非常努力，才能重新赢得对方的尊重。	**第四阶段** 若一方感觉被抛弃、遭拒绝，则另一方也会产生退缩，拒绝与其进行身体和情感上的接触。当前三个阶段的问题都无法顺利解决时，就会出现沉默不回应。
建设性的替代方法	**建设性的替代方法**	**建设性的替代方法**	**建设性的替代方法**
积极倾听伴侣的声音，表达你对他们的感受，而不要直接攻击他们。关注的焦点在于对方行为惹怒你的原因，而非他们的个人品行。	准备为自己的行为道歉，并在适当的时候承担责任。倾听伴侣的声音，试着理解对方的不满；不要认为对方是针对你。	认真思考自身行为的诱因，以及为何双方难以用建设性的方式表达不满情绪。关注对方的优点，不要计较对方的过错。	如果你需要时间思考，要告诉你的伴侣。等你准备好了之后，再继续沟通。这样，对方就会明白你并不是要拒绝他们。

分手

教育中的心理学

教育心理学的主要目的在于找到最有效的学习方法。教育心理学家研究并观察大脑如何处理信息和解决问题、记忆的工作原理以及外部因素（例如同伴、教室布局）对学习者的影响。这些研究有助于儿童和成人的学习，也有助于存在行为和学习问题的个体。

改善学习的策略

教育心理学家可以提供一系列策略，以帮助学习者改善他们获取信息和保存信息的方式。鼓励学生独自学习、达成目标很重要，但是让学生一起分享知识、共同学习以提高团体凝聚力、培养自信心也很重要。

"学校教育的主要目标应该是培养能够做新事情的人。"

让·皮亚杰，瑞士临床心理学家

学习方式

当人们有学习动机并愿意提高自身技能时，他们对信息的记忆效果是最佳的。独自学习可以培养个体的独立性和个人成就感。

教育心理学家的工作地点

- **学校** 教育心理学家最常见的工作地点是在学校和教育机构。他们会提出分析报告和方案来提高教学效率。他们会提出更好的方法来管理课堂、培训教师、识别问题学习者，并在需要时提供特殊教育。

- **企业** 在企业环境中，教育心理学家可以在公司内部工作，也可以在旨在提高员工工作效率的公司担任顾问。他们会设计并实施心理计量测验，根据能力和诚信对新员工进行筛选，并对员工进行专业培训，以提高员工的积极性和绩效。

- **政府** 心理学家针对教育政策的建议可以为政府提供重要支持。他们为公立学校系统的教师设定课程和制定学习策略，并就如何帮助学习困难的儿童和培训相关的支持人员提供建议。他们还可以训练专业人员，特别是军事人员。

课堂结构
小组活动鼓励提问，帮助学生建立自信。如果学习环境在情感上和生理上都是安全的，那么个体就更有可能提出自己的观点。

教学方法
教师能够采用各种方法来强化学生的学习。例如，教师可以采用不同方式解释每个概念，将信息分解为组块，并鼓励学生积极参与。

教育理论

人们可以通过一系列理论来解释个体处理、记忆和检索信息以及发展独立思考方法的复杂方式。

课堂学习

随着科学和研究技术的发展，人们对大脑如何接受和保存信息有了全新的认识。而将这些认识应用于课堂的做法是非常有益的。认知学习理论（CLT）是一种早期理论，但它现在依然占主导地位。该理论基础的建立得益于让·皮亚杰颇具影响力的工作。认知学习理论认为，学习

皮亚杰的认知发展理论

皮亚杰认为，从婴儿到成人，人们会建立一系列庞大的知识体系来帮助他们理解世界。每当人们遇到新事物时，他们就会利用先前的知识来同化新知识。如果无法同化，那么他们就只能学习和接纳新知识。

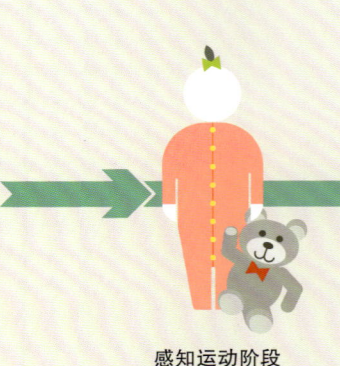

感知运动阶段（0~2岁）
首先要学习的就是客体永久性，即一个物体虽然看不见了，但它依然是存在的。例如，玩具只是被藏在毯子下面了。

前运算阶段（2~7岁）
儿童的语言能力开始发展，但尚未掌握逻辑。然而，儿童已经开始使用符号，并且能理解一个物体可以代表其他东西。例如，假装一个娃娃可以代表一个人。

库伯的经验学习循环理论

大卫·库伯（David Kolb）以皮亚杰的理论为基础，于1984年发表了他的四阶段理论。他提出的学习循环包括四个相连的阶段，形成一个持续过程。首先，具体经验会引起人们对所经历事件进行观察和反思。然后，这些观察结果会转化为抽象概念，即发展观点。第四阶段则是将这些观点在实践中检验，即库伯提出的"积极实验"。

经验 → 审重观察 → 发展观点 → 在实践中检验观点

涟漪理论

除了库伯的循环理论，菲尔·瑞思（Phil Race）教授提出了另一种涟漪模型。该模型包括四个完整过程，就像池塘的涟漪一样环环相扣，其核心是一种基本需要或愿望。

▶ 1. **动机** 学习始于渴望。
▶ 2. **实践** 试错会驱使人们行动与发现。
▶ 3. **理解** 领悟新发现。
▶ 4. **结果** 反馈会影响动机。

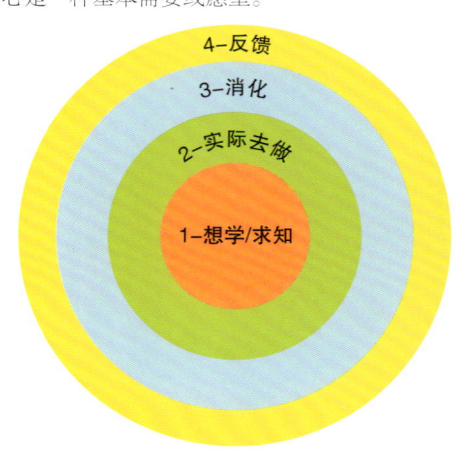

4-反馈
3-消化
2-实际去做
1-想学/求知

是心理加工过程的结果，受内部和外部因素的影响。例如，个体对自己能力的信念就属于一种内部因素——相信自身能力可以得到提升的学生更有可能在学习上取得进步，而认为自身能力会受智力水平限制的学生则不太可能进行有效的学习。外部因素可以是教师的支持或者安全的学习环境。在这些因素的影响下，个体会通过多种方式来学习。一种是观察和模仿他人；另一种是受教师或家长鼓励而将所学知识付诸行动，并强化学习过程。练习或重复也是学习的一个重要环节，就像复制一样——复制新学习的行为，必要时根据他人的反馈进行调整。

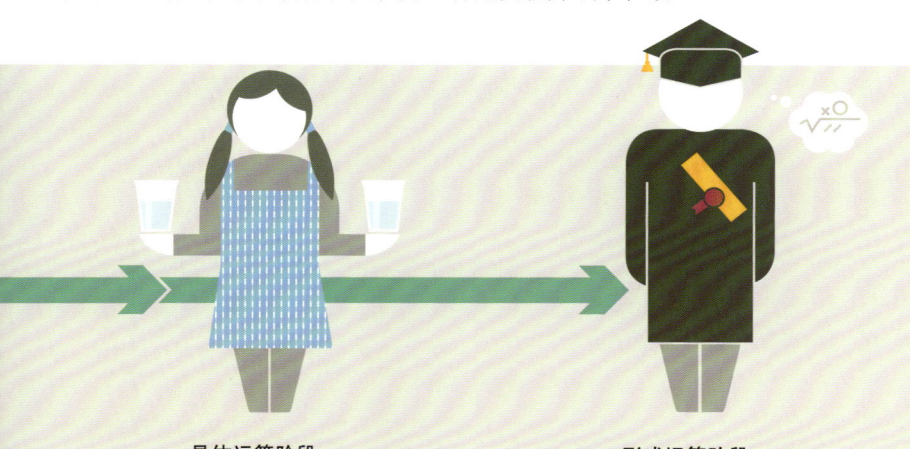

具体运算阶段
（7~11岁）

这一阶段的儿童已经开始有逻辑地思考。例如，他们知道把一个玻璃杯的水倒入两个杯子里，外观可能会发生变化，但是水量仍然保持不变。

形式运算阶段
（青春期~成年期）

随着青少年逐渐长大成人，他们会获得抽象思维和利用逻辑检验假设的能力。他们可以想象某些情况的潜在后果，这样他们就能够解决问题和制订计划。

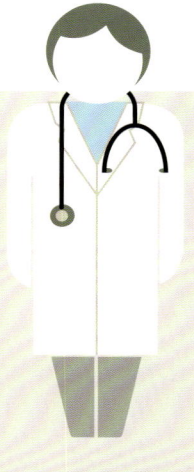

成人继续学习阶段

成年人会利用他们在各个发展阶段所获得的知识去继续扩展学习。成年人的学习会超越皮亚杰的理论，他们继续学习新的技能，从而能够巩固自身的认知和记忆。

社会学习理论

社会学习理论由阿尔伯特·班杜拉（Albert Bandura）提出，该理论以人类如何习得行为为中心，将认知理论（内部心理过程影响学习）与行为理论（学习是环境刺激的结果）相结合。该理论认为，儿童通过模仿来学习，他人是榜样，会对儿童的行为产生积极或消极影响。该理论提出学习积极行为的四个要素：

注意
个体必须先关注他们所接触的行为。如果行为比较新奇或与众不同，则更有可能引起他们的注意。

保持
人们需要形成对所观察行为或态度的记忆，以后遇到相似情境能够以此为参考，并采取行动。

再现
人们在心理和身体上对所观察的事物进行实践是改善与改变行为的关键。通过实践，个体可以在需要的时候再现学习的行为。

动机
个体必须有理由去再现他们所观察的事物。如果他们知道自己会因某种行为而得到惩罚或奖励，他们就更有可能改变自己的行为。

心理生活百科

学习原理

随着神经科学领域与心理学领域的重叠越来越多,有关大脑生化方面的发现有助于心理学家更好地理解人类是如何处理信息的。功能性磁共振成像(fMRI)等新兴技术的发展使科学家能够了解大脑活动的信息,从而揭示大脑在学习过程中的变化。

神经科学家内森·斯普林(Nathan Spreng)开创性的研究表明,练习某项任务可以改变大脑结构。当人们学习新事物时,需要集中注意力的大脑区域(意识区域)参与活动;但随着对特定任务的反复训练,大脑活动则会切换到无意识区域。当人们正确地重复练习某项技能时,神经元也会开始更加频繁地放电,从而使神经元之间传递的信息也更强烈。

研究还表明,人们生活方式的改变(例如饮食和压力控制)也会影响大脑的功能,而人们的学习方式也能显著地提高大脑吸收与保存新信息的能力(见右图)。

锻炼

体育活动会刺激神经递质(第28~29页)的产生,例如多巴胺。大脑会利用多巴胺来产生、解释和传递大脑与身体的信号。

> "想象一些特定的行为能够改变大脑结构。"
> ——约翰·B. 雅顿(John B. Arden),美国作家及心理健康项目主任

加涅的学习层次理论

美国教育心理学家
罗伯特·加涅为不同类型的学习设计了一个复杂的从第一级到第八级的分类系统。如果学习者在每个阶段都能按顺序完成,那么他们的技能就会提升,其参与程度和保持能力也会提高。

1 信号学习
个体通过建立条件反射以某种期望的方式对刺激做出反应,而这种刺激在通常情况下并不会引发个体反应。例如,当人们看到一个热的物体会自动缩手(参见经典性条件反射,第16~17页)。

2 刺激反应学习
奖惩系统可以用来强化人们所期望的反应。例如,孩子在母亲的鼓励下学会说谢谢,并得到奖励(参见操作性条件反射,第16~17页)。

3 连锁学习
人们将先前学过的非语言刺激反应连接成一系列动作。例如,拿起一把尺子,对齐纸上的两个点,然后在两点之间画一条线。

4 词语联想学习
加涅系统的下一个阶段是人们能够将以前学过的、独立的语言技能组合在一起。例如,孩子能够描述"我的毛茸茸的泰迪熊"而不只是说"熊"。这一阶段是发展语言技能的关键。

5 辨别学习
个体学会在物理层面和概念层面区分或辨别不同的信息链。例如,说西班牙语的人学意大利语就是一种辨别学习,因为意大利语与西班牙语有许多相似的词汇。

6 概念学习
在这一阶段,人们学习不同概念之间的关系,并学会进行区分。个体通过例子来掌握学习技能,并且能进行概括与分类。

7 原理学习
原理学习是基本日常功能所需的主要学习类型,它能塑造个体的行为,使人们能够进行口语、写作和日常活动,而这些活动都受基本原理的支配。

8 问题解决学习
问题解决学习是最复杂的学习任务,要求个体对以前学习过的规则进行选择和组织,将它们连接到一组新的规则中并进行测试,从而决定应对全新挑战的最佳解决方案。

现实生活中的心理学
教育理论　170 / 171

充足睡眠
研究表明，睡眠时间和学习成绩有直接关系。睡眠专家詹姆斯·马斯（James Maas）博士认为，青少年最佳睡眠时间是9小时15分钟。

慢慢呈现学习材料
新材料的学习应该以组块方式进行，以最大限度地提高个体处理与保存信息的能力。建议学习15分钟，然后休息一段时间再学习下一组块的内容。

重复与实践
神经科学研究表明，人们练习的次数越多（通过反馈来纠正练习），神经元表面的一种特殊外层（髓鞘）就会增加，因此神经冲动就会越强、越快。

直观化
参与记忆信息的感官越多，大脑吸收信息的能力就越强。例如，当你学习一首新曲目时，你可以一边读音符一边想象手在钢琴上移动，这样就可以强化记忆。

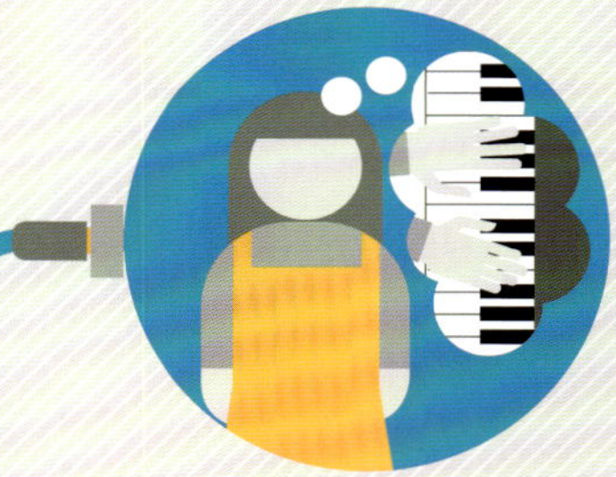

改变大脑
对教育尤其感兴趣的心理学家通过研究来考察如何对大脑进行重新编程以提高学习效率。一些简单策略可以产生巨大影响，但这些假设在最近几十年才得到了实验支持。

教学心理学

教育心理学家的一个重要工作是教师培训，他们通过设计与测试方案，提高教师的课堂教学效率，并积累了大量的研究成果。

教师能做的工作

教师可以帮助学生从根本上改进学习方法，使学生重新关注能力，而不是相信天生的智力。教育心理学家认为，增强学生对自身能力的信心，即自我效能感，他们的认知功能与学习动机会得到有效改善。自我效能感高的学生相信自己能够成功，他们更愿意接受挑战，并努力表现。自我效能感低的学生将任何失败都视为一种挫折，他们不会为自己设置过高的目标，这样会导致学生学习成绩不佳，从而使他们陷入自我怀疑的恶性循环。如果教师能够帮助学生认识到，任务的成败与能力无关，而与实践和付出的努力程度有关，那么学生就能保持积极性，而不会感到泄气。

学习目标

教师可以设置两种学习目标：成绩目标和掌握目标。成绩目标关注的是学生能力，期望达到某种特定水平。例如，法语考试得A。掌握目标则强调学生的毅力和学习愿望，例如，精通法语。掌握目标比成绩目标更好，因为学习者会更注重磨炼和提高自身技能，而成绩目标则强调为了竞争而争取良好的成绩，主要依赖个体的智力水平。

学习金字塔

美国国家训练实验室研究所的研究表明，有些教学方法比其他方法更有效。要求学生积极参与的学习活动可以提高学生的记忆水平，而学生较少参与的活动则会降低记忆水平。

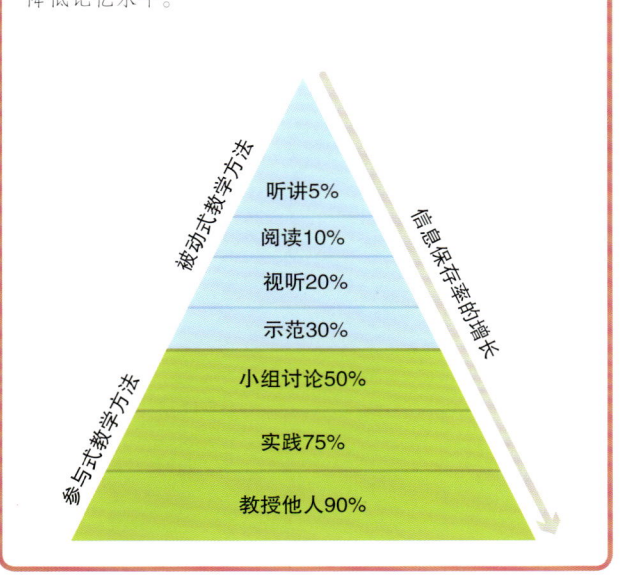

被动式教学方法：
- 听讲 5%
- 阅读 10%
- 视听 20%
- 示范 30%

参与式教学方法：
- 小组讨论 50%
- 实践 75%
- 教授他人 90%

信息保存率的增长

成功教学的基石

教师可以采用多种方法来增强学生的信心和对学习的热爱。教师应该综合运用多种方法，创设一种开明的学习环境。

> "人们对自身能力的信念会影响他们的能力。"
>
> 阿尔伯特·班杜拉，加拿大社会认知心理学家

现实生活中的心理学
教学心理学

创造积极联系
给学生提供支持；培养人际关系，鼓励学生与同伴、教师建立积极关系；明确界定恰当的课堂行为。

教授特殊技能
帮助学生理解如何将所学知识迁移到另一种情境中，并给学生提供参与实践活动（例如样题、活动和问题等）的机会，帮助他们将学习内容转化为长时记忆。

培养学生创造力
要求学生设计自己的研究项目，演示任务，并建立模型来解释概念。在给学生提供支持的同时也允许学生自行努力探索。

给予学生及时反馈
每堂课都对学生进行监控，在学生需要时进行引导。确保给学生的鼓励与建设性批评与他们的实践和努力程度相关。

为学生设置短期目标
不要给学生太多的任务，而是给他们设置一些循序渐进的目标，使他们能够成功地完成每个阶段的任务。

调控学生的压力水平
有效组织课堂教学，每天有固定的时间表；让学生有足够的休息时间来加工每个组块的学习内容；保证有一个安全的环境。

推动小组教学与讨论
鼓励学生表达自己的疑惑、问题和观点，提升团体凝聚力，让每位学生在自我表达时更有信心。

激发学生学习动机
为学生设置较高水平且符合实际的期望；重视实践与努力，而非天赋；鼓励自我评价；关爱学生。

评估问题

为了帮助人们更有效地学习，教育心理学家必须首先鉴别个体所面临的问题，这些问题是如何发展的以及它们如何影响个体的学习过程。

如何评估问题？

教育心理学家通过研究了解到学习过程受各种因素的影响，包括情绪问题、社会问题和某些生理障碍。如果存在学习问题，那么孩子在很小的时候就会表现出来，家长可以在此时寻求教育心理学家的帮助。然而，学习问题也有可能在孩子上学前班时才表现出来，这时教师的角色就非常重要，他们需要在孩子玩耍和完成基本任务时发现问题。有些情况下，学习问题可能要到成年以后才被发现，通常是因为这些问题在孩子上学时被忽视了。

发现问题

发现学习问题的端倪通常始于教师对学生进行日常观察并怀疑出现问题。然后，教育心理学家会进行全面评估，并制订计划帮助学生。

心理学家如何评估问题

与教师沟通
通常来说，孩子现在或以前的教师会对他们的问题有切身体会。第一步通常是与教师进行沟通。

与家长沟通
与家长沟通可以了解孩子在家里完成某些任务的情况以及孩子与家人的相处情况。

在教室观察孩子
在教室观察孩子可以获取关键线索。例如孩子如何用笔等工具，如何系纽扣以及他们遵循教师指令的程度。

与孩子沟通
孩子并不一定要参与评估过程，但与孩子交谈可以了解诸如他们对词汇的理解和发音情况。

学习问题

人们很难找出导致学习障碍的确切原因，例如环境因素、生物因素或两者兼而有之，但我们可以根据症状来确定学习障碍的种类。以下列出的四种问题都以拉丁文前缀"dys"开头，意思是障碍。

阅读障碍
阅读、写作和拼写困难。通常比较擅长创造性思维。

书写障碍
文字书写及加工困难，动作不协调。

计算障碍
基本的四则运算和计算方面存在缺陷。

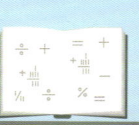

运动协调障碍
协调能力差，导致动作笨拙，缺乏协调日常活动所需要的基本能力。

采取行动

对于心理学家而言，充分理解个体问题的本质是至关重要的，因此他们会采用各种方法来准确描述人们在教育情境中的行为和信息加工方式。以前人们会采用笔试或口试的智力测验。如今，教育心理学家在评估学生时，正规的测试依然发挥着一定作用（尤其是评定诸如阅读障碍等某种特殊障碍时），但目前的评估方法比以前更加全面。教育心理学家经常会与精神病学家、社会工作者、语言治疗师和教师一起共同合作，将行为主义、认知主义和社会心理学的观点应用于课堂。这些理论的应用有助于人们理解学生在课堂上的某些行为、大脑如何处理和保存信息以及家庭和同伴如何影响学生的学习。教育心理学家能将这些方法应用于不同的教育环境，从学前班和小学，到成人学习中心和企业培训机构。

分析学校作业

孩子的作业可以反映他们回答问题的情况，以及他们是否存在某种（例如数学）或多种特定学科的问题。

问卷或特殊测验

许多标准测验可以从不同角度测量学习问题，包括源于社会或情感层面的问题和神经或发育问题。

行为问题

心理学家可以评估存在行为问题的孩子，试图找到引发问题的因素及解决方案，从而帮助教师处理课堂混乱。评估通常也需要父母参与，以便发现是否存在饮食、精神紧张和社交压力等生活方式问题。

100万名英国儿童需要特殊教育。

英国教育部，2017

测验种类

心理学家可以运用多种不同类型的测验，均衡地看待学生的问题，并着手解决这些问题。

- **认知与发展**测验可以考查学生加工和解释信息的能力，并能将学生的测试结果与同年龄组的常模进行比较。
- **社会、情感与行为**测验可以考察源自社会与情感因素的问题。测验可以反映个体的压力水平、自尊水平和应对逆境的能力。
- **动机**测验可以测量学生学习的一个重要因素——学习动机。这类测验采用问卷形式，包括高等教育中的学习动机评估量表（EMAPRE）。
- **学业**测验是一种更为正式的测验，可以检验学生是否处在适合其学业水平的班级，并能检测出学习障碍。人们也可以采用智力测验，但其测验结果比较有限。

职场中的心理学

工业/组织心理学旨在研究人们在职场中的行为，并运用心理学原理来理解组织和改善员工生活。工业/组织心理学主要研究职业生涯结构与过程中的人为因素，可以在员工招聘、目标设置、团队发展、动机激发、绩效评估、组织变革以及高效领导等方面提供建议。

让组织更强大

组织需要员工有共同愿景，并能够协调和努力工作。心理学能够有效地帮助管理者雇用高效员工、设置恰当目标、发展成功团队、保证良好领导力和应对组织变革中的挑战。

评估
定期提供反馈可以使员工发挥自身优势，并了解需要改进和成长之处。

招聘
选择合适的人来做某项工作至关重要，因为员工的成功直接影响组织的成功。

动机
提升员工热情有助于企业成功，因为员工必须受到激励（包括内部激励和外部激励）才能实现自己的目标。

面试
人们普遍采用面试的方法来评估潜在员工，应聘者可以给出更长、更开放式的回答。

现实生活中的心理学
职场中的心理学

人的一生在工作中所花费的时间大约是**9**万个小时。

心理学分支

工业心理学和组织心理学都会涉及职场中的心理学。在这两个心理学分支中，工业心理学的历史更为悠久，主要关注的是如何管理人员以实现组织效率的最大化。它主要着眼于工作设计、人才选拔、员工培训和绩效评估，试图挖掘组织内部员工的潜力。第二个分支——组织心理学，起源于人际关系运动，主要致力于提升员工体验和幸福感。其重点是理解和管理员工的态度与行为，减少工作压力，设计有效的监管措施。

团队发展
鼓励员工一起工作可以增强团队协作并提高公司绩效。

设置目标
设置具有挑战性又合乎实际的目标能够有效激励员工，从而提升工作效率和工作表现。

领导力
界定组织文化和目标可以使领导者更有责任去激励员工来实现这些目标。

积极职场心理学

人道主义工作心理学运动鼓励工业/组织心理学家充分运用自身技能、天赋和训练，以在世界各地的职场中减少贫困和提升幸福感为使命。工业/组织心理学家可以帮助人们发展有市场需求的技能，设计培训方案以帮助失业者重返工作岗位，为需要帮助的社区提供人道主义援助，并策划使环境可持续性的新方案。

变革
目标的实现往往需要改变组织结构和政策，而心理学家可以帮助公司更好地完成变革。

选拔最佳候选人

由于员工表现会直接决定组织是否成功,因此选择合适的员工是至关重要的。心理学家提出了许多方法可以用来分析工作需求和评估应聘人员。

工作分析

在对应聘人员进行筛选评估之前,首先要对应聘岗位进行分析。该分析包括全面的工作描述,包括岗位任务和职责所需要的个人经验和特质。工业/组织心理学家和人力资源专家会从不同渠道收集信息,包括工作分析师、在职人员、主管和训练有素的观察员。他们会观察该岗位工作人员的表现(甚至亲自从事该项工作),开展访谈和问卷调查工作。

工作分析包括两大类:一类是以工作为导向的分析,侧重于具体的工作任务;另一类是以人为导向的分析,侧重于岗位所需要的个人特质。以人为导向的工作分析会提供一份能够胜任此项工作的KSAO列表(K:知识,S:技能,A:能力,O:其他特质)。某个岗位的KSAO列表通常会包括应聘人员已经具备的特质,以及他们在员工培训中能够发展出来的特质。

工作分析可以指出每个职业发展阶段的关键能力,因此有助于员工的职业发展规划。在绩效评估过程中,人们可以以工作分析为基础来制定衡量员工绩效的标准。

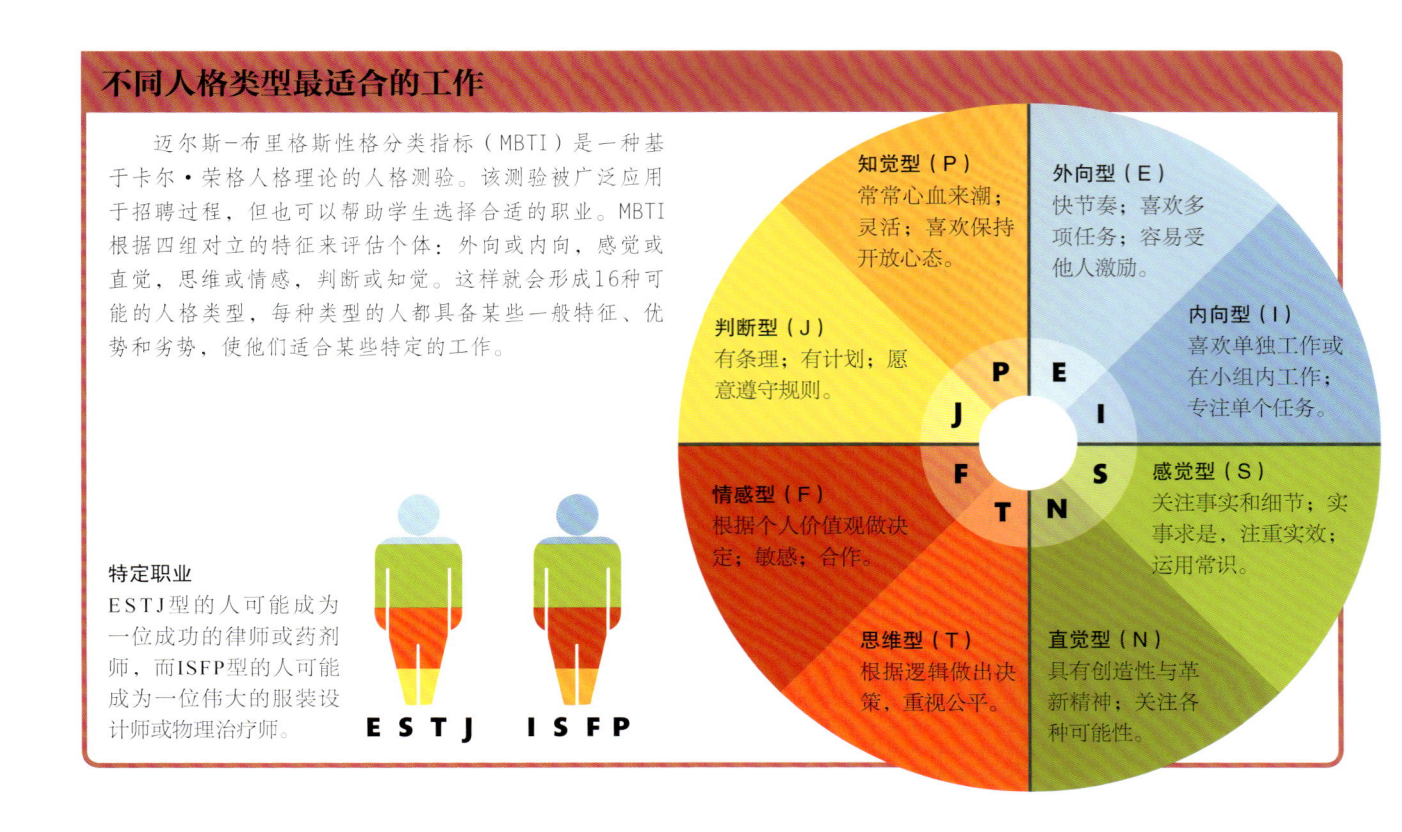

不同人格类型最适合的工作

迈尔斯-布里格斯性格分类指标(MBTI)是一种基于卡尔·荣格人格理论的人格测验。该测验被广泛应用于招聘过程,但也可以帮助学生选择合适的职业。MBTI根据四组对立的特征来评估个体:外向或内向,感觉或直觉,思维或情感,判断或知觉。这样就会形成16种可能的人格类型,每种类型的人都具备某些一般特征、优势和劣势,使他们适合某些特定的工作。

特定职业
ESTJ型的人可能成为一位成功的律师或药剂师,而ISFP型的人可能成为一位伟大的服装设计师或物理治疗师。

知觉型(P) 常常心血来潮;灵活;喜欢保持开放心态。

外向型(E) 快节奏;喜欢多项任务;容易受他人激励。

判断型(J) 有条理;有计划;愿意遵守规则。

内向型(I) 喜欢单独工作或在小组内工作;专注单个任务。

情感型(F) 根据个人价值观做决定;敏感;合作。

感觉型(S) 关注事实和细节;实事求是,注重实效;运用常识。

思维型(T) 根据逻辑做出决策,重视公平。

直觉型(N) 具有创造性与革新精神;关注各种可能性。

选拔人才

组织能够吸引和留住合适人才，才有可能发展壮大。如果员工与岗位非常匹配，他们会对自己的工作和环境感到十分兴奋。人才选拔包括一系列程序，可以帮助人们确定求职者在多大程度上符合岗位需求。人才选拔可以结合标准的招聘流程，例如询问教育背景、工作技能、个人特质和以往工作经验等问题。

评估类型

应聘者评估主要包括五种方法，人们通常会同时使用几种方法。这些评估方法能够了解应聘者在不同领域的优势和劣势，应聘者若被录取其工作表现将会如何，从而为组织提供有价值的信息。

工作样本

工作样本是指应聘者在一种模拟情境中完成部分工作，展示他们在标准化条件下完成相关任务的能力。他们会得到一些必要的材料、工具，以及如何完成任务的说明书。由于模拟情境与实际工作情境非常相似，因此工作样本可以有效预测应聘者的未来绩效。

个人信息

传记式问卷要求人们提供相关的职业经历和教育经历信息。这些问卷中的问题比一般的入职申请更为详细，包括人们在学校或工作中的具体经历，还可能包括一些可核实的客观事实和主观体验方面的问题。

面试

应聘者在面试中的回答和行为表现能够提供重要的信息，帮助人们了解他们是否适合这份工作以及他们的沟通与交流能力。眼神交流或握手力度甚至也会影响评分。大多数组织会采用面试来进行评估，因为应聘者在面试中可以针对问题进行详细回答，也能显露出他们的人际交往能力。

评估中心

评估中心会采用练习与模拟任务的形式衡量个体的工作表现。练习的形式多种多样，可能需要几天才能完成。评估中心会评价应聘者的口语表达与书面表达能力、问题解决能力、人际关系和计划能力，然后从多个角度对应聘者进行评分，并给出一个综合分数，从而有助于招聘决策。

心理计量测验

人们通常会要求应聘者在某些控制情境中接受心理计量测验（第246~247页），包括解决问题、回答提问或手部灵活性测试等。这些测验可以评估个体的人格特点、认知能力、知识与技能、情商或职业兴趣。测验中的问题可能是封闭式的，例如提供几个选项供人们选择；问题也可能是开放式的，人们必须做出自己的回答。

面试的可信度

心理学家发现，面试的准确性取决于面试者是否存在偏见。种族、性别和受欢迎程度等因素可能都会影响面试评估和雇用决定。面试官应该：

▶ 接受面试培训。
▶ 提出标准化的问题。
▶ 面试结束后再对应聘者进行评估。
▶ 根据不同要素（例如资质）对应聘者进行评分。

管理人才

有效管理员工绩效是组织取得成功的关键。组织可以通过提高员工动机和定期提供反馈等措施来实现。

动机

动机通常与渴望实现某个特定目标有关，是驱使个体完成特定行为或任务的内在状态。人们存在多种工作动机，例如挣钱、为社会服务、赢得赞赏等。员工动机与其工作满意度和工作绩效直接相关，并与组织成功存在间接相关。如果个体具备合适的技能，那么高水平的动机通常会使其有出色的工作表现，而这对于实现组织的主要目标是至关重要的。

有关工作动机的心理学理论关注的是为什么有些人比其他人更有动力完成工作。这些理论有助于管理人员采取措施以最大限度地提升员工动机与工作绩效。需要层次理论认为，个体的行为是为了满足自身需要，动机源自个体内部。强化理论认为，行为源于获得奖励和强化的愿望，因此源自个体外部。自我效能理论探讨的是人们对自身能力的信念如何影响工作绩效，而目标设置理论则考察人们的目标和目标设置方式如何影响动机和绩效。

拥有一条职业发展道路更可能激励员工有良好的工作表现，因为他们会觉得自己的努力能够得到回报。

设置目标

20世纪60年代，埃德温·洛克（Edwin Locke）博士率先提出了动机的目标设置理论，该理论认为，朝着目标努力可以提高个体的动机和绩效。他发现，具体且有挑战性的目标是最有效的。

明确度
目标必须明确、具体、可测量，有明确的截止时间，这样员工才知道组织对他们的期望是什么，需要何时实现。

难度
难度较高的目标往往更具激励作用，因为人们期待得到更高的回报。然而，目标不宜太难达到，否则显得不切实际。

承诺
目标必须得到雇主和雇员双方的理解和认同，这样员工才能更加努力工作来实现这些目标。

绩效评估

提供工作绩效方面的反馈有助于激励员工实现目标，认可其良好表现，并在他们表现不佳时提供建设性批评与指导。绩效评估包括两个步骤：首先，需要界定良好绩效的标准；然后，再实施绩效评估程序。绩效评估可以使组织和员工都能受益，其评估信息既有助于行政决策（例如雇用、解雇），也有助于员工发展，帮助他们不断提高和保持工作绩效。组织通常会有一个年度评估计划，例如设置目标、召开员工与主管之间的定期反馈会议等。

克服评估偏见和错误

人类的判断并不完美，因此当管理者进行绩效评估时，往往会无意识地出现偏见与错误。研究发现，上司对员工的了解和喜欢程度、员工整体的情绪状态以及文化和种族因素都会影响评估结果。管理者会受光环效应的影响，即他们在所有评估维度上都给予员工相同的评分。管理者也会受分布误差的影响，即他们对所有员工都给予相同的评分。为了克服这些问题，组织可以对管理人员进行评估培训，告诉他们需要避免的典型错误。在360度反馈中，人们会请不同的人来对同一员工进行评估，以减少个人偏见的影响。

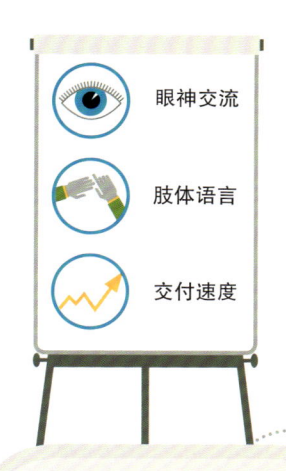

反馈
定期的进展报告对于明确期望、调整目标难度和肯定员工成就是至关重要的。

任务复杂度
成功取决于目标能否在双方商定的时间内完成。员工需要时间来学习实现目标所需要的技能。

实现
成功的条件包括明确、有挑战性、难度恰当的目标，较高的承诺水平以及定期的反馈。

60% 的员工希望自己的工作得到更多赞赏。

团队发展

工作团队可以充满活力、强而有力，并帮助组织茁壮成长。人们可以采用多种方法来开发团队和团队工作人员的优势、效率和潜力。

团队如何发展？

团队合作能显示出团队绩效的优势，而团队绩效往往优于个人绩效，因为每位团队成员的优势相结合能够创造出比个体单独完成更有效的事情。在一个成功团队中（例如实施复杂手术的医生团队），每位成员的行动都是协调一致的，以实现一个共同目标。每位成员都有特定的角色，但所有成员都相互依赖，这样才能更好地完成自己的工作。这种程度的合作需要彼此信任，而这种信任可以通过良好的沟通、胜任、承诺与协作来建立。然而，并非所有团队都能表现出应有的水平，这种结果被称为过程损失。这可能是由于社会惰化效应（第241页），即个体在团队中付出的努力比单独工作时要少；也可能是由于头脑风暴不良，即团队产生的想法要少于相同数量个体自己产生的想法之和。

团队的关键概念

- **角色** 每位成员在团队中都有自己独特的工作。
- **规范** 团队成员会接受某些不成文的行为规则（例如工作到多晚），这些规则会深刻地影响个体行为。
- **团体凝聚力** 团结和信任感会与其他因素一起将团队成员聚集在一起，使他们能够继续合作。
- **团队承诺** 个体对团队目标的接纳程度和努力工作的意愿反映了他们对团队的投入程度。
- **心理模型** 一个良好的团队会对任务、设备和所处情境达成共识。
- **团队冲突** 在处理冲突时，合作或竞争式的团队决定了其工作效率。

五阶段模型

心理学家布鲁斯·塔克曼（Bruce Tuckman）提出了团队成长所必经的五个发展阶段。经过这几个阶段的发展，团队可以一起面对挑战并找到解决方案。

候鸟起飞，并确定自身的飞行位置。

2. 激荡期
在合作的早期阶段，团队成员会为了地位而相互竞争。他们对应该做什么以及如何去做等问题持有不同意见，因而会引发冲突。

候鸟必须团队协作，以确保它们能在漫长的旅途中生存下来。

1. 组建期
团队成员彼此认识。他们分享自己的信息，了解团队项目和自身角色，并为共同工作建立基本规则。

现实生活中的心理学
团队发展
182 / 183

改善团队

改善团队合作有多种方法。创建自主型的负责某种特定产品或过程的工作团队可以有效提高其工作效率。有些公司会创建质量圈（Quality Circle），即员工聚在一起开会讨论问题并提出解决方案，使其更深入地了解团队面临的问题。员工也可以参加团队建设活动，这些活动通常由专业顾问来带领。有些活动旨在增强团队执行任务的能力，而有些活动则侧重提升人际交往技能，有助于增进信任、沟通和互动。团队建设旨在提高团队的协调性和工作绩效，提升团队成员的技能，并在整个团队中形成更积极的工作态度。

群体思维

人们在群体内一起工作时，其决策会受群体思维的影响。群体思维是一种现象，即群体可能会做出成员们都认为不好的决策。如果领导者比较强硬、从众压力较大，那么这种高凝聚力的团体就可能出现群体思维。人们会放弃自己的看法，消除疑虑，以适应群体内的其他成员。如果该团体不受其他外部影响，团体内又没有人愿意挑战领导者，那么群体思维产生的概率就会大大增加。为防止出现这种现象，领导者在小组会议中应该扮演公正的协调角色。

候鸟排成V字形飞行，排头鸟的工作最辛苦。

3. 规范期
成员们开始认为自己是团队的一部分。他们较少关注个人目标，而是更加注重有效合作，创建工作流程和规范。

候鸟们经常交换位置，轮流在前面领队飞行。

4. 执行期
团队的工作水平很高，成员之间相互协作，营造了一种开放和信任的氛围。他们彼此依赖，关注团队目标的实现。

到达目的地后，鸟儿四散开始寻找食物。

成功团队的理想人数为 5~9 人。

5. 休整期
项目接近尾声时，团队会评估自身工作，庆祝所取得的成绩，并提出可改进之处。团队成员互相道别，开始新项目。

领导力

领导者在组织中具有强大的影响力，他们的领导方式会影响组织的生产效率和成功与否。优秀的领导者会运用自身知识与权威来鼓舞和激励员工。

领导者的类型

领导者会影响他人的态度、信念、行为和感受，他们的领导风格是团队动力的基础。职场中的领导类型主要有两类：第一类是担任监管责任的正式领导；第二类是在与同事互动中产生的非正式领导，这种领导的影响力通常会更大。

非正式领导会拥有专家权，这种权力建立在专业知识基础之上；他们也会拥有参考权，因为他们能获得下属的喜爱和认同。正式领导可能还会拥有其他类型的权力。合法权是领导职位所固有的，而奖赏权允许领导表扬员工，并给予加薪和升职。当领导通过减薪或解雇来惩罚员工时，他们是在行使强制权。

优秀的领导者会恰当地运用权力，关心下属的福利，并通过设置明确期望来建立有效的组织结构。心理学家和公司可以采用特质研究法（某些特质使人们成为天生的领导者，第150~151页）、领导者涌现法（在团体内因其领导潜力而被挑选出来）或领导者行为法（关键是人们所做的事情，而不是他们的为人）来识别优秀领导。

路径-目标理论

路径-目标理论由罗伯特·豪斯（Robert House）提出，该理论模型旨在帮助领导者提高员工的工作绩效，使他们更容易完成任务和实现目标。根据不同的员工、环境和目标特点，可以相应地匹配四种不同的领导风格。

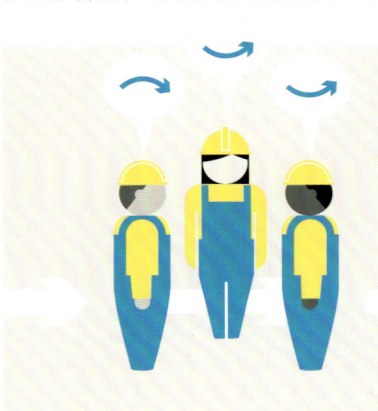

设置挑战

成就导向型领导是高绩效下属面对复杂任务时的最佳选择。

成就导向型

成就导向型的领导者会设置具有挑战性的目标，他们会提出并期望较高的工作标准。他们会对下属表示信任。

优秀领导者的品质

强烈的道德感

一位有道德感的领导者会在整个公司树立诚信榜样，要求员工诚信，而他们强烈的道德感会营造一种安全、信任的环境，使员工能身在其中尽最大努力工作。

授权他人

任何一位领导者都不可能独自完成所有事情，他们需要外部投入的力量，因此领导者懂得委派工作、分配权力是非常重要的。

培养归属感

人们在工作中会投入大量时间，因此他们需要与组织和同事保持联系，以提高情绪健康水平和工作效率。

接受新思想

进步需要创新和解决问题的意愿。领导者如果能对新思想保持开放态度，那么就能创设一种促成进步的环境。

培育员工成长

当人们受到鼓励不断发展时，他们的工作动力是最大的。领导者如果能致力于促进员工成长，那么员工们就会更有动力、更加忠诚。

现实生活中的心理学
领导力 184 / 185

支持型
支持型领导者的特点是考虑员工需求，表示关心，并能创设一种鼓舞人心的工作环境。

手牵手
如果工作任务危险、乏味、有压力或很无趣，支持型领导是最佳选择。

> "如今，成功领导的关键是影响力，而不是权威。"
>
> 肯·布兰查德（Ken Blanchard），美国管理学专家

寻求建议
如果需要经验丰富的下属提供建议，参与型领导是最佳选择。

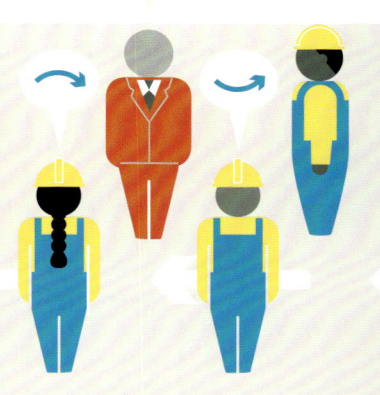

参与型
参与型领导者会与下属协商，在决策时也会考虑他们的想法和建议。

指导型
指导型领导者会告诉下属必须做什么，并提供适当指导，例如给出工作的时间表和截止日期。

发号施令
指导型领导最适合缺乏经验的下属，尤其是他们在执行非结构化任务时。

变革型领导

有些领导者特别擅长鼓励他人参与一项事业、制定一套目标以及坚持不懈地追求高水平的成就。这些领导者很有魅力，也有巨大的影响力。他们通过自身的创新、力量、革新精神、诚信和共同愿景来激励他人。他们会优先考虑员工的发展和幸福，以此获取员工信任，并组建一支忠诚、积极、高效的团队。就像马丁·路德·金等政治领袖和活动家一样，个人魅力和远见是变革型领导者所需要的重要品质。

组织文化与变革

组织文化是组织兴旺发展的最重要的一个组成部分,它由共同信念与行为构成。为了提高生产力,组织文化可能需要改变,以适应新的人员、观念与技术。

文化

组织文化是指员工如何理解自己的职场和同事,它有助于组织形成独特的社会与心理环境。文化是由联结各个工作团队的价值观和仪式以及持续一致、可观察的行为模式来界定的。组织文化包括组织的规范、系统、语言、假设、愿景和信念,组织文化会直接影响组织如何对待员工、做出决策,并能确保员工对工作项目的承诺。组织文化也会受领导风格、现有的激励和薪酬结构等因素的影响。

由于组织成员与组织文化的紧密联系,组织变革并不容易实现。然而,当现有的组织结构与流程无法再有效地满足需求或实现目标时,就必须进行组织变革。员工对心理契约(员工未说出口的期望)的依恋也会阻碍变革,因为组织变革需要重塑这些期望。

实施变革

成功的变革需要多个步骤,也需要令人信服的论据。帮助焦虑的员工更好地理解为什么需要变革,可以减少变革实施过程中的阻力,并帮助员工更快地接受新的组织结构和流程。

1. 分析
组织变革的第一步是对组织的现状进行分析,这有助于明确表现不佳的系统或流程,从而确定需要改进的主要领域。

2. 评估
评估是指考察组织变革所涉及的总体范围(例如变革会影响多少员工)以及需要变革的类型。变革的成功与否取决于日常工作将发生变化的员工的参与程度。

问题
在变革计划中,评估是至关重要的。一座新桥必须足够坚固,才能经受住河水冲击和交通压力。

现实生活中的心理学
组织文化与变革 **186 / 187**

变革后
管理人员应该不断评估新的组织结构运行情况，并在必要时进行调整。

5. 管理变革
领导者应该了解员工对变革的反应，在问题出现时及时解决，并评估变革实施的成功与否。

4. 实施
对那些经常抗拒变革的员工来说，分阶段实施变革会使其过程更为顺利。组织应该进行良好的沟通，使员工有参与感，这样新的运作方式才能最终被人接受。

工具
构建新的组织结构需要合适的工具。培训计划、财政激励，甚至威胁等方式都可以帮助员工更好地合作。

3. 设计
需要设计一种符合组织全新战略和目标要求的组织结构。该设计将明确关键的活动，创建新部门，并建立部门之间的关系。

过程
设计一个全新的组织结构需要时间，而且变革不是一蹴而就的。这一过程分为几个阶段，通常需要来自外部的变革机构的帮助。

促成变革的指导方针

组织可以采取多种方法来帮助员工应对组织变革。

▶ **强有力的领导** 管理者应该支持变革，以提高下属的积极性。

▶ **员工参与** 员工应该参与决策过程，以增强主人翁意识。

▶ **沟通** 变革的具体性质应该以系统、结构化的方式来进行沟通，变革的实施与时间安排情况也应如此。

▶ **庆功** 变革过程中的每一次成功都要庆祝，以提高员工积极性。

✓ 知识点

▶ **改善** 一种普遍的组织目标是建立"改善"系统，这种系统起源于日本，即在系统中持续改进。要求各级员工每天都提出改进建议，目的是摆脱不必要的任务，提高生产效率。

人因工程心理学

人因工程（Human Factors and Engineering，HFE）心理学旨在帮助人们更好地应对工作环境，使环境更安全、更高效、更友好。其本质是研究人们如何与机器和技术进行交互，并通过设计更好的系统、产品和设备来改善人机交互。HFE心理学是心理学与科技的融合，主要关注安全。

实践中的人因工程

在实践层面，人因工程心理学家利用他们对人机互动的认识来设计更有效的工作准则与产品。这需要人们去研究个体在特定环境中（例如工厂车间、医院手术室）的思维、反射、视觉以及其他感官的功能。人因工程心理学家通过研究人们在职场中的行为，可以为企业决策层、实业家和政府提供有关避免事故、提高生产效率等方面的建议。

人因工程心理学的一个重要应用是在民用航空领域，该行业自20世纪60年代以来一直在运用人因工程心理学来改进航空安全统计数据。人因工程心理学的另一个重要应用是消除医院因人为失误而导致的死亡率。此外，减少核能供应等关键领域的风险也是人因工程心理学的重要应用领域。即使是最不起眼的自行车，人因工程心理学也能使其变得更快、更易使用、更舒适。

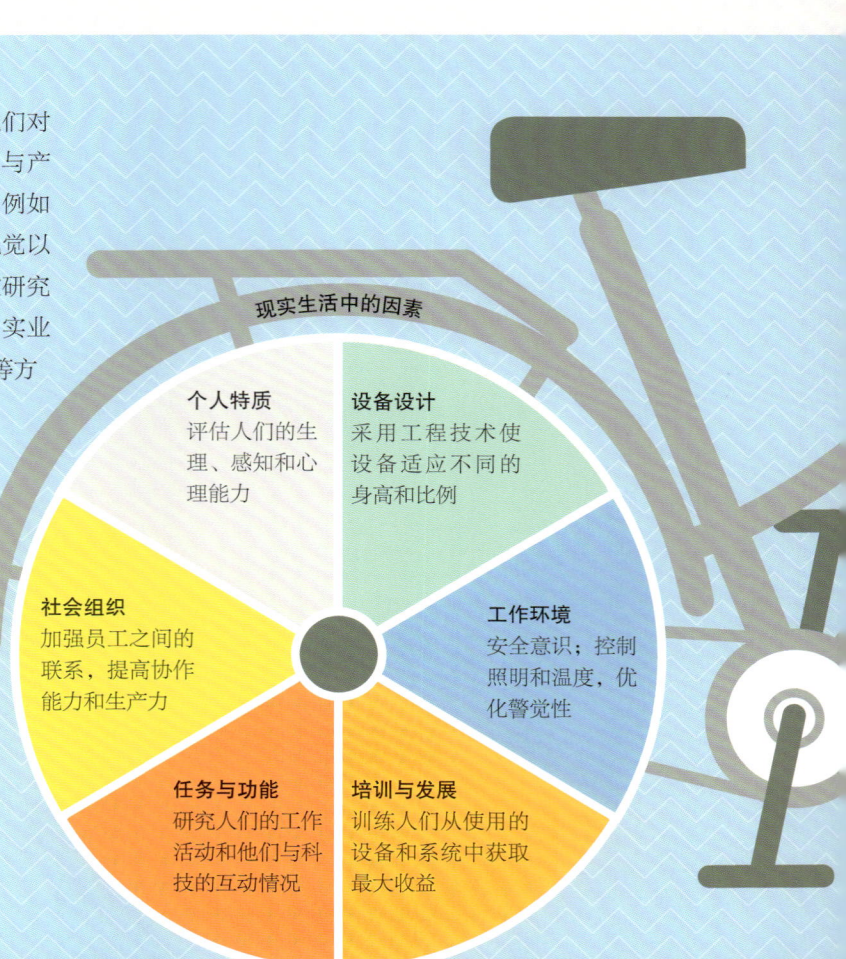

现实生活中的因素

个人特质
评估人们的生理、感知和心理能力

设备设计
采用工程技术使设备适应不同的身高和比例

工作环境
安全意识；控制照明和温度，优化警觉性

培训与发展
训练人们从使用的设备和系统中获取最大收益

任务与功能
研究人们的工作活动和他们与科技的互动情况

社会组织
加强员工之间的联系，提高协作能力和生产力

现实生活中的心理学
人因工程心理学　188 / 189

70% 以上的飞机事故是由人为失误导致的。

测量与产品设计

人因工程心理学的两个重要领域是人体测量学（测量人体及其比例的科学）和人体工程学（设计适合人体的产品）。这两者都是创建用户友好型技术的关键。要完成诸如办公椅这样的产品设计，需要一套完整的测量数据，考虑人体比例，能够提高员工的工作效率，并能避免短期和长期的身体损伤。其测量数据既包括明显指标（例如坐立时眼睛的高度），也包括距离比例（例如坐立时臀部和脚趾之间的距离比例）。

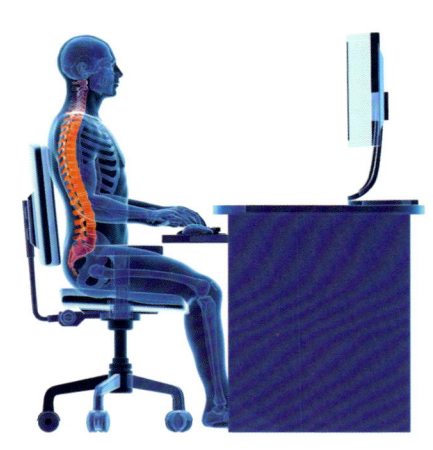

符合人体工程学的座椅会考虑就座者的肘部高度、座椅高度、大腿间隙、眼睛高度和背部支撑等因素。

双向过程

人因工程心理学家运用科学方法来理解人类与科技互动时的行为。这是一种双向过程，即设计不当的设备可能会降低人们的效率，而人们行为上的缺陷也可能降低技术的使用效率。为了应对这些问题并预测未来表现，人因工程心理学家会针对个体如何感知刺激与事件进行研究与评估，从而确定行动方案，做出适当反应。

心理学因素

决策
对决策过程中的每个步骤都进行处理，以修复操作人员的差错

压力与焦虑
采用精心设计的设备，避免员工受挫

工作量
平衡员工的工作量，使他们保持警觉，集中注意力，能够做出良好判断

团队合作
培养工作关系，确保团队成员之间的合作

人为失误与安全
分析错误原因，改进安全措施

态势感知
训练员工可以客观评估工作情境

设计显示设备

基于对人脑如何处理信息的理解，心理学家能够与产品设计师一起合作设计出更好的机器。

用户友好型技术

人因工程心理学家的一个重要角色是设计出适合用户高效操作的机器、标识和系统。在技术设计中，存在三种互相关联的重要因素：显示设备的易见性和可理解性；控件的易使用性；减少或消除犯错的可能性。

作为机器与用户之间的接口，显示设备是技术的重要组成部分。人们通过仪表盘、灯光或屏幕接收信息来操作某种机器，并获得反馈。这种方式适用于大量的技术产品和系统，包括工业和办公设备、交通标志、航空控制和医疗设备等。

显示设备的感知

心理学家能够深入了解大脑如何加工和解释色彩、轮廓、背景与前景、声音与触觉等信息，因此他们能为设计过程提供极具价值的参考建议。心理学家旨在实现一种"自然设计"，即利用人脑能够立即识别的感知线索，而不需要进一步解释。人们用红色代表"停止"是一个典型例子，红色是火和血的颜色，人类会将红色与危险联系在一起。

警报的显示

在显示设计中，心理学家提出了一种色彩声音组合的层级结构，以明确用户的优先级。这些结构是基于人们对眼睛、耳朵和大脑如何针对特定线索做出反应的研究，也基于人们更容易关注多种感官传递信息的这一认识。对警报而言，人们经常用红色与声音警报一起使用，而警报信息则可能仅以视觉方式呈现。

组织控件

精心设计的显示设备会考虑人们在视觉、听觉和触觉通道上加工信息的方式。光线、颜色、对比度、声音、触觉等刺激需要合理安排，以确保大脑能够快速精准地做出反应。显示设备的设计包括四个原则：感知、心理模型、注意和记忆。

辨别能力
为避免混淆，不同信号之间应该存在较大差异。例如，警示标志通常是三角形。

避免绝对判断的限制
应该提供多种感官维度（例如音高、音量或颜色）来帮助用户进行判断。

信息获取成本最小化
经常使用的信息应该随手可得，这样用户就不需要花费太多时间来查找。

移动部件
任何移动部件都应该符合用户期望。例如，快进按钮应该与部件移动方向一致。

现实生活中的心理学
设计显示设备 **190 / 191**

👁 感知
用户首先会如何感知眼前的信息——信息必须以明确的方式呈现。

🧠 心理模型
产品设计如何与用户的心理模型保持一致——人们通常会根据自身对类似系统的体验来理解某种显示设备。

⚠ 注意
即使是在令人分心的环境中，人们也需要很容易地加工信息。

☝ 记忆
显示设备需要强化用户已有的记忆，帮助用户回忆，而不是强迫用户将信息存储在工作记忆中。

冗余增益
以多种方式呈现信息（例如额外的刹车灯）可以增强其影响力。

一致性
呈现的信息应该始终如一，以确保用户能够准确理解。例如，红色的交通信号灯总是表示"停止"。

接近兼容性
相关或存在联系的信息（例如三个刹车灯）应该紧密呈现在一起。

图示符合实际
显示设备应该以图示的形式传递信息。例如，燃油油位下降，那么燃油表也应该下降。

清晰可见
仪表盘和背光信息应该清晰，颜色对比鲜明，字体足够大，便于用户阅读。

多种资源
信息应该通过多种媒介来传递——卫星导航系统会使用语音和显示屏。

关于世界的知识
信息的显示意味着用户不必太过依赖自身记忆。

预见性的辅助
应该帮助用户预测行驶路线，例如预测交通堵塞的位置，这样他们就可以提前采取行动。

自上而下的加工
应该满足用户在过去经验基础上的期望。例如，用户期望按下按钮打开某个东西。

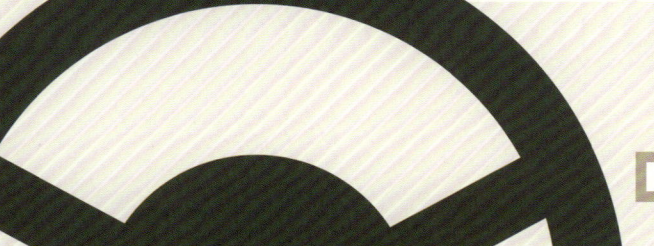

人为失误及预防

人因工程心理学最重要的是尽量减少人为失误,提高工作场所的安全性,并降低事故和死亡风险。

什么是人为失误?

想要完全杜绝人为失误几乎是不可能实现的,但人因工程心理学旨在通过对工作场所机器和显示设备的设计以及员工处理信息的方式进行战略性改变,从而尽可能减少人为失误。减少失误尤其适用于死亡风险较高的领域,例如道路交通控制中心、核能设备、医院、飞机和战区等。

哪里出错了?

行业中的大多数事故都是由人为失误导致的。例如,在民用航空中,未能正确装载飞机、空中交通管制错误以及飞行员在操作飞机控制面板或评估天气条件时出现错误等是最有可能导致事故的原因。

通过研究过去的失误和导致失误

疏忽大意

技术性失误(行动失误)
训练有素的工人在完成一项得心应手的常规任务时,由于无法专注或分心而出现的无心之失

错误
培训不到位的工人做出错误决定,即做着错的事情,却相信自己是对的

行动失误
- 按照错误的顺序执行操作
- 在不当的时候做出行动
- 调换数字,例如是0.56,而不是0.65
- 按错按钮
- 操纵装置的旋转方向错误

记忆差错
- 忘记做某件事情
- 漏掉一个重要步骤
- 重复了某个步骤
- 没有关闭机器
- 分心;走神

规则性错误
- 使用错误的一套规则
- 多次假警报之后忽略了真正的警报
- 未能及时启动规则
- 采用了考虑不周的规则

控制措施
- 改进设备设计,减少技术性失误
- 分析出错事件,并相应地更新工作条件

的个人行为次序后，心理学家得出结论认为，错误决策通常是由于人们缺乏态势感知。因此，人因工程心理学家的一个主要目标就是提高个体的态势感知，包括个体能够准确感知环境、理解正在发生的事情以及预测结果的能力。

交通心理学

有些人因工程心理学家专门研究司机在道路上的行为和对交通管理的反应。这些领域包括行为与事故研究（将年龄和人格特点视为事故风险因素）、交通执法策略、司机康复计划等。人因工程心理学家通过研究压力、疲劳、使用电话、酒精和其他因素的影响，有助于了解事故发生的原因。

交通安全培训与教育有助于保障人们的出行安全。

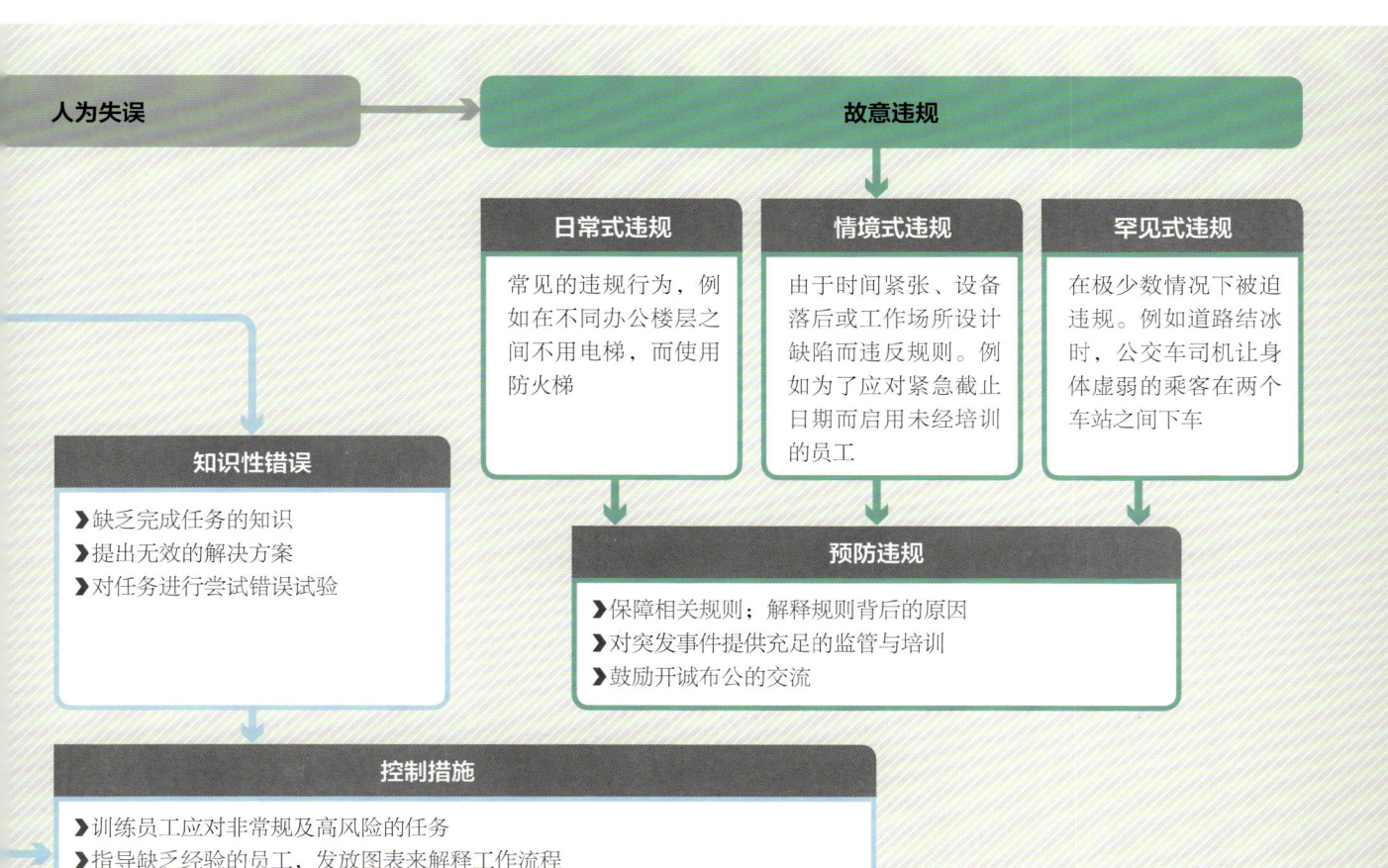

人为失误 → 故意违规

日常式违规
常见的违规行为，例如在不同办公楼层之间不用电梯，而使用防火梯

情境式违规
由于时间紧张、设备落后或工作场所设计缺陷而违反规则。例如为了应对紧急截止日期而启用未经培训的员工

罕见式违规
在极少数情况下被迫违规。例如道路结冰时，公交车司机让身体虚弱的乘客在两个车站之间下车

知识性错误
- 缺乏完成任务的知识
- 提出无效的解决方案
- 对任务进行尝试错误试验

预防违规
- 保障相关规则；解释规则背后的原因
- 对突发事件提供充足的监管与培训
- 鼓励开诚布公的交流

控制措施
- 训练员工应对非常规及高风险的任务
- 指导缺乏经验的员工，发放图表来解释工作流程

司法心理学

司法心理学是心理学在法律情境中的应用,这一研究领域正在迅速发展壮大。其主要目标是为司法目的而收集、审查和提供证据,并为进入监狱系统后的罪犯提供治疗和改造。心理学家在全世界范围内的法庭诉讼中的影响力越来越大,他们的专业知识被广泛应用于刑事、家庭和民事案件中。

公安系统

在现实生活中,司法心理学家在追捕罪犯方面的作用虽不及电视上看到的那么戏剧化,但他们为调查心理学打开了大门,有助于心理学更好地服务于刑事调查过程。

选拔警察候选人

心理学家会对警察候选人进行评估,了解他们是否具备这份工作所需要的素质。心理学家会采用心理测试和访谈的方式进行工作,并提供推荐意见。

管理信息系统

心理学家可以帮助建立一个有效的系统,用来收集、组织和理解与刑事案件有关的大量信息和资料。

开展面谈

心理学家运用与人类思维和行为模式有关的专业知识来完善面谈过程。他们可以通过分析和解释词汇、面部表情、语调和肢体语言来判断人们是否在说谎或隐瞒真相。

确定犯罪事件与嫌疑人的联系

心理学家通过分析警方提供的证据,可以确定违法行为与罪犯之间的联系模式。

法庭

司法心理学家可以在法庭上提供非常有价值的帮助。他们在刑事和民事法庭上能以多种方式协助执行法律程序。

提供专家证词

心理学家不仅可以在法庭上陈述案件的事实,还可以对这些事实提出专业意见和解释。这些观点会对判决产生很大的影响。

为律师提供咨询

心理学家在司法程序的每个阶段都可以为律师提供建议,例如帮助律师为法庭准备案件材料,为选择陪审团和对证人及被告的提问方式等提供建议。

向法官和陪审团提供意见

心理学家可以提供人类行为方面的专家意见,在整个法律程序中解释被告的行为,从而帮助法官和陪审团做出明智的决定。

现实生活中的心理学
司法心理学

监狱系统

监狱是改造罪犯的理想场所。然而，在现实中，监狱却是一种艰苦而异常的环境，在监狱工作的心理学家也面临许多挑战。心理学家可以帮助罪犯改过自新，并协助工作人员编写案件档案和报告。

与罪犯共事

心理学家的目标是找到罪犯生活中最需要治疗的方面，以减少他们未来重蹈覆辙的风险。他们可以提供团体治疗和一对一的心理咨询。心理学家的治疗还包括减轻监狱生活带来的不良影响，因为在监狱中，个体的童年创伤可能会被重新激活，非人性化的感觉普遍存在，囚犯之间的不信任也常常导致暴力事件。

与工作人员共事

心理学家会随时向监狱工作人员通报病人的进展情况，并与假释委员会直接沟通。心理学家的评估会对是否批准假释起着至关重要的作用。

> "惩罚不是为了报复，而是为了减少犯罪、改造罪犯。"
>
> 伊丽莎白·福莱（Elizabeth Fry），
> 英国监狱改革家

首例"专家"证人

1896年，德国心理学家阿尔伯特·冯·施伦克·诺丁（Albert von Schrenck Notzing）成为第一位记录在案的专家证人，他在一项指控一位男子谋杀三位女性的案件中作证。冯·施伦克·诺丁认为，目击者无法区分他们在庭审前看到的新闻报道内容和他们在案发过程中真正看到的内容。

评估罪犯

心理学家会为了量刑和康复的目的去研究罪犯的背景信息，并为将来的案件收集资料。

▶ 是否存在虐待或犯罪的**家族史**？
▶ 他们犯了**什么罪**？受害者是谁？
▶ 他们对罪行的**态度**是什么？他们辩解或否认吗？
▶ 罪犯的**受教育程度**如何？他们在学校的表现如何？他们的总体智力水平如何？
▶ 他们是否在**恋爱**，或者是否曾经谈过恋爱？
▶ 他们有**工作**吗，或者他们是否能有效管理财务状况？
▶ 他们是否有精神疾病或人格障碍的**迹象**？

网络犯罪

近十几年来，网络犯罪日益增多，心理学家不得不扩展自身专业知识的范畴。

涉及哪些人？

由于互联网的匿名性，恐怖分子、黑客和恶意软件开发者的数量不断攀升。然而，经过专业训练的司法心理学家能够寻找这些不明身份者。为此，他们会利用已知犯罪人员的心理特征来缩小嫌疑人员的范围，因为某些特定类型的人会做出某些特定的犯罪行为。

▶ **网络欺诈者**，往往只为金钱所驱使而通过伪造电子邮件以获取个人信息。
▶ **政治/宗教黑客**，更感兴趣的是破坏敌人的电脑，而不是为了钱。
▶ **内部人员**，通常是被组织解雇或降职的人。

心理学与犯罪调查

犯罪调查和查明罪犯的过程往往漫长而艰苦。在此过程中，心理学家主要可以在数据分析、面谈受害人与嫌疑人等方面为警察提供帮助。

心理学家如何参与？

书籍或电影很少描述大多数犯罪调查所涉及的劳动密集型工作。如果案件没有明显的犯罪嫌疑人，那么侦查人员就必须审查大量信息，包括以前的案件记录或犯罪人员记录、监控录像、犯罪现场的照片以及与受害人、目击者和犯罪嫌疑人的面谈记录。司法心理学家对犯罪行为及其背后动机的理解，对于人们整理和分析这些材料是非常有价值的。

如果犯罪现场没有提供特定证据，那么心理学家可以从收集到的司法数据中建立一个档案，并将个体或其行为与犯罪案件联系起来（第198页）。心理学家对心理障碍和与之有关的行为模式的了解也有助于查明犯罪嫌疑人。他们可以运用犀利的访谈技巧，尽可能从与目击者或嫌疑人的对话中获取更多信息。心理学家还可以根据他们对人类行为的理解和人类记忆的不可靠性来帮助确定一个人是否在说真话或者是在为他人作掩饰。

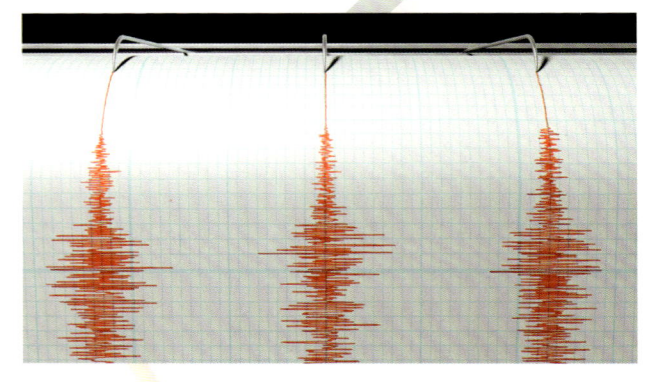

谎言测试仪，也称测谎仪，可以检测出个体对所提问题的反应，并能有效地证人清白。

认知面谈技巧

无论针对受害人、目击者还是嫌疑人，面谈都是犯罪调查的核心部分，也是司法心理学发挥关键作用的领域。认知面谈采用的是心理学家运用娴熟的一种特殊提问方式，可以帮助人们提高对某个事件的记忆。在面谈中，人们需要安全感。面谈人员必须有耐心，以正确的方式提出问题，并留出足够时间等待对方回应。有些人可能对这种类型的面谈不予回答，这时调查人员可能就需要尝试其他方法。

▶ 要**为目击者创建一个安全的环境**，以确保双方能互相理解。如果面谈人员积极倾听被面谈者所说的话，甚至询问他们当天的日常活动和感受，被面谈者就会感觉放松，对面谈人员足够信任，从而可以畅所欲言。

▶ 要提一些开放式问题使人们可以**自由回忆**，而不是那些只需要回答是/否的问题。面谈人员不能打断被面谈者的回答，要给他们充分休息时间，使其有时间更清楚地回忆事件。

▶ 要**创设一种有利情境**，例如描述需要回忆的事件，从而增强被面谈者的记忆。

▶ 面谈人员必须**自始至终保持耐心**，尤其是被面谈者不予合作的情况下。面谈人员必须控制好自己的挫败感和逼迫感，避免被面谈者做出虚假供述。

现实生活中的心理学
心理学与犯罪调查

犯罪现场中的影响因素

种族、性别和年龄
如果目击者与嫌疑人的年龄、性别或种族不同，那么目击者很可能会出现错认。

与罪犯之间的距离
目击者与嫌疑人之间的距离越远，他们的记忆信息就越不准确。

使用武器
如果案件涉及刀具或枪支，那么目击者会因为注意力被武器所吸引而记住较少的细节信息。

罪犯的行为
目击者更容易记住罪犯的外貌、言语或行为上的显著特征。

目击者的压力水平
个体经历非常紧张的犯罪事件后，其感知和记忆会发生变化，从而可能导致错认。

影响目击者记忆的因素
在警方调查中，目击者的描述起着关键作用。无论是在犯罪现场，还是在其之后，许多因素都会影响目击者描述的准确性。错误的目击者证据和/或指认往往会导致错误的定罪。

目击者的年龄
儿童、体弱者和老年人在面谈时更容易感受到压力。年龄稍长的儿童会比年幼儿童记住更多的细节。

目击者的疲惫感
疲劳会影响记忆。在提问之前给予目击者充分的休息时间可以保护其记忆不受干扰，并使其回忆更准确。

延时间隔
如果警察在事发很长一段时间以后再进行面谈，那么目击者所回忆的信息就会少很多。

目击者的易感性
在列队辨认时，执法人员可能会无意地向目击者透露应该选择谁。

列队辨认
给目击者呈现一组人或一次呈现一个人供其辨认。如果是一次呈现一个人，那么只要求目击者将嫌疑人与他们记忆中的罪犯进行比较。

提供列队辨认说明
如果明确告诉目击者，他们不必从一队人员中挑出嫌疑人，那么他们就不太可能做出错误的指认。

问询过程中的影响因素

是否存在"犯罪类型"？

没有一组特定的属性能够完全无误地决定犯罪行为，但有些属性确实常常与犯罪行为有关。这些属性包括：智力低下、多动症、难以专注、受教育程度低、反社会行为、有兄弟姐妹或朋友触犯法律、习惯性吸毒或酗酒。此外，任何年龄阶段的男性都比女性更容易犯罪，尤其是暴力犯罪。被判有罪的人可能童年期非常混乱，但并非所有在这种环境中成长的人都会犯罪。

对年轻人来说，人们可以通过一些保护性因素的干预来打破消极行为的恶性循环。这些保护性因素包括家庭以外的积极人际关系、学业进步、对权威的积极态度和有效利用闲暇时间等。

罪犯特征分析

罪犯特征分析是指利用受害人和犯罪现场所提供的证据和信息以及犯罪行为的特点，对可能的罪犯类型做出假设的过程。有些犯罪现场几乎没有任何重要线索，这就需要侦查人员充分发挥想象力。这是不断发展的侦查心理学可以发挥作用的地方。罪犯特征分析有两种方法：自上而下法（主要在美国使用）和自下而上法（在英国使用）。

"心理学常常能将个体定格在时间与空间维度里。"

大卫·坎特（David Canter）
教授，英国心理学家

自上而下的分析

- 旨在考察有组织或无组织犯罪的行为、动机和类型的可靠性。
- 将某种类型的罪犯与特定犯罪事件的特征相匹配。
- 旨在发现犯罪事件的特征和罪犯的行为模式。
- 依赖行为主义者的观点（第16～17页）
- 最适合分析强奸和谋杀等犯罪事件。

自下而上的分析

- 旨在从犯罪行为的相似性中找出行为模式。
- 数据驱动，并基于清晰明确的心理学原理。
- 利用司法证据和数据来逐渐建立行为模式。
- 在犯罪事件与罪犯之间形成量化的具体联系。
- 不对罪犯做出初始假设。
- 从犯罪现场的证据和目击者的叙述中寻找犯罪行为的一致性。

现实生活中的心理学
心理学与犯罪调查   198 / 199

理解犯罪行为

寻找犯罪行为背后的解释是司法心理学的核心：人是天性本"恶"吗？环境会导致或影响人的行为吗？罪犯与非罪犯有差别吗？人们试图从精神、心理、社会和生物学等方面去理解犯罪行为，从而决定如何评估和对待嫌疑人，也有助于形成减少犯罪的政策。

精神病行为

许多罪犯头脑清醒，完全明白自己的行为是违法的，但他们还是会撒谎、虐待他人、不可预测性地实施暴力，也很难与他人建立关系。这种行为模式意味着他们可能存在人格障碍型的精神疾病（第104页）。精神疾病患者可能很有魅力，看起来乐于助人，但他们并不会同情他人，而且可能非常恶毒。

生理因素

许多专家认为，犯罪行为存在神经学基础，即大脑紊乱或损伤（出生时的损伤或意外事故导致的损伤）会影响人格特点。另一些人则认为罪犯的基因存在异常，他们的荷尔蒙平衡问题或神经系统中的某些问题导致他们无法区分好或坏。

心理障碍

罪犯通常患有抑郁（第38~39页）、学习障碍、人格障碍（第102~107页）或精神分裂症（第70~71页）等障碍。有些人会出现精神病发作和幻觉，或者认为自己受一种神秘力量的控制。然而，人们并不清楚的是，犯罪行为到底是由障碍导致的，还是由生活方式等因素导致的。

心理因素

一般来说，罪犯没有强烈的良知，不遵守社会规范，也还没有达到道德推理的成人阶段。他们的行为反映出他们对自身行为后果缺乏认识，自我价值感较低，认为只要付出一点努力就能得到很高的回报，不愿意延迟满足以及无法控制自己的欲望。

社会环境

大多数的犯罪事件并不是孤立的行为，而是社会互动的产物。犯罪行为的根源可能在于罪犯与他人的互动方式和他们所属的社会网络。他们可能会通过榜样来学习犯罪。经济状况不佳可能也是一个因素，但贫穷本身并不是导致犯罪行为的唯一因素。

暴力行为的循环

暴力犯罪是指罪犯对受害人使用武器的犯罪行为。通常来说，攻击性是人们无法控制情绪导致的。这可能是因为在个体成长的家庭或文化背景中，暴力是可以接受的，甚至是被鼓励的。有时，个体的唯一目标就是实施暴力；但在其他情况下（例如抢劫），暴力是达成其他目的的手段。例如，有些人会将身体力量作为工具来控制他们的伴侣，或者只是对他人使用武力来发泄愤怒、懊悔或嫉妒。这些人经常会陷入愤怒和悔恨的循环中（见右图）。

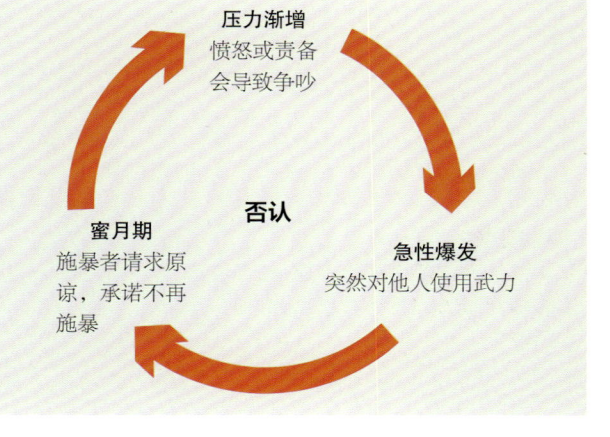

压力渐增
愤怒或责备会导致争吵

急性爆发
突然对他人使用武力

蜜月期
施暴者请求原谅，承诺不再施暴

否认

法庭上的心理学

司法心理学家在法庭上投入了大量时间，例如评估被告、协助律师进行问话、发表专家意见，并就判决提供建议等。

职责范围

心理学家在刑事法庭上所起的作用已被认可了一段时间，然而近年来他们又扩展到为家庭与民事案件提供建议。当个体被判有罪或将出席民事法庭时，人们需要对其精神状态、接受庭审的能力和权限进行评估，尤其是当案件进入无罪抗辩阶段时。人们会指派一名心理学家对被告进行评估，寻找精神障碍或身体疾病的证据。心理学家还会考虑外部影响和减轻罪行的情节。他们可以在法庭上作证，解释某人的能力情况以及这些能力如何导致了事件结果。

陪审团的心理构成因素也与案件结果密切相关。与其他人一样，陪审团成员也会受个人偏见的影响，而这些偏见可能会影响他们作为陪审员的能力，从而影响案件裁决。一些或所有陪审团成员可能难以理解他们应该做出什么判断，他们甚至会因为信息太过复杂而认定被告是有罪的。心理学家通过与法庭合作，可以减轻这些偏见带来的影响。

评估被告的精神状态

如果对某人在犯罪时的精神状态，或者他们理解法庭诉讼程序的能力存在任何怀疑，律师或警察都可以请心理学家来评估他们的精神状态。根据评估结果，人们可能会认定某人无法出庭受审。在评估时，人们会寻找并分析各种潜在的因素。

精神失常
如果人们发现某人不知道自己做错了事情，那么他们将会因精神失常而被判无罪。然而，如果罪犯知道自己做了错的事情，他们就会在法律上被认定为神志清醒。

头部损伤
头部损伤可能导致人格改变，影响判断力，并导致攻击和冲动行为。

无行为能力
被告如果被认定精神严重受损或发育不全，无法理解法庭诉讼程序，那么他们就可能被免于起诉。

智力低下
智力严重低下可能会影响个体出庭受审的能力，因此在决定是否起诉时也会考虑这一因素。

诈病
有些被告为了逃避起诉可能会夸大或假装自己有短期或长期的身体疾病和/或心理障碍的症状。

虚假供述
人们经常会为了保护他人，避免审讯或酷刑，或者错误地认为自己有罪而做出虚假供述。

陪审团裁决

尽管证据的强弱最能影响案件的法庭裁决，但陪审团的特质和理解上的微小差异却可能起到至关重要的作用。

> 据估计，欧洲监狱中的女囚有 **75%** 的人存在毒品或酒精问题。

▶ **在美国**，人们可以**请陪审团选择顾问**来识别陪审员偏见。人们可以采用陪审员偏见量表等问卷来测量陪审员的人格特征，以预测陪审员在不考虑证据的情况下判定被告有罪的可能性。

▶ **法庭语言**通常比较陈旧晦涩，因此心理学家会用更清晰的方式来表达信息，例如使用更简单的语言、表格和流程图来引导陪审员，以避免任何误解。

专家证人的角色

司法心理学家可以出庭协助民事、家庭和刑事诉讼的决策过程。与所有证人一样，他们必须遵守法庭程序，但他们可以超越事实性的陈述而对情况做出解释。专家证人的人选是有限制条件的。

▶ **专家意见**必须限定于心理学家的特定领域范围。不能要求心理学家认定一个人是有罪还是无罪。

▶ **在庭审前**，心理学专家可以与律师一起准备案件材料，了解被告，或选择盘问的最佳方式。

指导量刑

如果罪名成立，罪犯将被判处监禁、罚款、社区刑罚或缓刑。除了惩戒和赔偿，判刑的目的是为了避免（被判改造的）涉案人员及其他民众在今后出现类似罪行。法官在做出最后裁决之前，可以向心理学家咨询罪犯精神状态的事宜。

▶ **量刑应该**与罪行的严重程度及被告所承担的责任**相称**。

▶ **必须考虑重判的因素**，例如受害人的脆弱性、罪犯是否被激怒以及他们是否存在悔意。

▶ **研究**表明，服刑时间较长的罪犯获释后再次犯罪的可能性低于服刑时间较短的罪犯。

监狱中的心理学

司法心理学的一个重要角色是与被判刑的罪犯共事，包括评估犯人、处理先前的问题和制定囚犯改造方案。

挑战性的环境

监狱是一个可以改变犯罪倾向、纠正犯罪行为的地方。然而，正如心理学家菲利普·津巴多（Philip Zimbardo）在1971年进行的标志性的斯坦福监狱实验（第151页）所证明的，真正的监狱生活对囚犯和工作人员来说都颇具挑战性。津巴多挑选了一群普通大学生来扮演囚犯和狱警，住在一个改建过的地下"监狱"中，以研究监狱生活的影响。然而监狱很快就变成了一个压抑、等级森严并充满暴力的环境，改变了人们的态度和行为，而该实验只进行了六天就不得不终止。

治疗方案

心理学家可以指导监禁机构及工作人员制定治疗与改造方案。当心理学家与单个囚犯共事时，他们会试图更全面地审视囚犯。他们会研究可能导致犯罪行为的问题，例如精神疾病或药物成瘾。他们会设法帮助每位囚犯应对当前的问题与挑战（包括对判刑的反应）以及他们对自身和他人带来的危险。心理学家还会尝试寻找可以降低未来犯罪风险的方法。

暴力犯罪者可以经常参加小组讨论会，他们通过讨论和角色扮演来发现导致自身行为的因素。他们也可以利用这段时间来培养对受害者的同理心。当囚犯聚在一起展开讨论时，这种治疗性的团体是有所裨益的。以认知和行为疗法（第122~129页）为基础的课程可以帮助违法人员改变思维和行为模式，而ETS（强化思维技能）可以帮助他们发展社交技能，例如倾听、寻求帮助。

监狱有其局限性。这种非自然的环境下，要求严苛，生活方式不同寻常，囚犯们必须与工作人员和其他犯罪人员相处

监狱中的行为问题

监狱制度可能会对囚犯产生有害影响，囚犯必须努力应对监狱带来的挑战。监狱可能会改变个体的行为模式，而他们需要帮助来解决这一问题。

▶ **囚犯依赖监狱工作人员**来为自己做决定，因为他们所处的严苛环境使其感到孤立无援、没有权力。

▶ **监狱会滋生囚犯之间的怀疑和不信任**，有时会导致他们的警觉程度达到神经症的水平。

▶ **囚犯会带着"面具"**来隐藏自己的真实情感，并作为自我保护或保全的手段，这就使得他们很难与他人建立联系。

▶ **监狱的非人性化和无情的氛围**会削弱囚犯的自我信念。囚犯会开始丧失自身的个人意义、独特性和价值感。

▶ **严苛的、有时甚至是暴力的环境**可能会重新唤起人们对童年创伤事件的记忆。

▶ **绝望会导致自杀**，监狱里的自杀率是外面世界的10倍。

降低再次犯罪的风险

司法心理学家的主要职责之一是降低罪犯获释后再次犯罪的风险。人们会采用各种方法来鼓励犯人不再犯罪，其重点是培养个人责任感和道德上的自我价值感。

个人责任
教导囚犯学会处理自身破坏性思维模式与犯罪的恶性循环。

同理受害者
人犯的犯罪行为所带来的毁灭性影响会使其对受害者产生同理心。

健康的性关系
教授健康的性知识，强调失调的性行为与犯罪行为之间的联系。

认知行为疗法
CBT（认知行为疗法）通过采用图像和放松技术，旨在减少暴力冲动和异常的性唤起，从而帮助囚犯学会控制并最终阻止其犯罪行为。ETS（强化思维技能）还可以解决与犯罪活动相关的诸多问题，并提高人们的社会技能、问题解决能力、批判性思维、道德推理、自我控制、冲动管理和自我效能。

个人预防计划
要求囚犯找出可能导致自己再次犯罪的情形及个人弱点。

情绪健康
讨论有助于囚犯接纳自己可能曾有过的虐待史或创伤史，同时还可以揭示囚犯个人及家庭生活的功能失调与犯罪行为之间的联系。此外，还可以讨论成瘾和相互依赖等问题。

愤怒管理
学习愤怒管理有助于囚犯识别自己的情绪触发因素，并教导他们在触发时如何进行放松。讨论的重点是发现愤怒与犯罪行为之间的联系，鼓励囚犯表现得更自信，而非更有攻击性。

预防再犯

监狱中有 **10%~15%** 的人患有长期的精神疾病。

什么是受害者研究？

受害者研究是对受害者与犯罪者之间关系的研究。研究表明，与罪犯的接近性和/或生理、心理的脆弱性等因素会导致某些人比其他人更容易成为受害者。心理学家会探寻受害者成为犯罪目标的原因，并利用他们发现的模式来制定预防和降低风险的策略。然而，受害者与犯罪者之间的区别并不总是很明确，因为暴力环境可能会将受害者变为加害者。

政治心理学

政治心理学是将心理学理论与模式应用于政治环境，探索公民和当权者的心理特征，试图解释人们的选择和行为。政治心理学还研究大规模政治行为的动力学因素，并在极端情况下试图了解人们为何会纵容或实施恐怖主义或种族灭绝行为，以及如何防止这类行为的出现。

关键理论

人们通常只根据几条具体信息来做出重要的政治决定，而其余都是基于假设。归因理论与图式理论描述了人们是如何得出假设的。

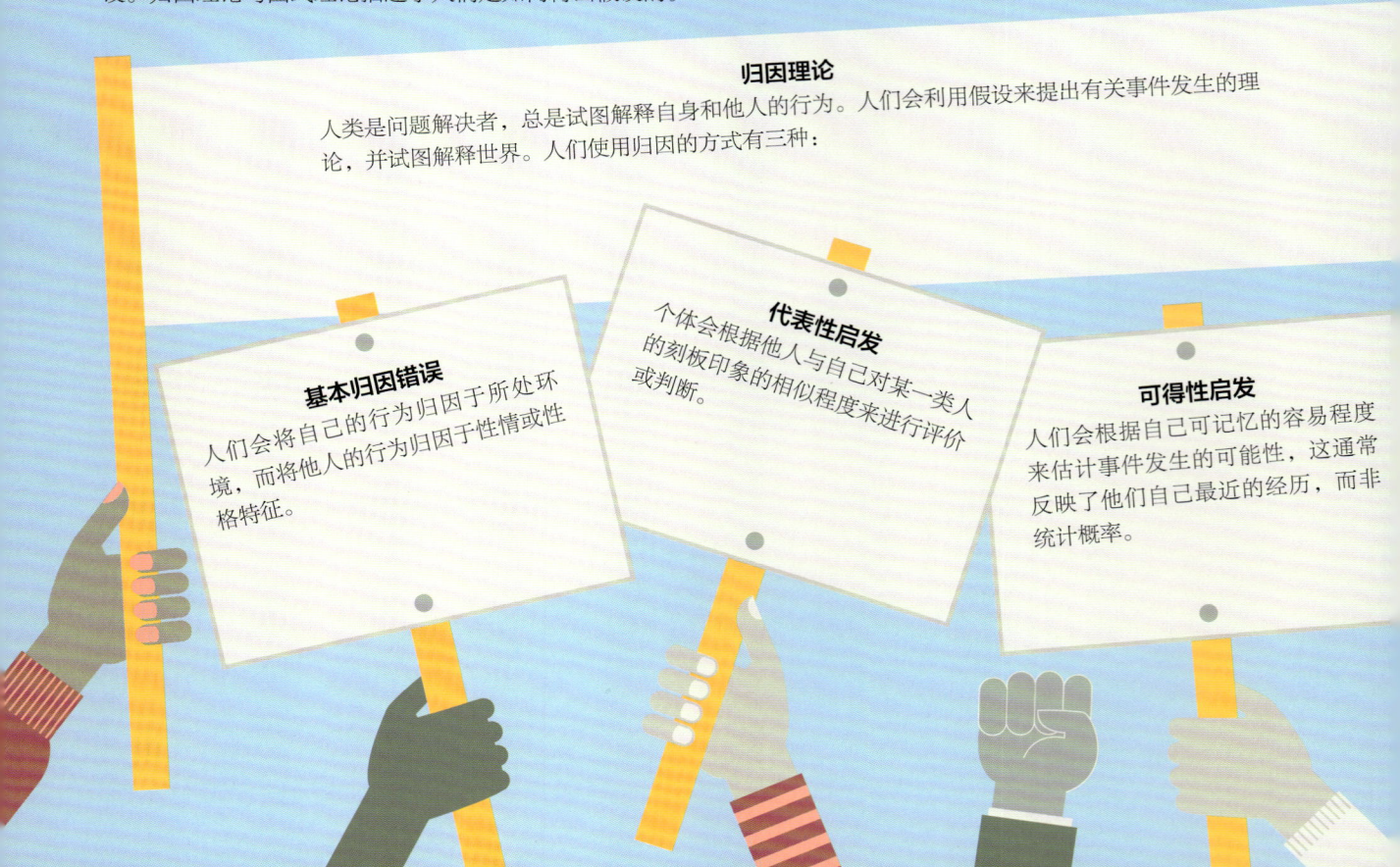

归因理论

人类是问题解决者，总是试图解释自身和他人的行为。人们会利用假设来提出有关事件发生的理论，并试图解释世界。人们使用归因的方式有三种：

基本归因错误
人们会将自己的行为归因于所处环境，而将他人的行为归因于性情或性格特征。

代表性启发
个体会根据他人与自己对某一类人的刻板印象的相似程度来进行评价或判断。

可得性启发
人们会根据自己可记忆的容易程度来估计事件发生的可能性，这通常反映了他们自己最近的经历，而非统计概率。

现实生活中的心理学
政治心理学

"人类最擅长的是解释所有的新信息，这样他们先前的结论就不会受到影响。"

沃伦·巴菲特（Warren Buffett），美国商业巨头

选民如何做决定？

人们所选出的领导候选人有能力影响他们的政治、社会、文化和个人生活。对于人们如何做出如此重大的决定，心理学家提出了不同的理论：

▶ **基于记忆的评估或在线评估** 基于记忆的模式认为，人们在必须做出选择的时刻才会做出政治决定，他们会将相关信息从长时记忆提取到工作记忆，并做出判断。相反，在线模式则认为，选民在实时获取候选人的新信息时会不断更新自己的观点。

▶ **计算好与恶** 该理论认为，人们在投票点做决定的方式是统计对每位候选人的喜欢与不喜欢的方面，用喜欢的数量减去不喜欢的数量，然后比较候选人的净得分。

关键主题

▶ **政治决策** 公民如何解读政治信息并做出政治决定？哪些因素决定了他们的投票对象？

▶ **意见与评价** 在评估议题与候选人的过程中，情绪、身份认同、刻板印象和群体动力学因素起到了什么作用？

▶ **政治暴力** 为什么会发生歧视、恐怖主义、战争和种族灭绝？

图式理论

人们会利用图式（已经存在的类别、标签或刻板印象）来同化新信息，而不是独立地处理每一条新信息。

投票行为

很多因素会影响人们选择投票给谁。人们可能是对某些政党有长期依恋，也可能对某些候选人和议题有短期依恋。

决策过程

20世纪60年代，人们意识到选民的选择并不仅仅是社会或经济地位的问题，认同某一政党的价值观可能发挥着关键作用。大多数选民在他们早年或青少年时期就对某个政党产生了深厚的感情，这往往会决定他们今后一生的投票行为。投票行为往往是习惯性、本能、情绪化的，并且仅仅是基于党派关系。选民可能掌握较少的信息，偶尔关心政治，持有的态度与任何一个政党都不一致——但他们仍然可能强烈地认为自己是某个政党的支持者。随着时间的推移，党派关系往往是稳定的，即使所选政党的代表失败了、令人失望或偏离了政党的意识形态，这种关系也不会改变。通常来说，只有非常极端的事件（例如战争或经济萧条）才能改变选民对政党的忠诚。强烈认同某一政党的人会倾向于有选择性进行感知，夸大有利的

投票行为的影响因素

许多因素都会影响投票行为。有些实际上是心理学因素，与选民的性格特征有关；有些是社会学因素，受选民所属社会群体的影响。有些因素是长期稳定的，而有些因素（例如候选人或议题）则并不稳定。

长期因素

随着时间的推移，这些因素（包括选民的个人特征）是稳定的，并不会随着选举周期的变化而改变。

心理学因素

▶ 人们对政党的心理依恋通常是在儿童或青少年时期形成，并在父母或其他成年人和同伴团体的影响下经过多年的积累而建立起来的。这种依恋（习惯性的投票倾向）不受政党或政策变化的影响，也不受竞选活动中大量信息的影响。

短期因素

短期因素会随着时间的推移而发生变化。这些因素会受到每个选举周期的影响，因为新候选人和新政策成为人们关注的焦点。

投票选择

现实生活中的心理学
投票行为   206 / 207

特征和政策,而忽视不利的信息或政策立场。大约三分之二的选民存在稳定的党派忠诚度,而剩下的三分之一选民对某个政党的忠诚度较低,或者只有短期的忠诚度。这些人被称为摇摆不定的选民,他们会根据当时的议题或候选人来做出自己的选择。因此,摇摆不定的选民往往会决定选举结果,但也很难进行预测。

情绪在投票中的作用

政治充满了积极情绪和消极情绪,而且这些情绪往往非常强烈。快乐、悲伤、愤怒、内疚、厌恶、报复、感激、不安、喜悦、焦虑和恐惧等情绪都会影响政治选择和行动。选民对政治人物和事件的偏好很少是中立的,他们的偏好既关乎情感,也关乎思想。神经科学家发现,与强烈情感(例如厌恶、同理心等)相关的脑区会被政客的图片所激活。情绪对理性决策而言非常有价值,也非常重要,但情绪也可能会导致非常不理性的结果,并对政治产生有害影响——例如,极端民族主义和种族主义往往源于强烈的情绪。此外,情绪的变化会影响人们如何做出决定,并产生长期影响。例如,抑郁会导致僵化和狭隘的决策。

社会学因素

▶社会学因素对投票行为有很大影响。种族、族群、性别、性取向、收入、职业、教育程度、年龄、宗教、居住地和家庭等因素都会影响选民的选择。人们会很自然地被那些为自己所属选区服务、支持其团体事业的候选人所吸引。

单一议题

▶以议题为导向的人(他们高度关注某个特定议题,并认为这一议题会受到选举的影响)可能会为了支持他们关心的议题而忽视政党提出的他们并不认可的其他政策。这些议题包括经济、医疗保障或同性婚姻等民权问题。

领导或候选人的形象

▶领导人或其他政治候选人的人格特质会影响选举结果,因此建立积极的候选人形象是竞选活动的重要组成部分。选民可能会根据某些特别具有吸引力的人格特质而形成自己的偏好,而如果候选人没有吸引力的话,他们可能就不会支持。

媒体

报纸,电视,广播和社交媒体

▶虽然报纸倾向于采取公开的政治立场,但电视报道往往试图保持中立。然而,电视辩论可能会影响观众对候选人的看法。政客们也可以利用网络媒体来建立积极形象,并将其展现给更广泛的受众。

虚假新闻

▶人们会利用常出现在社交媒体上的含有虚假信息的文章来欺骗选民。心理学家发现,人们可能会相信虚假新闻是因为如果某条信息证实了个体已经认定的事情(确认偏见),那么大脑就会忽略该信息的虚假性。如果存在这种偏见,虚假新闻就更有可能支持选民选择的正当性,而并不会左右他们的投票行为。

服从与决策

政治家和公民的决策决定了任何一个州或国家的法律和未来。然而，决策容易受到服从效应与群体动力学等心理因素的影响。

服从的作用

心理学家斯坦利·米尔格拉姆（Stanley Milgram）认为，人类天生就有服从的倾向，这是人们与等级社会结构互动的结果。家庭、学校、大学、企业和军队都存在等级制度，这些组织构成了人们的日常生活，并引导人们学会服从。米尔格拉姆曾做过一个著名实验，在实验中，当权威人士要求被试电击他人时，被试的电击程度会越来越高，甚至达到致命的程度。这一实验结果能够有效解释政治服从现象，即为什么人们如此容易服从权威人士，即使这些要求与自身的道德和伦理价值观是相悖的。

米尔格拉姆发现，当人们服从权威时，他们往往不会再为自己的行为负责。倘若失去责任感，人们可能会变得暴力，甚至邪恶。否认责任也可能使人们非人性化地对待受害者，从而丧失同理心，就像出现在种族灭绝行为中的最极端情况，这是许多案例研究的主题（见下图及右图）。

在欧文·詹尼斯（Irving Janis）定义的群体思维（Groupthink）的动态过程中，个体也会拒绝对破坏性行为承担责任。个体决策者在独立行动时会更负责任，而在团队中，他们的从众心理可能会凌驾于现实评估之上。群体思维是导致许多政治灾难的原因，包括猪湾事件（见左下文）。

在米尔格拉姆的服从研究中，**66%** 的被试会服从命令。

坏桶理论

心理学家菲利普·津巴多研究了2003年伊拉克战争时期阿布格莱布监狱所发生的暴行。他设法确定罪行是否由几位邪恶之人（"坏苹果"）实施；涉事美国士兵是否本质上是好人，只是受到糟糕情境（"坏桶"）的破坏；整个系统是否腐朽败坏（"坏桶制造商"）。他的研究结论是，如果把"好人"放进"坏桶"，那么他们最终也会变成"坏苹果"。

案例研究：猪湾事件中的群体思维

1973年，心理学家欧文·詹尼斯根据1961年发生的猪湾事件来研究群体思维。猪湾事件是指在肯尼迪（Kennedy）总统及其战略顾问做出错误决定后，美国受训士兵未能推翻菲德尔·卡斯特罗（Fidel Castro）领导的古巴政府。肯尼迪的部下知道他想推翻卡斯特罗，他们想要取悦总统，这就损害了群体思维。他们的计划缺乏逻辑，仓促下结论，无法灵活应对新信息。他们复杂的计划有赖于每一步行动的顺利进行——这在军事上是不可能的。事实上，卡斯特罗的军队很快就击败了人数不多的美国军队（空中支援已经取消），人们所期待的反革命并没有发生，肯尼迪当局软弱无力，而这一事件也加剧了当时美国与苏联的紧张关系。

现实生活中的心理学
服从与决策　208 / 209

坏苹果
人们对不道德行为的一种理解是该行为完全由不道德的人来实施，而不管其所处情境如何。这些人被称为"坏苹果"，他们的邪恶行为反映的是他们本质上的邪恶品性。

情境或性情

▶ **情境论**　菲利普·津巴多在1971年的斯坦福监狱实验（第151页）中发现，如果把普通人置于一种极端环境，那么这种环境会导致人们违背自身的良好性情。这一理论与"坏桶"观点相一致，认为每个人都有可能违背自身的价值观和信仰去服从一个权威人物，所以邪恶的行为不一定就是邪恶之人所为。

▶ **性情论**　这种观点认为，人的性情比其他任何社会情境的影响都大。如果人们表现糟糕，那是因为他们本质上是坏人，这就是津巴多所谓的"坏苹果"。从根本上来说，好人是不会干坏事的。

> "邪恶是指明于事理，却甘愿做坏事。"
>
> 菲利普·津巴多，美国心理学家

坏桶
这种观点认为，"坏桶"里的人们并没有天生的好或坏，而是深受其所处情境的影响。如果一位有道德的人处在一种糟糕的环境中，那么他们也会做出不道德的行为。

坏桶制造商
另一种观点认为，邪恶是一个系统问题，不道德行为是滋生邪恶的各种力量的综合结果。这些力量可能来自文化、法律、政治或经济等方面。

民族主义

民族主义带来的骄傲感可以使人们团结一致，但也可能导致战争甚至种族灭绝。了解民族主义的原理可以帮助政治领袖避免陷入有害的极端情况。

我们与他们

民族主义是指拥有共同历史、语言、领土或文化的一群人的认同感。民族主义若以最温和的形式出现，就能够成为一种积极力量，将人们团结起来，树立爱国主义和团体凝聚感。然而，民族主义若走向极端，则可能导致暴力和种族冲突。

从心理学角度来看，人们喜欢归属于某个群体，而社会分类以及"我们"与"他们"的思维方式使人们很容易夸大群体内与群体外的差异。这种思维方式可以使群体内部更强大，但也可能加剧对群体外成员的歧视。群体内成员可能会将群体外成员视作威胁，发展出民族和种族优越感，从而妖魔化群体外成员。经济与政治上的不平等也是影响因素之一，因为不同的群体会为了获得或保存自身的土地或物质财富，或者为改善其生活条件而不断努力斗争。这些不满情绪有时可能过于强烈，无法通过政治谈判得以解决，并可能升级为战争甚至种族灭绝。

极端民族主义

极端民族主义是指个体认为自己的民族或族群非常优越，理应比其他民族或族群更先进。这种思维方式可能成为犯下种族驱逐或灭绝行径的借口。

极端民族主义的另一影响因素是独裁主义，它有赖于人们天生信任和服从领导的倾向。独裁主义者，例如阿道夫·希特勒（Adolf Hitler），往往对群体外成员抱有强烈的偏见和敌意，他们的说辞（无论多么荒谬）都能煽动其追随者的不满情绪。

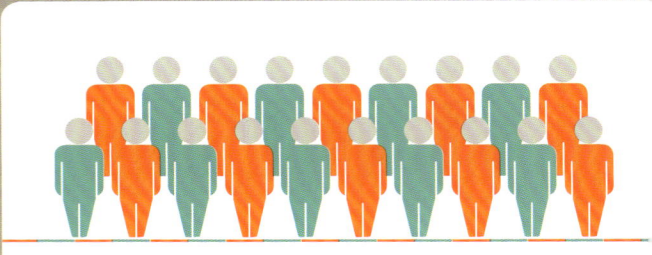

1. 预先存在的裂痕
大多数社会都是由不同种族、宗教和政治信仰的人组成。经济不稳定、战争或革命时期（环境因素）会暴露这些差异。这可能会导致领袖和平民都产生一种群体内与群体外的心态。

4. 对群体外成员形成刻板印象
一旦某个群体被非人性化地看待，人们就不再将他们视为复杂的单一个体，而是根据某些固定或过于简化的属性（例如肤色）来定义他们。这些人就代表了群体内成员憎恶和恐惧的所有事物。

> "归属感比其他任何事物更能让人心满意足。民族主义可以有效地使人们统一起来。"
>
> 约书亚·希尔－怀特（Joshua Searle-White），美国作家

民族主义的理论

现实群体冲突理论

当一个群体与另一个群会因为某种现实原因而发生竞争或争斗时，群体内与群体外成员就会产生冲突。这些原因可能包括有限的土地、食物或其他资源，人们认为这些资源对群体生存至关重要。

社会认同理论

即使群体内成员与他人在竞争或争斗中没有任何好处，冲突依然会发生。民族优越感满足了人们对自尊的基本需求，他们会对群体内成员表示偏爱，而对群体外成员表示敌意。

社会支配理论

由于人们试图维持一种基于群体的等级结构，因此群体压迫往往就会成为社会规范。大多数社会至少存在一个主导群体和一个从属群体，这就会造成种族、性别、族群、民族或阶级等方面的不平等。

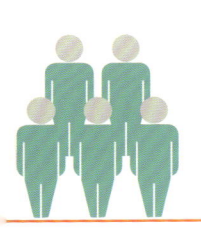

2. 分裂的社会

群体内/群体外的分裂可能源于种族、宗教、经济或政治因素。当领袖承认这些差别时，社会就可能有出现分裂的危险。这种情况下，双方的不满情绪往往会有所加剧。

3. 视邻居为"他者"

群体内/群体外的心态会导致不同群体将彼此视为"他者"或局外人。这种情况通常发生在住家相邻、彼此相似的人群之间，比如北爱尔兰的天主教徒和新教徒。这会导致人们彼此疏离，开始非人性化地看待"他者"。

5. 谴责群体外成员

由于对群体外成员的刻板印象，他们很容易成为群体内成员失败或出现问题的替罪羊。群体内成员认为群体外成员带来的问题越多，他们就会越愤怒。

6. 清除群体外成员

当人们被边缘化、非人化、刻板印象化并成为替罪羊时，他们可能最终会成为群体内暴行的受害者。大屠杀就是群体内成员摧毁和消除群体外成员的一个例证。

歧视与社会等级

社会中的个体和群体常常会根据种族、族群、民族、性别、年龄、性取向和阶级等属性而相互歧视。这些态度是人们从家庭、同伴、一般的社会规范和价值观中习得的，会导致强大的社会等级制度。

处于支配地位的群体有动力去维持社会等级制度，以确保社会和政治制度对其最有利。他们可能会鼓励刻板印象、偏见、仇外心理和种族中心主义，以强化自身的权力与支配地位。仇外心理往往会强化群体内/群体外思维，而种族中心主义往往是独裁主义和恐怖主义行为的核心。

近年来，出现了大量的推动社会进步的社会运动，旨在实现所有人的平等与人权，而不分种族、性别或族群。社会也变得更加多样化，这有助于人们更加宽容那些与自己不同的人。的确，社会越多样化，人们就越不容易将一个群体与"另一个"群体区分开来，因此也不容易出现群体内/群体外的思维。因此，社会也不再广泛接受歧视。然而，尽管取得了许多进展，许多不同的社会仍然存在既定的社会等级制度和歧视性的观念与行为。

奥尔波特的偏见量表

心理学家高尔顿·奥尔波特研究了社会、心理、政治和经济进程，这些进程会导致一个社会从偏见和歧视走向暴力、仇恨犯罪，甚至种族灭绝。奥尔波特在解释大屠杀发生进程时，用一个五级量表来代表社会偏见的程度和表现形式。等级的上升表明偏见可能始于仇恨的言论，然后转变为仇恨行为，并最终导致暴力的发生。

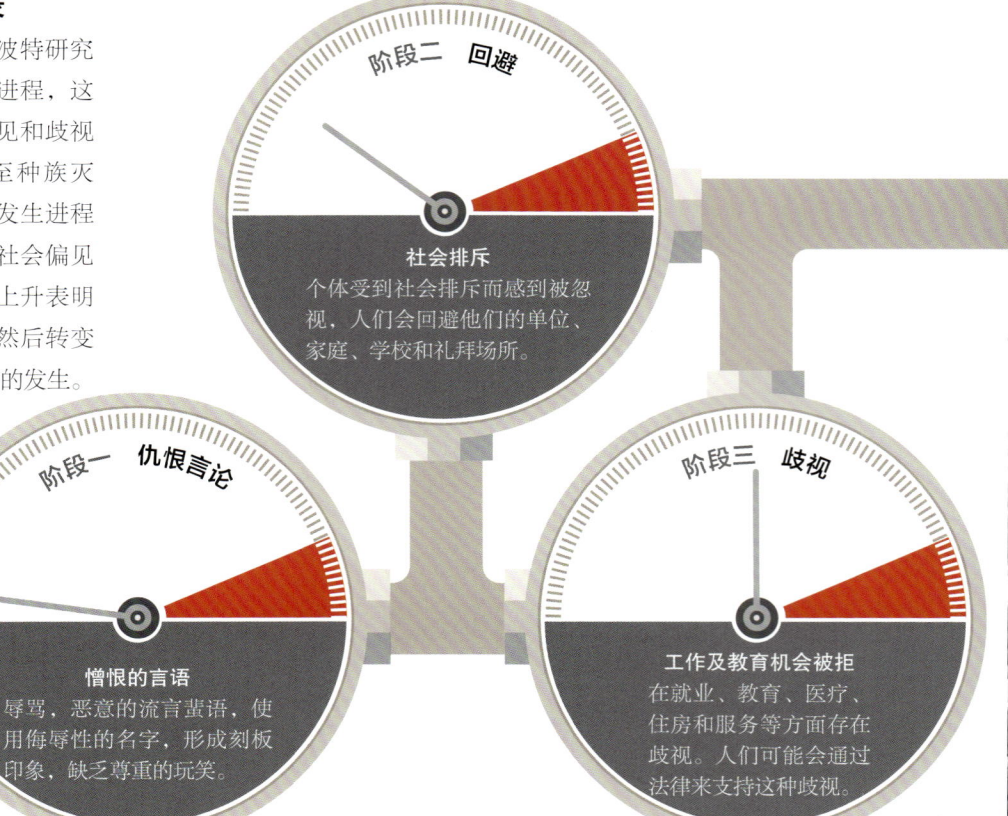

阶段一 仇恨言论
憎恨的言语
辱骂，恶意的流言蜚语，使用侮辱性的名字，形成刻板印象，缺乏尊重的玩笑。

阶段二 回避
社会排斥
个体受到社会排斥而感到被忽视，人们会回避他们的单位、家庭、学校和礼拜场所。

阶段三 歧视
工作及教育机会被拒
在就业、教育、医疗、住房和服务等方面存在歧视。人们可能会通过法律来支持这种歧视。

恐怖主义

恐怖主义是指使用武力或威胁来打击、恐吓和控制人民，特别是作为一种政治武器来使用。恐怖主义行径充满暴力和惊险，以吸引公众注意力，并在犯罪现场以外引起恐慌。恐怖主义通常存在一个有组织的团体，袭击目标是平民，并由目标国家政府以外的个体来实施。政治心理学家的一个目标就是找出那些犯下如此可怕罪行之人的动机。

▶**涉及何人？** 恐怖主义领导人往往受过教育，出身优越，但作案者往往出身贫穷，未受过教育，而且在社会上被剥夺了各种权利。因此，他们容易受恐怖组织给出奖赏的诱惑，例如获得一种团结感。

▶**正当理由** 许多恐怖分子认为自己别无选择，只能犯下罪行，他们只是针对政治或宗教敌人做出正当防卫。

▶**原因** 许多环境因素都会导致恐怖主义，例如政府软弱或腐败、社会不公以及极端主义思想。

▶**影响** 恐怖分子通常以民主国家为目标，因为民主国家更容易渗透。公众对恐怖主义行为的反应可能反过来会对民主构成威胁，因为防止未来袭击的政策和法律与其价值观是背道而驰的。恐怖主义袭击常常导致不容异己、偏见和仇外心理的增加。

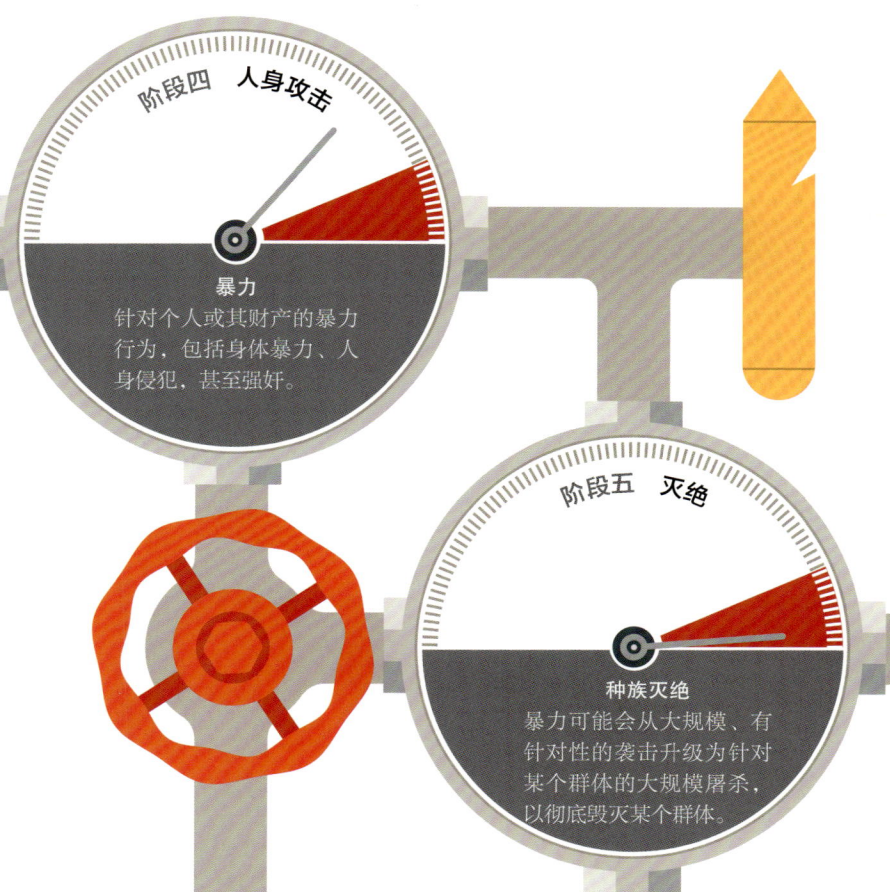

阶段四 人身攻击

暴力
针对个人或其财产的暴力行为，包括身体暴力、人身侵犯，甚至强奸。

阶段五 灭绝

种族灭绝
暴力可能会从大规模、有针对性的袭击升级为针对某个群体的大规模屠杀，以彻底毁灭某个群体。

> "能够意识到自己的偏见并以此为耻的人，很容易消除这些偏见。"
>
> 高尔顿·奥尔波特，美国心理学家

社区心理学

人们生活的社区以及更广泛的社会和文化环境对其心理发展有着深远影响。人们周围的人物和地域构成了他们思考、信仰和行为的环境，也构成了能够支配人们日常生活的可言说和不可言说的各种规范。但是，正如个体会受周围环境影响一样，个体也会影响并塑造他们所处的文化和社区。

研究领域

人们对周围世界的影响以及被影响的方式是一个极其宽泛的话题，该话题可以分解为众多心理学研究领域。所有这些研究领域的目标都是为了改善人们的生活、人际交往和所属机构。

社区

社区是人们生活中的个体、社会、文化、环境、经济和政治等因素的交集。该领域的心理学家可以通过努力增强被边缘化的个体的能力并解决其面临的问题，从而改善整个社区的健康状况和生活质量。

文化

一个族群的态度、行为和风俗会通过语言、宗教、饮食、社会习惯和艺术等方式代代相传。文化心理学家认为，不同文化会引发个体的不同心理反应。

社区中心

现实生活中的心理学
社区心理学　214 / 215

> "社区意识是一种共同信念，即社区成员的需求会通过共同承诺得以满足。"
>
> 西摩·B. 萨拉森（Seymour B. Sarason），
> 美国社区心理学的主要领导者

凯利的生态学视角

心理学家詹姆斯·凯利（James Kelly）将社区比作一个基于四项原则的生态系统：

- **适应**　个体会不断地适应环境需要和限制，反之亦然。
- **演替**　社区的发展历史反映了社区当前的态度、规范、结构和政策。
- **资源循环**　人们的才能、共同价值观以及由这些资源衍生出的有形产品都需要被识别、开发和培育。
- **相互依存**　由于所有系统都是复杂的，因此环境某一方面（例如学校）的变化就会影响整个系统。

环境

人们所处的环境（包括生活或工作的建筑物、当地的便利设施甚至气候条件）都会强烈地影响其心理发展。城市衰退或过度拥挤等问题会对日常生活产生负面影响。相反，阳光充足、设施良好的住房则可以提升健康和幸福水平。

跨文化心理学

该领域主要研究文化因素对人类行为的影响，并在不同族群中寻找共性。跨文化研究的目的之一是平衡来自西方的任何偏见，因为心理学最初出现在美国和欧洲。这些因素包括：

- **态度**　人们评价事物、问题、事件和彼此的方式。
- **行为**　人们的行动或行为方式。
- **风俗**　某一地域或社会所认可的行为方式。
- **价值观**　支配行为的原则和标准。
- **规范**　人们所认可的表达与互动方式。

社区的工作原理

社区是不断演变的生态系统，社区中的个体会塑造一些共同之处，同时也融入和反映了更广泛的文化背景因素。

什么是社区？

社区的形成有赖于各种共性，例如住得很近，或者有共同的兴趣、价值观、职业、宗教习俗、种族、性取向或爱好等。社区中的人们有自己的身份认同，与此同时，社区也使人们能够成为一个更广泛、更包容的族群中的一员。这种包容性有助于个体在心理上形成一种社区感，即人们感到与他人有相似之处，能够相互依赖，有归属感，是某种稳定结构中的一分子。

社区心理学家麦克米伦（McMillan）和查维斯（Chavis）提出形成社区心理的四个要素：成员资格、影响力、整合与满足，以及情感联系。成员资格会带来安全感、归属感和个人投入。影响力是指群体与每位成员之间的相互关系。社区成员的整合与满足是指他们在参与社区事务中能够获得奖赏。共同的情感联系（包括共同的经历）是真正的社区感中最重要的因素。

> "社区就像一艘船；每个人都应该做好掌舵的准备。"
>
> 亨里克·易卜生（Henrik Ibsen），挪威剧作家

文化周期

在这个相互作用过程中，个体的思想和行为会塑造更广泛的文化，而与此同时文化也塑造着个体的思想和行为，并使文化能够永存。文化周期包括四个层面：个体自我、人与人或物之间的互动、机构和观念。

互动效应
个体的互动方式构成了社区的基础。

个体
个体是文化周期中最小的单元。个体的思想和行为方式共同塑造了他们所处的更广泛的文化。

互动
在隐性行为规范的引导下，人与人、人与物之间的日常互动不断反映和强化着文化周期。

机构的影响
机构建立并维持着支配社区内互动方式的各种规范。

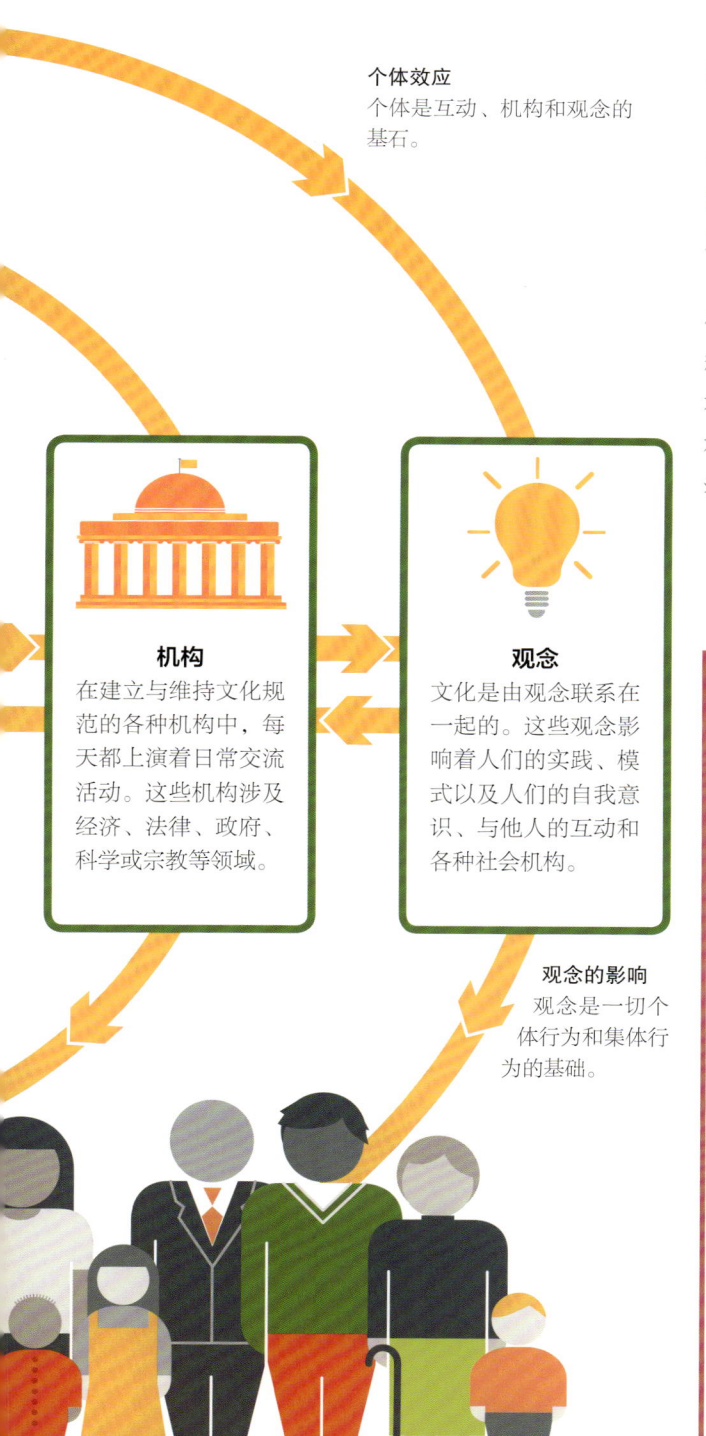

现实生活中的心理学
社区的工作原理 **216 / 217**

个体效应
个体是互动、机构和观念的基石。

机构
在建立与维持文化规范的各种机构中，每天都上演着日常交流活动。这些机构涉及经济、法律、政府、科学或宗教等领域。

观念
文化是由观念联系在一起的。这些观念影响着人们的实践、模式以及人们的自我意识、与他人的互动和各种社会机构。

观念的影响
观念是一切个体行为和集体行为的基础。

社区心理学家的工作是什么？

社区心理学家试图了解个体如何在团体、组织和机构中发挥作用，并运用这些知识来提高日常生活和社区的质量。他们会研究处在各种环境下人们的日常生活，包括家庭、工作场所、学校、礼拜场所和娱乐中心等。

社区心理学家的目的是帮助人们更好地掌控环境。他们会开发各种系统和项目，以促进个体成长，预防社会及精神卫生问题，并帮助每个人为社区贡献一己之力，过着有尊严的生活。例如引导社区成员识别和纠正问题，采取有效措施帮助被边缘化或缺乏自理能力的群体重新融入主流社会。

多样性的重要意义

无论种族、性别、宗教、性取向、社会经济背景、文化或年龄，多样性都是社区健康发展的重要组成部分。事实证明，包容性的社区，其生产效率更高，因为多样性能够促使人们质疑自身的设想，并考虑替代方案，从而鼓励人们更加努力、更有创造性地工作。多样性还能为社区中的每位成员提供更为丰富的生活体验和更广泛的参照框架，能够提升群体的心理健康水平。

不同背景的人们持有不同观点，由此可以激荡出一系列提升创造能力的观念。

赋权

赋权是指鼓励人们进行积极的社会变革，并在个体和更广泛层面上学会掌控问题的积极过程。

什么是赋权？

社区心理学的目标之一是提高个体和社区的权力，尤其是那些被主流社会边缘化的人群。赋权能够帮助被推到社会边缘的个体和群体获取从前无法得到的资源。

被边缘化人群包括不同种族、族群或宗教信仰的少数民族，无家可归者或者偏离社会规范的人（例如物质滥用者，第80~81页）。被边缘化的其中一个后果就是陷入恶性循环——找不到工作；因为没有工作，无法自食其力，缺乏职业自豪感和成就感；自信心受挫；最终，社会及心理健康受损，越来越依赖于慈善机构和社会福利项目。赋权就是采取措施帮助这些人群获得自主权和自给自足的能力。赋权的基石是社会公正、以行动为导向的研究取向和努力尝试影响公共政策。

社区心理学家可以帮助人们寻找工作，鼓励他们掌握有用的技能，并帮助他们摆脱对慈善支持的依赖。社区心理学家开展工作时会非常尊重他人，并不断反思什么是对个体和社区最有利的，以及如何来促成这种积极变化。赋权的核心在于包容所有文化，发挥社区优势，并通过尊重人权与多样性来减少压迫。

齐默曼的理论

社区心理学家马克·齐默曼（Marc Zimmerman）将赋权定义为"一种心理过程，在此过程中，个体积极地看待自己做出改变的能力，并能掌握个体和社会层面问题的主导权"。

齐默曼强调实践赋权和理论赋权的区别。虽然人们经常考虑赋权的实际表现（为带来积极社会变革而采取的行动），但赋权也可以作为一种理论模式而存在，使其具有更广泛和更长远的价值。赋权理论可以帮助人们更好地理解影响社会各阶层决策的过程，无论个体层面，还是整个社区层面。

三级系统

赋权理论可以应用于三个彼此不同又相互关联的社会层次：个人、组织和社区。每个层次都与其他层次相连，既是赋权的原因，也是赋权的结果。每个层次的赋权程度直接影响着整个社会的赋权。

现实生活中的心理学
赋权 **218 / 219**

赋权如何实施?

社区心理学家在两个层级上进行赋权。一级变革主要是处理微观层面的社会问题,即帮助个人生活,以解决更大的问题(例如,帮助遭受歧视的个体递交申诉)。

二级变革是在宏观层面上进行,即解决导致问题的体制、结构和权力关系(例如,制定反欺凌法)。这种变革需要更长时间才能实现,需要打破现状,并往往能够产生广泛的积极影响。

社区赋权
改善人们整体获得政府和社区资源的质量。

组织赋权
改善组织的健康与功能,这对整个社区和社会的健康发展都至关重要。

个人赋权
帮助个体与组织和社区进行互动。

英国 **80%** 的无家可归者都存在精神健康问题。

精神健康基金会

为幸福而行动

基于社区的组织可以采用四种优势导向的原则(称为SPEC)来指导其行动和决策,并在社区中促成积极变革:

▶ **优势(S)** 承认个体和社区所具备的优势能够帮助人们茁壮成长,而关注劣势只会降低人们的自尊。

▶ **预防(P)** 预防健康、社会和心理问题比解决已经存在的问题会更为有效。

▶ **赋权(E)** 赋予人们权力、控制力、影响力和选择权有助于实现个人和社区的福祉。

▶ **社区变革(C)** 改善最初引发问题的条件才能带来真正的改变;仅仅改变每个单一问题是远远不够的。

城市社区

环境心理学研究人类行为与其周围环境的关系,这些环境包括开放空间、公共与私人建筑以及社会环境。

为什么场所会影响人?

心理学家哈罗德·普罗山斯基（Harold Proshansky）最早提出了环境会从根本上塑造人的这一假设。他认为,人们如果可以理解环境的直接影响及可预测的影响,就能寻找、设计并创建带来成功与幸福的物理环境。

环境心理学的研究表明,环境的确在个体心理中扮演着重要角色。人们会强烈地认同所处的场所,他们的行为也会随环境的改变而改变。例如,儿童在家庭、学校课堂和操场上的表现往往并不相同,他们会根据环境来调整自身的精力。研究还表明,当人们在室内能看到室外时,他们可以更加专注；如果人们可以保证一定的个人空间（见左下图）,他们会感到更舒服。

当人们所处的环境被拥挤、噪音、缺乏自然光线、房屋破旧或城市衰败等问题所破坏时,他们的精神、

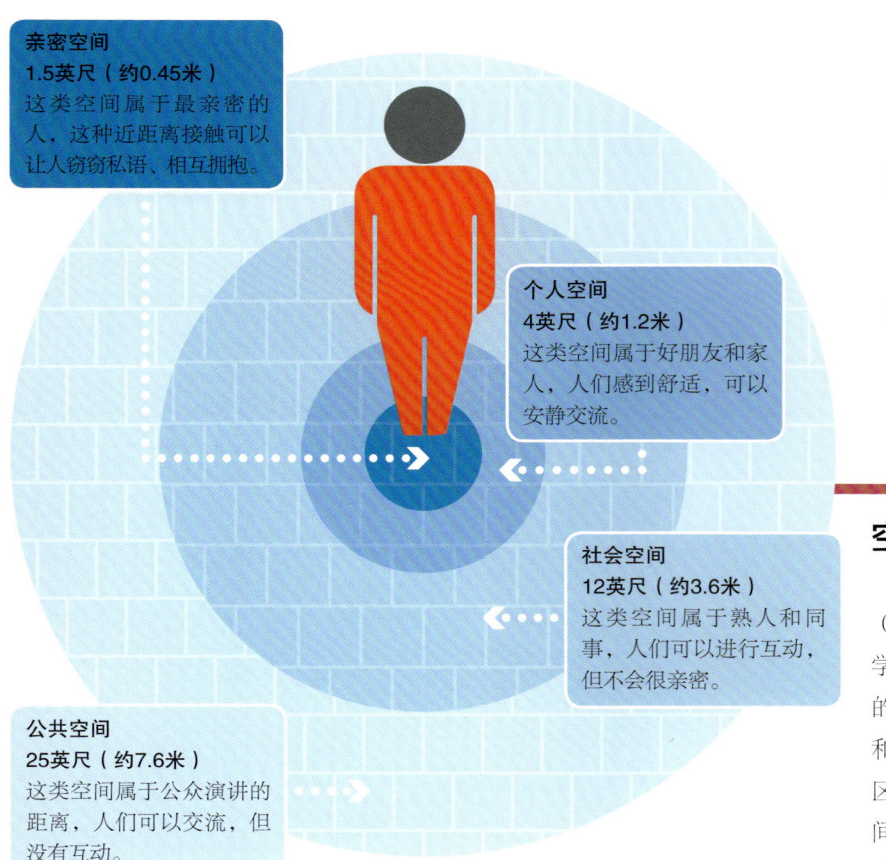

亲密空间
1.5英尺（约0.45米）
这类空间属于最亲密的人,这种近距离接触可以让人窃窃私语、相互拥抱。

个人空间
4英尺（约1.2米）
这类空间属于好朋友和家人,人们感到舒适,可以安静交流。

社会空间
12英尺（约3.6米）
这类空间属于熟人和同事,人们可以进行互动,但不会很亲密。

公共空间
25英尺（约7.6米）
这类空间属于公众演讲的距离,人们可以交流,但没有互动。

> 到2050年,世界上 **70%** 的人口将生活在城市社区中。
>
> 世界卫生组织

空间

跨文化人类学家爱德华·T. 霍尔（Edward T. Hall）提出了"空间关系学"理论,该理论描述了人们使用空间的方式以及人口密度对人类行为、交流和社会互动的影响。他提出了四种人际区域——亲密空间、个人空间、社会空间和公共空间。对不同文化和年龄的人来说,这些区域可能有所不同。

身体和社会健康状况都会受到影响。因此，建筑物与公共空间的设计对个人和社会的整体健康与幸福都至关重要。建筑师、城市规划师、地理学家、风景园林师、社会学家和产品设计师都可以运用环境心理学来表达他们对改善人类生活的看法。

拥挤与密度

环境心理学家对物理测量的密度（一个特定空间内的人数）和拥挤（缺乏足够空间的心理感受）进行了区分。通常来说，高密度会导致拥挤现象，使人感到超负荷、缺乏控制、压力与焦虑水平上升等。

然而，有些心理学家认为拥挤是中性的，而并非总是消极的。他们认为，人类的情绪和行为会随着人口密度增加而增强。如果某人非常期待一场演唱会，那么拥挤的感觉会增强他们对演出的享受程度。但是如果他们害怕某一事件，那么拥挤就会使他们的体验更为糟糕。

在社区环境中，拥挤可能会加剧支配性的行为，即当人口密度增加时，好斗的群体可能会变得更加暴力。相反，如果在高密度的城市环境中建造积极的社会空间（例如公园、步行区域等），那么就可以帮助城市提升整体氛围，缓解人们的紧张情绪。

现代城市生活使人们很难维持舒适的个人空间。人口密度过高会导致街道、公共交通、办公环境和其他建筑都过于拥挤。其中一种解决方案就是进行精心的环境设计。

社区安全

面对现实世界与网络的威胁,社区有许多系统来保证其成员的身心安全。

应对危险

为了社区繁荣发展,个体需要一种生理及心理上的安全感。犯罪(例如盗窃、谋杀、网络犯罪等)除了会导致身体伤害和实际后果,还会产生长期的心理影响。受犯罪事件直接或间接影响的人们可能会产生压力、恐惧、焦虑、睡眠问题、敏感、无助,甚至创伤后应激障碍(PTSD,第62页)和遗忘症(第89页)等极端情况。社区可以采取多种措施来维持秩序,保证人身安全。城市社区可采取的措施包括关注急救人员(紧急医疗队、警察和消防队员)、精简高效的应急通信与协作、清晰的道路标识

旁观者效应

如果有其他目击者在场,目击犯罪的人不太可能去帮助受害者。旁观者越多,人们就越不容易提供帮助。这种不作为源于旁观者看待或理解所处情境的方式。

紧急程度
如果旁观者认为某一情况属于常见事件而非严重事件,受害者就不太可能得到帮助。

模糊程度
在高度模糊的情况下,人们并不确定某人是否需要帮助,他们的行动就会比在明显需要帮助的情况下更慢。

环境
当旁观者对危机发生的环境不熟悉时,他们提供帮助的可能性比在熟悉环境下更小。

如何预防

旁观者效应可以通过提高公众的自我觉知、提醒人们注意社会声誉等方式来避免。在公共场所设置安全摄像头可以起到一定作用。

以及充足的街道与公园照明条件。

　　社区的一项优先任务是保护儿童，因此往往非常强调学校安全。安全的学习环境必不可少，因为长期压力会损害儿童的认知能力。人们可以通过安装门锁、保证充足的走廊照明和设置访客登记系统来保障学校安全。然而，一些极端措施（例如安全摄像头、金属探测器和安保人员等）会不断提醒儿童可能存在的各种潜在危险，因而会增加他们的恐惧感。

　　为了减少犯罪，人们越来越倾向于在公共场所安置视频监控。虽然CCTV（闭路电视）摄像机可以帮助执法人员预防犯罪和快速解决刑事案件，但人们对这些摄像机的伦理问题和有效性提出了质疑。一些犯罪学家认为，摄像机并不能防止大多数的犯罪事件，还可能导致一种错误的安全感，使人们采取更少的预防措施，从而增加他们成为受害者的风险。

社会线索

在某些情况下，人们会互相寻找线索以决定如何表现。一些旁观者的不作为很有可能会导致其他人也不作为。

责任分散

当多个人同时目击一起犯罪事件时，他们不太可能去帮助受害者，因为他们会希望其他人来承担这一责任。

案例研究：吉诺维斯谋杀案

　　1964年3月13日凌晨三点刚过，28岁的基蒂·吉诺维斯（Kitty Genovese）在她位于纽约市的公寓外被谋杀。她刚从酒吧下班回家，就遭到温斯顿·莫斯利（Winston Moseley）的袭击、刺伤和强奸。最初的新闻报道称，有38名目击者目击了这次袭击事件，而邻居们却袖手旁观，没有给吉诺维斯提供任何帮助。根据目击者的不作为，心理学家提出了"吉诺维斯综合征"这一术语，并开始研究这种社会心理现象，后来人们将这种现象称为"旁观者效应"（见左文）。

在线社区

　　在数字时代，在线社区和社交网络是人们满足友谊、自尊、接纳系归属感等心理需求的主要场所。然而，虚拟联系也会带来危险。匿名和隐蔽性使人们在网上可以说出或做出他们不会真正去做的事情。这就是所谓的"去抑制效应"，它会导致仇恨言论、网络欺凌、恶意挑衅和网络引诱等。因此，学习如何保障在互联网中的自身安全是至关重要的，尤其是对儿童等弱势群体而言。

消费者心理学

消费者心理学是指对消费者及其行为的研究,即消费者想要什么、需要什么以及影响消费者购买习惯和选择的因素。无论基本的食物、住所、衣物,还是普通的奢侈品(例如智能手机、汽车),人们都要不断决定购买产品和服务的种类和渠道。

消费者行为的驱动力

影响消费者选择的因素有很多种:成本、品牌、可获得性、运输时间、产品的货架期、购物者的心情、产品包装和产品代言人等。企业会努力了解客户的需求和动机,以便能够以直接吸引客户的方式来展示产品和服务。即使细微之处的调整也能改变人们的态度,说服人们来购买企业的产品。

广告的力量

当前,人们总是受到各种线下和线上广告的狂轰滥炸,而消费者心理学能够大大提升广告的吸引程度。

- **传统方式** 在电视广告中,鲜艳的色彩和朗朗上口的广告歌曲依然有效且流行。
- **共有知识** 运用共同的社会表征(例如提及一个广受欢迎的电视节目),会让观众更有参与感。
- **平面设计** 在报纸和杂志广告中,排版、对比和字体风格都至关重要。
- **幽默** 让人们开怀大笑可以避免厌烦情绪,并有助于人们在头脑中记住产品名称,从而决定品牌选择。
- **消费者投入** 具有讽刺意味的是,广告中不提及产品名称可能更有效。认知心理学研究表明,如果人们能够自己想出问题的答案,而不是被动吸收信息,他们就能更好地记住信息。

个人推荐
人们喜欢购买他们的朋友和榜样正在使用的产品。

评论
消费者会浏览客户评论来决定购买何种产品。

现实生活中的心理学
消费者心理学 224 / 225

"了解你的客户群体是非常好的，但是知道他们的行为方式就更好了。"

乔恩·米勒（Jon Miller），美国营销专家

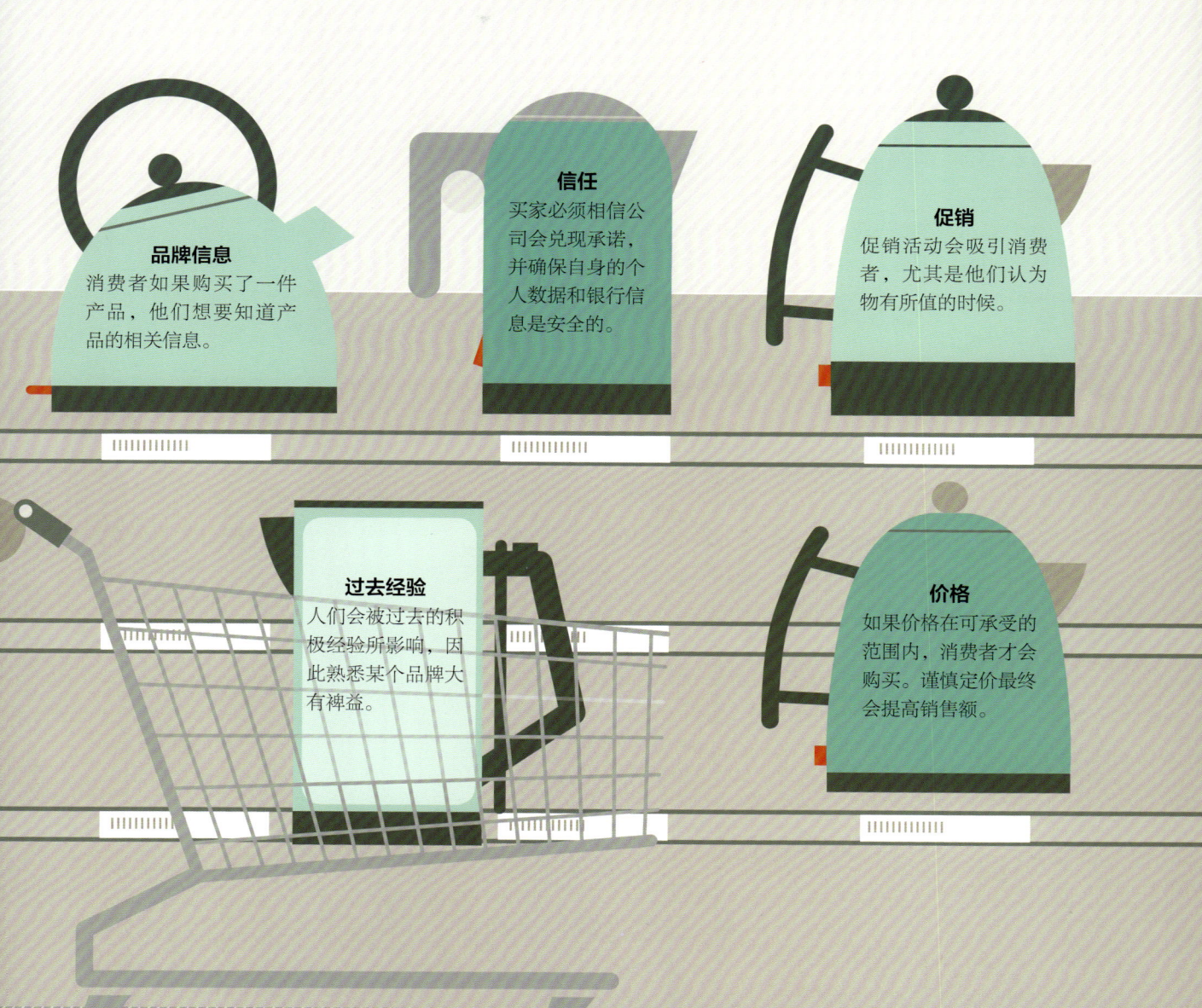

品牌信息
消费者如果购买了一件产品，他们想要知道产品的相关信息。

信任
买家必须相信公司会兑现承诺，并确保自身的个人数据和银行信息是安全的。

促销
促销活动会吸引消费者，尤其是他们认为物有所值的时候。

过去经验
人们会被过去的积极经验所影响，因此熟悉某个品牌大有裨益。

价格
如果价格在可承受的范围内，消费者才会购买。谨慎定价最终会提高销售额。

理解消费者行为

成功营销的关键在于了解人们如何决定想要的、需要的和购买的产品,这有助于公司准确预测消费者对新产品的反应。

决定购买何种产品

消费者行为受多种心理因素的影响。例如,个体对自身需要、态度和学习能力的感知;个人特征(例如习惯、兴趣、观念和决策风格);社会因素(包括家庭、同事或学校朋友和团体关系)。

公司会通过焦点小组和网络资源(例如客户评论、问答网站、社会调查、关键词研究、搜索引擎分析与趋势、博客评论、社交媒体和政府统计数据等)来收集和分析消费者行为的数据。

消费者预测是指人们决定哪些选择可以给自己带来最大的当前与未来满意度。它包括两个维度:未来事件的实用性(例如,人们去巴黎旅行比在纽约休息能够得到多少快乐或痛苦;或者人们吃巧克力还是芹菜能够得到更多快乐)和事件发生的可能性。

情绪反应

情绪是影响消费者行为和决策的重要因素。情绪会影响消费者所关注、记住的事物,处理信息的方式以及他们做出决定后可能出现的感受。在评估广告时,情绪总是凌驾于理性之上,从而做出更快、更一致的判断。公司总是试图从潜在消费者那里收集他们对产品的情绪反应信息,因为人们在购买过程的每一步(从搜

> "一旦理解了客户行为,其他一切就都水到渠成了。"
>
> 托马斯·G. 斯坦伯格(Thomas G. Stemberg),美国慈善家与实业家

选择的悖论

消费者喜欢选择,但选择数目不能太多。在2000年的一项研究中,人们给购买者提供24种果酱供其选择,但最后只有3%的人买了某种果酱。如果给人们提供6种果酱供其选择,有30%的人选择了购买。这一原则适用于所有产品,包括法律服务、涂料等。

消极情绪

当没有选择时,消费者就会觉得自己在这件事上毫无控制权或话语权,他们也就没有购买的动力。

没有选择很糟糕。

积极情绪 ← → 消极情绪

选择数目

现实生活中的心理学
理解消费者行为
226 / 227

索、评估、选择、消费到最终处理产品）都会产生积极和消极情绪。

公司会尽可能详细地评估效价（情绪的积极或消极程度）和唤醒度（消费者的兴奋程度）。认知评估则是对消费者如何看待自身感受进行分析。所有这些因素都会影响消费者采取行动的准备状况。

客户概况分析

营销人员会利用已有数据来详细描绘客户的购买习惯、偏好和生活方式，并利用外部资源来预测消费者未来的行为，从而有效地开展促销推广。他们会采用多种变量来建立目标市场的详细概况。

▶ **心理因素**　人格特点；积极或消极的生活态度；道德伦理（例如，人们是否努力工作，是否给慈善机构捐款）

▶ **行为因素**　首选的购物地点，包括线上和线下购物；购买频率；典型支出；信用卡使用情况；品牌忠诚度

▶ **社会因素**　社交媒体使用情况；社区活动水平；政治观点；团体和俱乐部的会员资格

▶ **地理因素**　居住地所在的洲；城市或农村；邮政编码；相关的工作和社交机会；气候

▶ **人口学因素**　年龄层次；婚姻状况；子女人数（如有）；国籍；种族背景；宗教；职业；工资

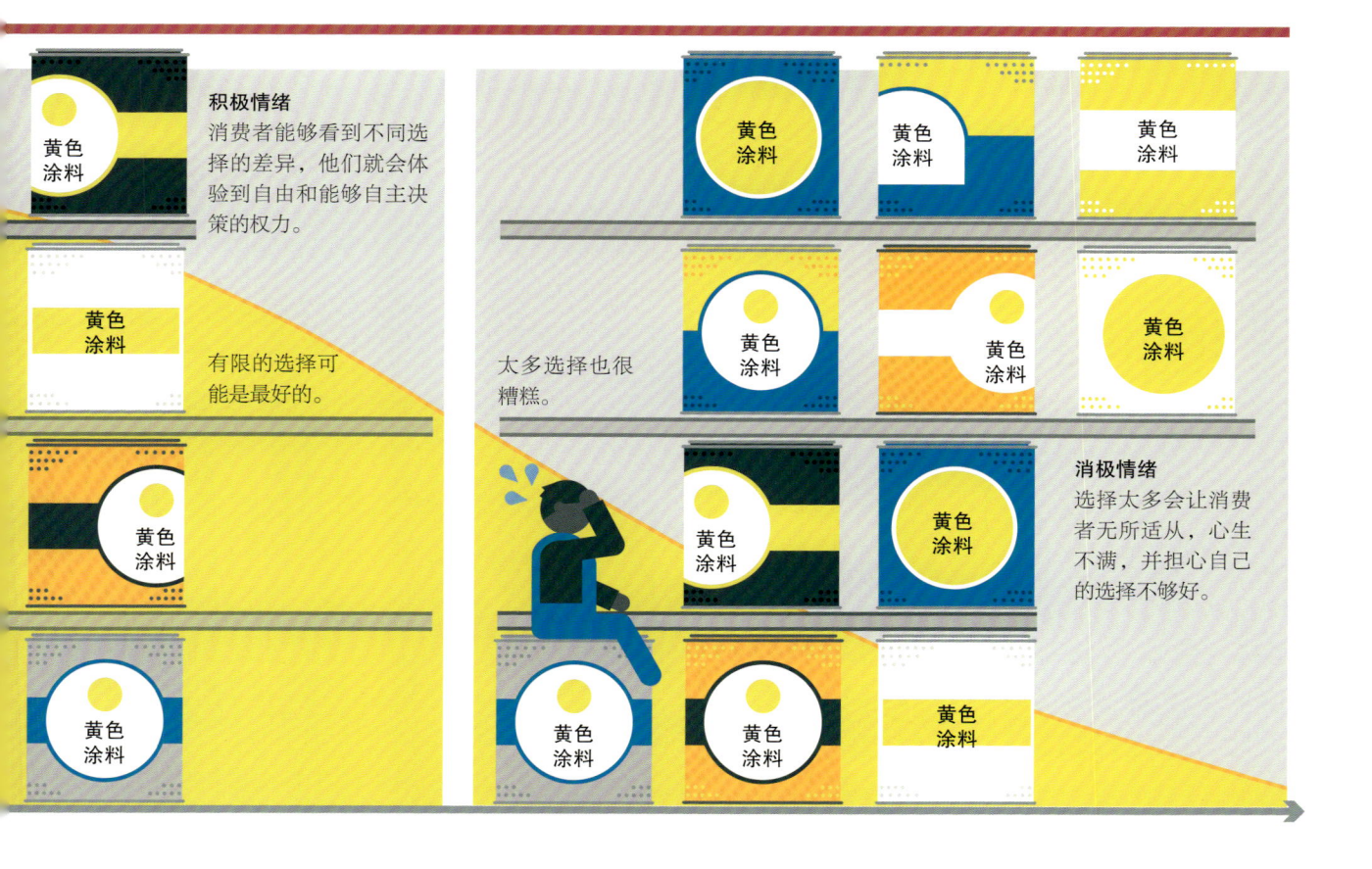

积极情绪
消费者能够看到不同选择的差异，他们就会体验到自由和能够自主决策的权力。

有限的选择可能是最好的。

太多选择也很糟糕。

消极情绪
选择太多会让消费者无所适从，心生不满，并担心自己的选择不够好。

改变消费者行为

一个公司的成功与否取决于向消费者销售产品的情况，而产品销售是需要说服的。有效说服的核心在于改变人们态度的能力。

态度与说服

为了说服公众购买产品，公司需要影响人们的态度，即人们对想法、物品和他人的评价。消费者心理学家感兴趣的问题是态度是如何形成的，以及潜在顾客对说服的反应。

态度是消费者行为的核心驱动力。态度会影响消费者是现在购买还是以后购买，多花钱还是少花钱，选择某种产品而非其他产品等。消费者喜欢或不喜欢某个产品、品牌或公司的程度反映了他们的积极、中立或消极态度。某种态度的持续时间越长、程度越深，就越难以改变。态度的潜在基础可以是一种感觉（"这个沙发看起来很漂

营销的黄金法则

互联网重振了市场营销，为广告商提供了一个全新并不断拓展的领域。然而，良好营销的核心依然是一致的：产品、价格、促销和地点。

- **产品** 无论有形的商品还是无形的服务，产品必须满足顾客的需要并使其受益。
- **价格** 供应、需求、利润率和营销策略都会影响价格。即使是微调也会影响回报。
- **促销** 促销需要向顾客有效地传递相关的产品信息。
- **地点** 寻找理想的销售地点，能将潜在顾客转化为真正的顾客。SEO（搜索引擎优化）是一种提高搜索引擎排名的方法，有助于在线商务。

承诺原则

当公司在产品或服务上给予人们一定的发言权（例如发行打折会员卡）时，他们就会觉得自己是其中的一分子，更有可能购买。

权威原则

顾客愿意信任领导者和销售人员。顾客看重资历和经验，如果销售人员明显了解自家产品并能给顾客提供最适合的类型，顾客就会更愿意购买。

喜好原则

人们更愿意从喜欢、赞美或欣赏自己的人那里购买产品。表达赞许（"你穿那条裙子真好看！"）可以鼓励潜在买家购买该公司的产品。

说服的力量

说服性营销包括六条原则，零售商或其他企业都可以对其进行充分运用。即使人们刚开始对说服有所抵触，但他们的态度和行为也会随着时间的推移而改变。

亮"）、一种信念（"它是由环保材料制成的"）或是一种行为（"我们家一直购买这个品牌的产品"）。说服如果能够与消费者的基础态度相匹配，那么其效果最好——外观具有吸引力的沙发可以得到基于感觉态度消费者的最佳回应。

说服——谁来说服，说服什么，说服谁

谁来说服（说服者），说服什么（信息）以及说服谁（接受者）都是说服的因素。说服者需要有可信度，如果他们与受众有相似之处，那么对说服会有所助益。信息如果能涵盖产品的优点和缺点（而非只强调某一面），那么说服就会给人积极的印象。如果强调结果是非常令人满意的、非常可能的和十分重要的，信息的说服力度就是最强的。人们应该尽可能提供更多的细节。信息可以重复，但不能过于暴露。高智商的人更擅长评估信息，因此很难被说服。快乐的人更容易被说服，因为他们会将自身情绪与产品联系在一起。

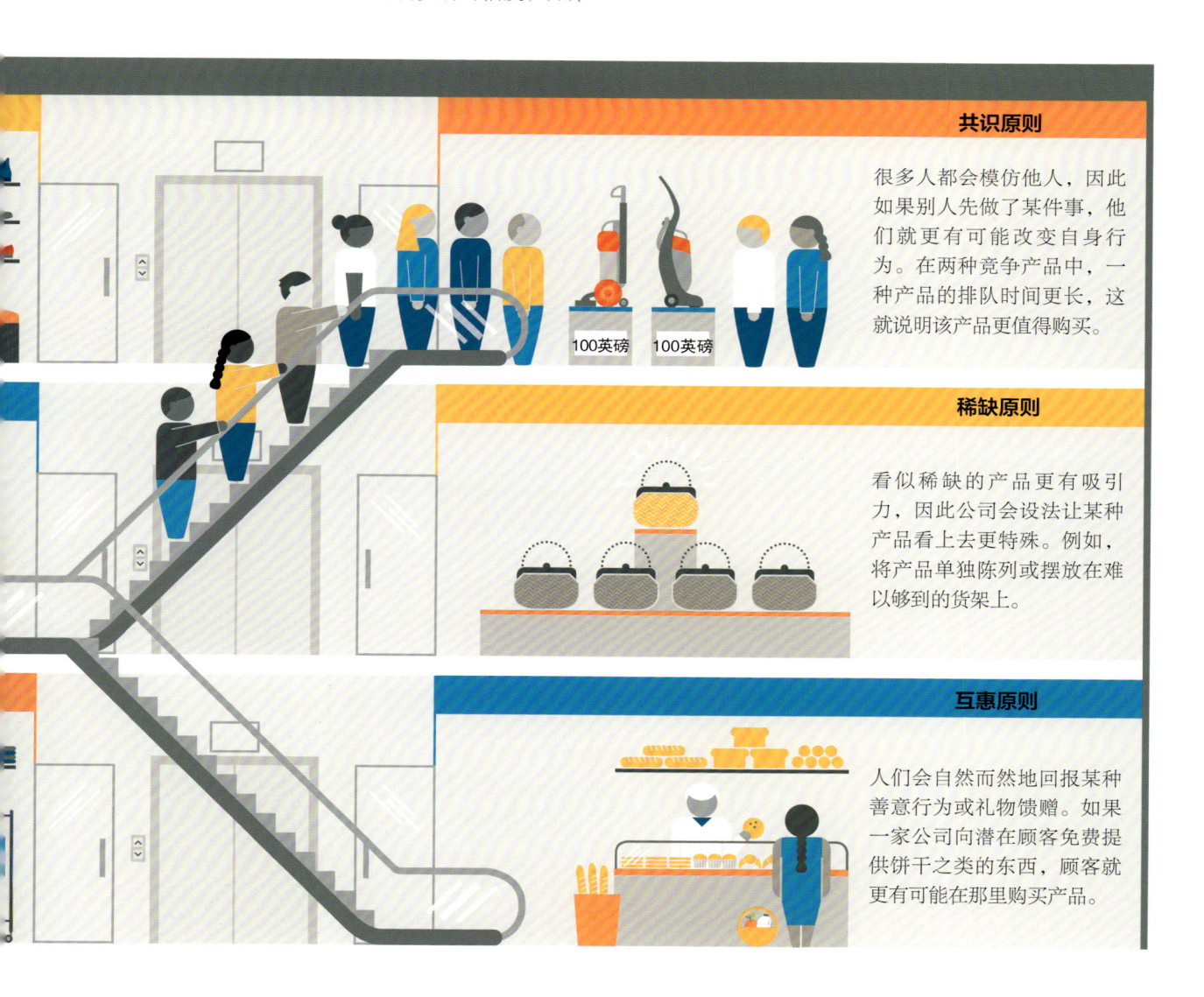

共识原则

很多人都会模仿他人，因此如果别人先做了某件事，他们就更有可能改变自身行为。在两种竞争产品中，一种产品的排队时间更长，这就说明该产品更值得购买。

稀缺原则

看似稀缺的产品更有吸引力，因此公司会设法让某种产品看上去更特殊。例如，将产品单独陈列或摆放在难以够到的货架上。

互惠原则

人们会自然而然地回报某种善意行为或礼物馈赠。如果一家公司向潜在顾客免费提供饼干之类的东西，顾客就更有可能在那里购买产品。

消费者神经科学

对企业而言，神经科学（大脑成像）为理解消费者行为方式增添了新的内容。

神经营销学

神经科学家研究大脑的结构和功能及其对人类思维过程和行为的影响。"神经营销学"就是将神经科学家的研究方法应用于特定公司的市场研究。像谷歌和雅诗兰黛这样的大公司会聘请神经营销学研究公司，而许多广告公司都设有神经营销学部门或合作伙伴。

神经营销研究者并不依赖消费者所说的（因为许多人无法有效表达或选择不表达自己的偏好），而是去了解情绪刺激会如何影响人的大脑活动，而这是决定人们是否购买产品的关键。功能性磁共振成像（fMRI）是一种测量大脑活动的技术，它可以帮助回答一些问题，例如某些特定的大脑回路如何影响决策，哪些脑区负责对特定产品的偏好或对品牌标签等产品特征的偏好编码。研究表明，当被试看到自认为有吸引力的汽车时，他们的中脑边缘（与奖励相关）脑区的活动会有所增加；而当人们比平时更饥饿、更有压力或更疲惫时，他们的决策会发生改变。

价格心理学

功能性磁共振成像扫描会提供一系列图像，表明人们在做出有意识或无意识决定之前对产品的反应。因此，潜在消费者接收信息的顺序非常重要。消费者对产品价格的了解是在看到产品之前还是之后，他们的反应会有所不同。影响人们决策的焦点是"我喜欢吗？"还是"它值得吗？"第一个问题是感性、直觉的，而第二个问题是理性的，因此会引起大脑不同脑区的活动。

信息图
将数据或信息浓缩为一个图表或图示，有助于消费者更好地记住信息。据说一张好的信息图胜过千言万语。

字体
文字的吸引程度和易读程度都会影响消费者是否愿意阅读所包含的信息。

背外侧前额叶皮层
与记忆有关，会影响（可改变消费者行为的）文化关联方面的回忆。

腹内侧前额叶皮层
与同类商品的其他品牌相比，首选品牌更能激活这部分脑区。

视频
移动的图像可以更好地讲述一个故事，对于那些习惯从互联网和社交媒体上的电视和视频剪辑中获取信息的消费者而言会更具吸引力。

视觉反应

大多数人都是高度视觉化的，因此营销中的图片与图形对神经系统有重要影响。高质量的视觉效果会更吸引消费者的注意力，并提高其参与度。

形状

几何形状会使产品看上去更可靠、更熟悉，而有机形态则更适合创意。直边和直角似乎比曲线和流线更严肃。

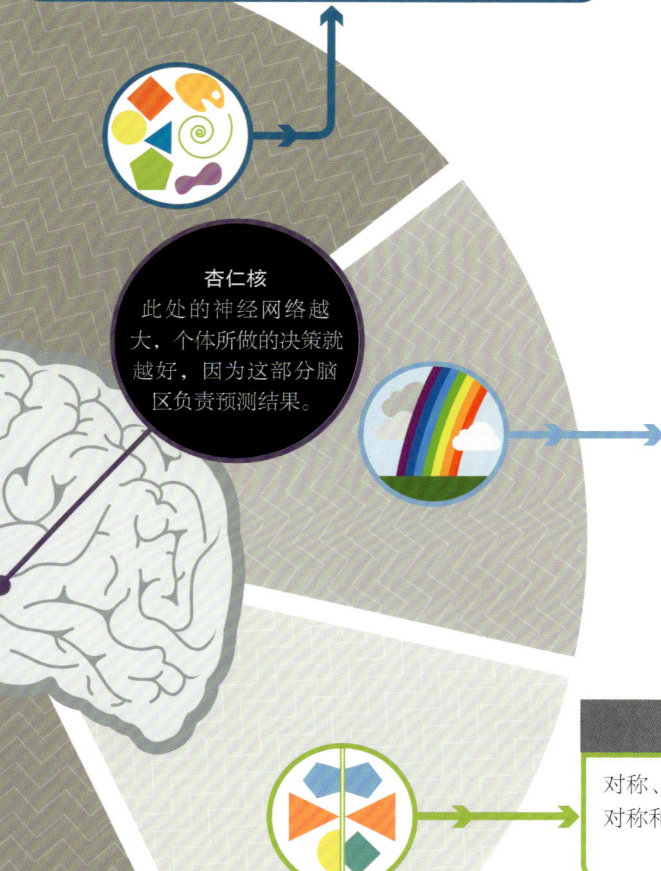

杏仁核

此处的神经网络越大，个体所做的决策就越好，因为这部分脑区负责预测结果。

颜色心理学

颜色最能传递情绪和感觉并能引发个体的反应。设计师和营销人员在选择颜色时能够将非语言的情绪与公司或品牌想要传达的信息有效融合在一起。

▶ **绿色** 叶绿色和鲜绿色看上去闲适宁静，可以表明某种产品是自然的、健康的、宁静的、有助于恢复的、令人宽慰的、新的开始、环保的和新鲜的。深色的翠绿则代表财富。

▶ **红色** 明红色会引起热烈反应：兴奋的、性感的、热情的、紧急的、戏剧化的、动态变化的、刺激的、冒险的和激动人心的。在危险情境中，红色会给人一种好斗、暴力或血腥的印象。

▶ **蓝色** 天蓝色看上去冷静、可靠、平静，让人联想到无限。明蓝色则充满活力。深蓝色代表权威，常与专业人士、制服、银行和传统联系在一起。

▶ **粉色** 浅粉色给人的感觉是天真、精致、浪漫和甜美，有时甚至有些伤感；亮粉色与红色一样，是性感、感性、引人注目、充满活力和喜庆的颜色。

▶ **紫色** 紫色与直觉和想象力有关，是一种沉思、灵性、神秘的颜色，尤其是蓝紫色。红紫色则更扣人心弦，代表创造性、妙趣横生和令人兴奋的事物。

对称和比例

对称、比例均匀的图片能够传达和谐感，而非对称和扭曲则代表着活力或不和谐。

模因

带有诙谐标题的图片（通常是讽刺人类行为）会在社交媒体上迅速传播。图片与幽默的组合会在大脑中形成一种思想或文化符号。

一种标志性的颜色可以提高 **80%** 的品牌认同度。

品牌的力量

一个品牌可以使一个公司或其产品、服务能够区别于其他竞争对手。品牌价值可以通过图片、颜色、标识、口号和押韵的广告词来表达。品牌可以在供应商与顾客之间建立一种纽带。

认同某一品牌

大多数人都会做出身份标识行为，例如开跑车、在社交媒体上发布政治性文章，或者在火车上读莎士比亚戏剧。如今的市场上，产品的品牌对花钱的消费者和挣钱的公司而言都同样重要，因为消费者会将自己拥有的物品视为自己的一部分。他们的购买行为可能是出于归属感、自我表达或自我提升的需要。

标志性的品牌可以让消费者实现对自我身份认同的渴望。他们兑现着"可以成为什么"的承诺，而不是被"是什么"所辖制。消费者可以通过改变自己购买的物品而成为他们想要成为的人，因为他们选择或认同的品牌能够投射出他们所选择的自我形象。口碑会影响品牌忠诚度，尤其是

品牌个性

公司会试图通过品牌个性来展现其鲜明的特征。大多数品牌可以归纳为五种品牌个性类型。商品能够反映品牌个性，用户也能反映品牌个性，即你所买的物品代表了你是哪种类型的人。

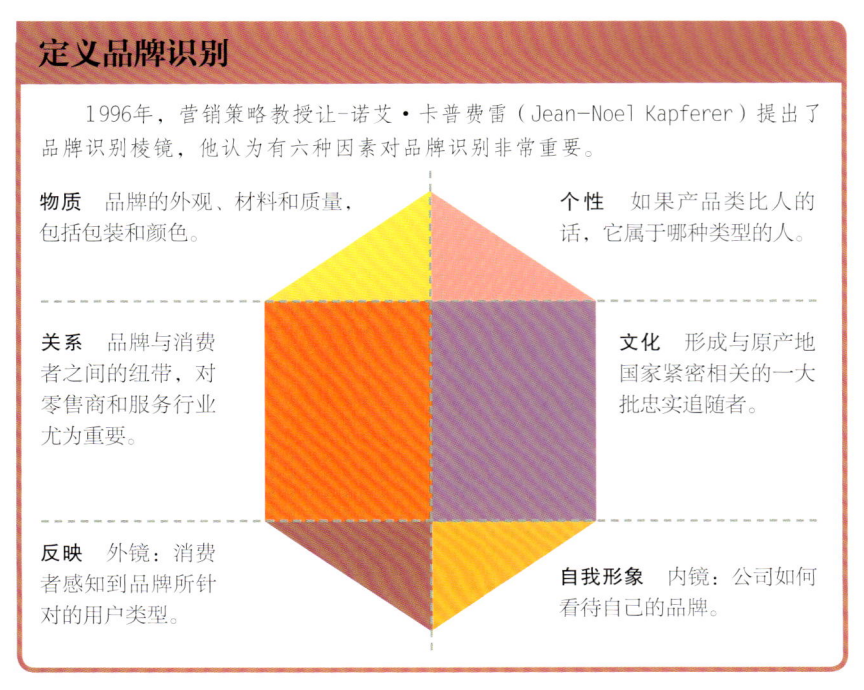

兴奋：大胆、冷静、精神饱满、想象力丰富、与时俱进、独立、年轻

定义品牌识别

1996年，营销策略教授让-诺艾·卡普费雷（Jean-Noel Kapferer）提出了品牌识别棱镜，他认为有六种因素对品牌识别非常重要。

物质 品牌的外观、材料和质量，包括包装和颜色。

个性 如果产品类比人的话，它属于哪种类型的人。

关系 品牌与消费者之间的纽带，对零售商和服务行业尤为重要。

文化 形成与原产地国家紧密相关的一大批忠实追随者。

反映 外镜：消费者感知到品牌所针对的用户类型。

自我形象 内镜：公司如何看待自己的品牌。

叛逆者

现实生活中的心理学
品牌的力量　232 / 233

在社交媒体兴起的背景下。例如，29%的Facebook用户关注了某个品牌，而58%的用户表示"喜欢"某个品牌。

参与式营销

在传统营销中，品牌会以固定的方式呈现给顾客，顾客可以接受或者拒绝。参与式营销会鼓励顾客增加投入，因为品牌的建立有助于建立长期的忠诚度。这种做法旨在吸引潜在顾客访问公司网站或销售地点，然后再设法留住顾客。

77% 的消费者是根据品牌名称来购买产品的。

知识点

- **品牌资产** 一个备受拥戴的品牌具有比竞争对手产生更多销售额的能力。
- **品牌知名度** 可以衡量某个品牌与广大消费者之间联系的有效性。
- **品牌架构** 发展更多品牌并创建一种层级结构的总体计划。
- **黏性顾客** 忠诚于某个公司并愿意重复购买的消费者。

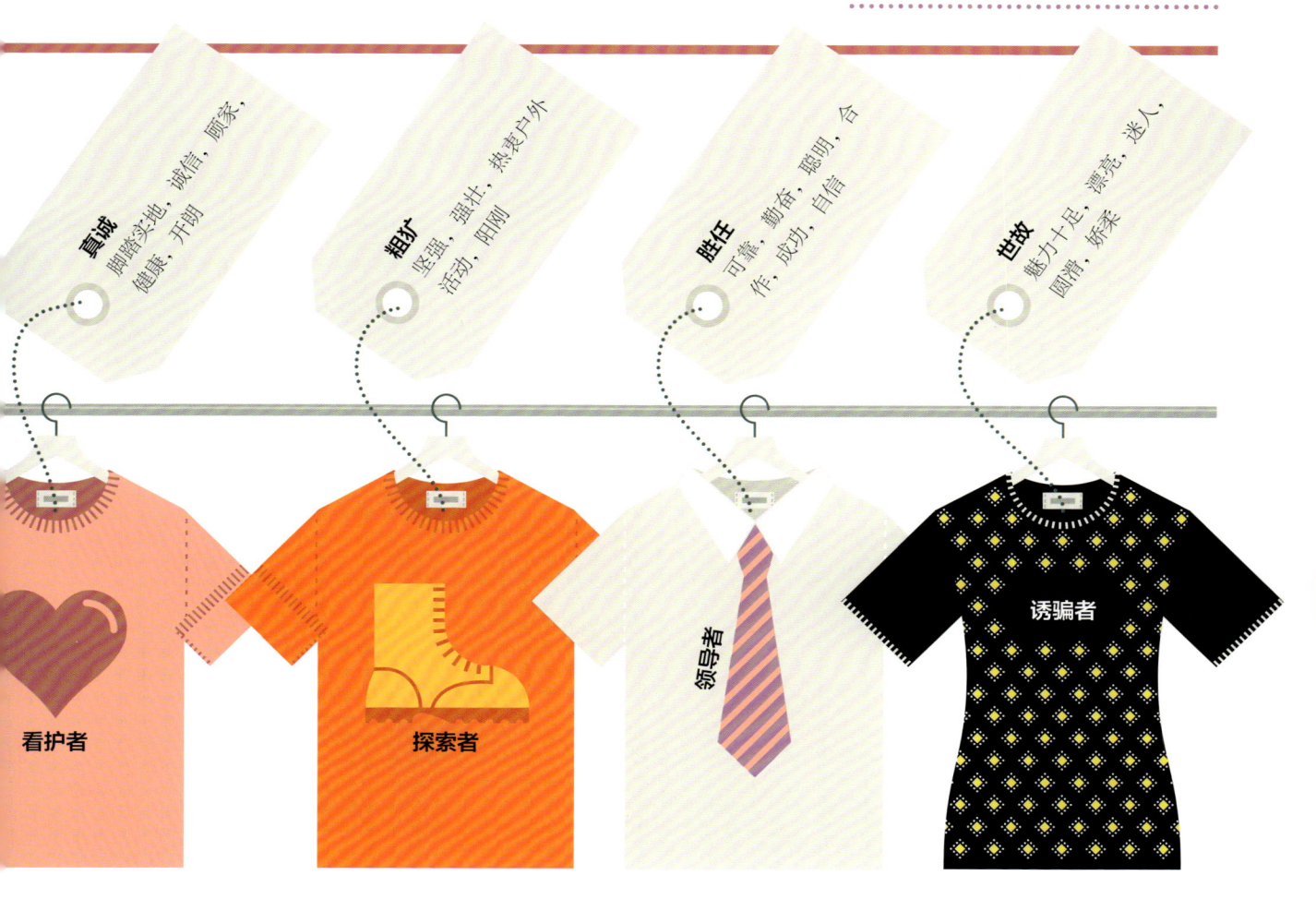

真诚 脚踏实地、诚信、顾家、健康、开朗

粗犷 坚强、强壮、热衷户外活动、阳刚

胜任 可靠、勤奋、聪明、合作、成功、自信

世故 魅力十足、漂亮、迷人、圆滑、娇柔

看护者

探索者

领导者

诱骗者

名人的力量

公司常常邀请名人做代言人。名人可以增强消费者与品牌之间的联系。

媒体聚光灯

人类行为与媒体和信息技术的相互作用属于媒体心理学的研究范畴。20世纪50年代，随着电视的出现，心理学的这一分支开始出现。今天，媒体心理学变得越来越重要。名人的销售能力是媒体心理学家非常感兴趣的问题，也是那些希望为自家品牌寻找代言人的公司所感兴趣的问题。

意见领袖是指那些经常出现在公众视野中的人物，他们能够与潜在顾客和现有顾客建立联系，而这是仅靠品牌无法做到的。消费者，尤其是年轻消费者，越来越痴迷于名人的地位。

要想让名人有效地代言一个品牌，他们需要与品牌和目标受众相匹配。如果品牌和消费者之间有差距，那么名人就必须弥合这一差距。名人需要有可信性，因此他们能够分享品牌的价值。这可能意味着他们在同一行业或者一个相关行业工作。例如，一位足球运动员代言一个足球品牌，或者某位仰赖自身外貌（例如模特、演员或流行歌手）的人去推广洗发水品牌。公司还需要考虑名人的形象。例如他们会选择一位以健康生活方式著称的人来推广一个全新的有机水果饮料品牌。最理想的情况就是某位名人已经是该品牌的用户。

外表的吸引力与积极态度有关，因此名人的长相越好，他们的代言往往越成功。然而，一些媒体心理学家认为，一位很有魅力的非名人也可以成为有效的代言人，这样还可以为公司节省一大笔钱。

名人代言

只要匹配成功，名人代言的优点多于缺点。一事顺则百事顺，这种安排通常对公司和名人都有益处。

优点

人格迁移
名人的积极属性会影响品牌，并提高品牌在公众意识中的地位。

影响消费者购买
人们追随品牌，进而会购买名人所认可的产品。

45% 的美国人认为名人有助于促销。

现实生活中的心理学
名人的力量　234 / 235

即时的品牌知名度
随着人们越来越多地把名人和品牌联系起来，品牌就会变得更容易识别，更广为人知，也更受欢迎。

定义品牌形象
名人可以使品牌更清晰、更明确，甚至可以帮助刷新和重塑一些陈旧的形象。

新的消费者
名人的追随者会开始追随某个品牌，这样他们就能更像自己的偶像。

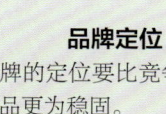

品牌定位
品牌的定位要比竞争对手的产品更为稳固。

持久宣传
即使代言合同结束，品牌与名人的联系仍然存在。

跟踪名人

大多数非名人的跟踪者都认识他们的受害者。然而，跟踪名人的人一般并不认识自己的目标名人——他们只是自认为自己认识而已。不管是品牌代言，还是自我宣传，最成功的明星都会让人觉得他们是在与每一位目标受众进行个人对话。精神不稳定的人会只看表面。司法心理学家谢里丹（Sheridan）博士说过，"最典型的名人跟踪者是那些真正相信自己与目标名人有某种关系的人……对他们来说，这是真的。"

缺点

▶ **名誉损失**　如果名人的形象变差，品牌的声誉也会变坏。

▶ **人气下降**　如果名人的明星效应减弱，品牌也会失去追随者的忠诚度。

▶ **过度曝光**　如果名人有多个代言，消费者可能会追随其他品牌而不是这一品牌。

▶ **黯然失色**　消费者关注的是名人，而不是品牌。

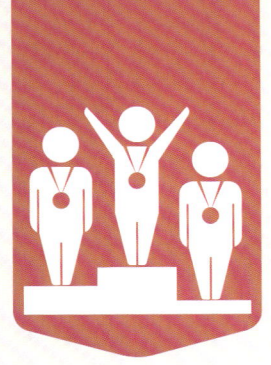

运动心理学

教练员主要关注运动员的身体技术，而运动和锻炼心理学家则关注运动员的行为、思维过程和心理健康。运动心理学家会与运动员个体合作，帮助他们管理自身的运动需求，提高运动成绩。锻炼心理学家扮演的角色则更为广泛，他们提倡健康的生活方式，并在定期运动所带来的心理、社会和身体益处等方面提供建议。

不同方面

运动心理学家会采用各种方法提高个体的表现，他们会根据个体的运动情况及其个性、动机、压力、焦虑和唤醒程度来量身定做。在团队运动中，整体氛围和群体动力也会影响运动员的成功与否。

自我对话

运动员自己所说或所想会影响他们的感受与行为。将消极想法转变为积极想法可以提高其表现。

我可以扑到这个球！

视觉化

在头脑中构建一幅成功比赛的画面对于个体的心理准备、焦虑控制、集中注意力、建立自信、习得新信心、伤势恢复等都非常有用。在一个放松安静的环境中，运动员可以练习构建生动、可控的图像，因此视觉化的效果是最佳的。

规划日程安排

运动心理学家可以帮助运动员规划赛前心理准备和赛前训练，以提高训练效率。其中，时间管理会起到部分作用，例如安排一个规划人员、设置现实的目标、最大化练习时间等。

目标设置

设置目标有助于激发动机，使个体的注意力集中在最需要改进的方面。

现实生活中的心理学 **236 / 237**
运动心理学

运动和锻炼心理学家的工作是什么？

运动心理学家所提倡的办法在赛前、赛中、赛后以及在赛场内外都能帮助运动员和运动团队成员。锻炼心理学家则可以激励普通大众。

▶ **害怕表现** 教授在压力情境中提高专注力和处理愤怒、焦虑的技巧。

▶ **心理技能** 帮助运动员更自信、沉着、专注，相信自己的表现能力，加强与队友的沟通，并提高动机水平。

▶ **伤势恢复** 在心理上帮助运动员忍受疼痛，习惯在场外观赛，并保证物理治疗，使他们能够应对压力，并重回受伤前的技能水平。

▶ **激励年轻人** 锻炼心理学家会走进学校，帮助体育老师和教练鼓励孩子们从事体育运动，让运动更有趣。他们也可以激励老年人以更积极的生活方式生活。

"冠军源于人们内心深处的事物——一种渴望、梦想和愿景。"

穆罕默德·阿里（Muhammad Ali），
世界重量级拳击冠军

团队建设
团队建设在赛季开始时非常有用，它可以帮助团队成员团结一致、协同合作，并建立团队目标、信任与尊重。自由开放的氛围、积极的交流和自信心训练都有助于团队成功。

焦虑管理
当个体的唤醒程度过高或过低而无法达到最佳状态时，运动心理学家可以利用呼吸练习和冥想等技术帮助运动员应对焦虑、压力和愤怒。

提升技能

理解技能学习背后的心理学因素有助于运动员在训练过程中磨炼技术,从而使他们在竞技比赛中发挥最高水平。

学习新技能

所有运动都建立在需要不断训练与实践的技能与技巧之上。学习和发展技能有不同的方法,这取决于技能的复杂程度。有些技能学习需要将其分解为不同的步骤,然后分别加以练习。这种方法称为"分步学习",适用于网球发球等复杂技能。当运动员能够分别掌握每个部分,他们就可以将所有技术重新组合在一起,然后同时进行练习。而其他技能最好是从头到尾进行完整的学习与练习。这种方法称为"整体学习",适用于侧身翻等技能,因为这些技能很难分解为不同的步骤。

学习停滞期

刚开始学习一项新技能是很慢的,因为一切都很陌生。随着身体动作更加熟悉、重复和自动化,学习者就会进入一个快速成长阶段。最后,

技能连续体

开放技能与封闭技能存在于一个连续体之上,人们的大多数行为都介于这两个极端之间。网球运动员必须同时掌握开放技能与封闭技能,因为他们既需要发球,也必须对对手的击球做出反应。

封闭技能
网球比赛中的发球是一项封闭技能。它是在一个稳定且可预测的环境中做出的,选手非常确切地知道应该做什么动作以及何时做出动作。发球动作有明确的开始与结束。

将部分整合为一体

网球发球这一复杂动作包括六个步骤,选手可以自行学习。当选手掌握了前四个步骤,他们就可以用整体方法来练习发球,从而掌握发球技能的整体感。

1. 用指尖轻轻地握球。

2. 拍球2~4次。

3. 将球抛向略偏正前方的空中。

> "天空无边无际，我的前途也无可限量。"
>
> 尤塞恩·博尔特（Usain Bolt），奥运会短跑冠军

当学习者因为感到无聊或下一阶段太过复杂时，他们就会停止进步，进入学习曲线上的停滞期。如果要继续前进、突破停滞期，学习者或其教练就必须重新设置目标，为下一步学习做好身体准备，缩短练习时间以避免疲劳，或者将技能分解为多个步骤。

有些技能完全在学习者的控制范围之内（封闭式），而有些技能则需要选手做出反应（开放式），例如接球动作（见下图）。不同类型的练习适合于不同类型的技能，然而，训练过程越愉悦，学习者进步速度就越快。

学习的阶段

运动员要掌握一项新技能，必须经过三个阶段的学习。

▸ **认知或理解阶段** 展现技能需要运动员全神贯注。这是一个不断试误的过程，成功率很低。

▸ **联想或语言运动阶段** 这一阶段，个体的运动程序（大脑控制运动的方式）逐渐形成，因此个体的表现会比较一致。简单技能现在看上去会比较流畅，但复杂技能还需要集中注意力。运动员会更清楚哪些地方存在问题。

▸ **自主运动阶段** 个体的表现一致流畅，其运动程序已经存储于长时记忆系统之中，技能已经自动化，只需要很少或不需要有意识的注意力。运动员的注意力可以集中在对手和战术上。

开放技能
网球比赛中的接球是一项开放技能，选手必须应对变化和不可预测的环境。天气、地形和对手等因素都是运动员需要适应的。

固定或可变的练习

固定练习（有时被称为训练）是指重复练习整个技能，以加强肌肉记忆，使技能更自然、更自动化。这种类型的练习最适合封闭技能。

可变练习最适合开放技能，是指在不同情况中练习技能。它有助于运动员建立一套可以应对比赛不同情况的反应系统。

4. 举拍到身后，落拍于脑后，弯曲肘部。

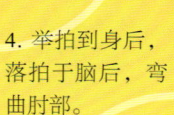

5. 在网球上抛的最高点，用球拍中心击球。

6. 顺拍而下，靠近对侧脚部。

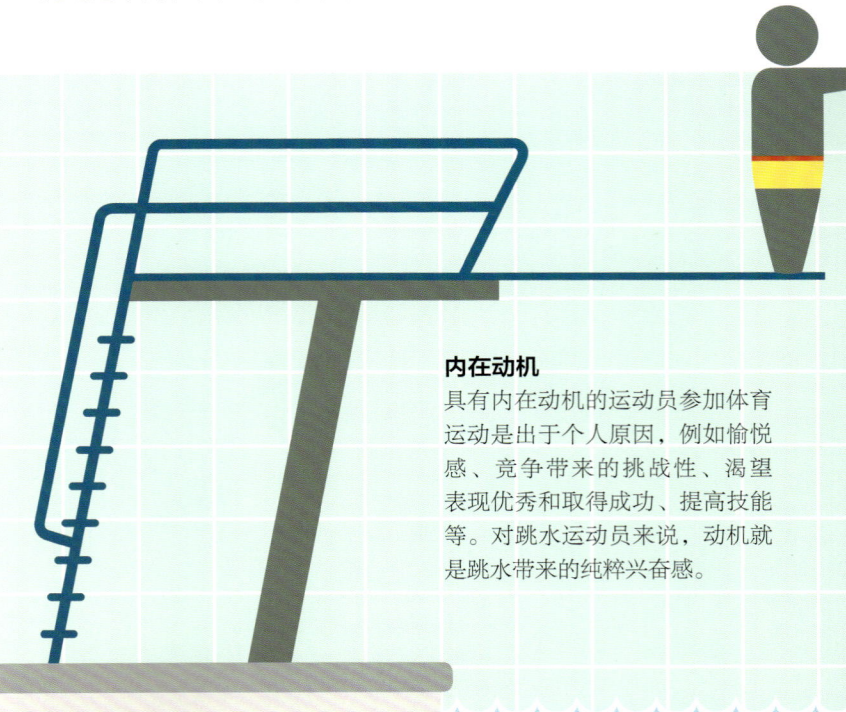

保持动机

运动员必须保持动机。如果没有持续的渴望和动力来提升自己的表现,他们身体上的准备状态与心理因素(例如专注、自信)等都会瓦解。

如何保持动机?

体育训练、体能训练和比赛都需要自律,而且充满压力。为了给自己设置切合实际的目标,运动员必须保持较高的动机水平,尤其是面对疲劳或失败的时候。这种动机可以是内在动机(内部、个人的),也可以是外在动机(基于外部奖励)。

如果人们因热爱运动或个人成就感而从事体育运动或锻炼,那么他们的动机是内在的。这种动机反映了个体内心深处的某些态度,因此往往是持续一致的,且有助于个体提高专注能力、提升表现水平。运动员犯错误的压力较低,因为他们的内在动机是专注于提升技能,而非简单地赢得比赛。

如果人们参加体育运动或锻炼是为了获得有形的奖励或表扬,或为了避免消极结果,那么这些动机就是外在的。他们关注的是比赛结果,而不是训练和准备所带来的回报。虽然外在动机并没有内在动机那样持续一致,但也可以成为激励人们参与竞赛的强大动力。

SMART目标

无论选手的动机是什么,他们的目标必须具备SMART(S:具体的,M:可衡量的,A:可实现的,R:切合实际的,T:有时间限制的)才有可能实现。比如这种目标可以是:经过六周的限时训练,人们可以在30分钟之内跑完五公里(约三英里)。

内在动机
具有内在动机的运动员参加体育运动是出于个人原因,例如愉悦感、竞争带来的挑战性、渴望表现优秀和取得成功、提高技能等。对跳水运动员来说,动机就是跳水带来的纯粹兴奋感。

维持动机
动机对于运动员的规律训练、技能发展及最大潜力发挥都至关重要。内部和外部因素都会产生动机,而定期设置目标则能维持动机。

名誉

得分

奖品

> "你需要找到一些可以为之坚持不懈的事情,一些能激励自己、启发自己的事情。"
>
> 托尼·多赛特(Tony Dorsett),
> 前美国橄榄球队跑卫

动机的唤醒理论

唤醒水平代表着动机强度，从无聊、焦虑到兴奋。性格外向的个体需要较高的唤醒水平才能对运动感到兴奋，而性格内向的运动员则在较低唤醒水平下表现得更好。

▶ **赫尔的驱动力理论** 个体的表现会随着唤醒水平的提高而提高。优秀运动员在压力情境中会表现得更好，因为他们具备高超的技能和应对压力的能力。

▶ **倒U型定律** 唤醒水平可以提高个体的表现，但只能达到一定的程度。

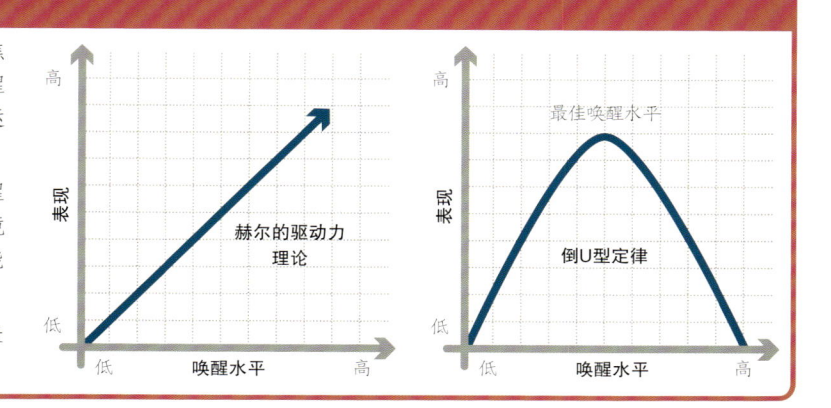

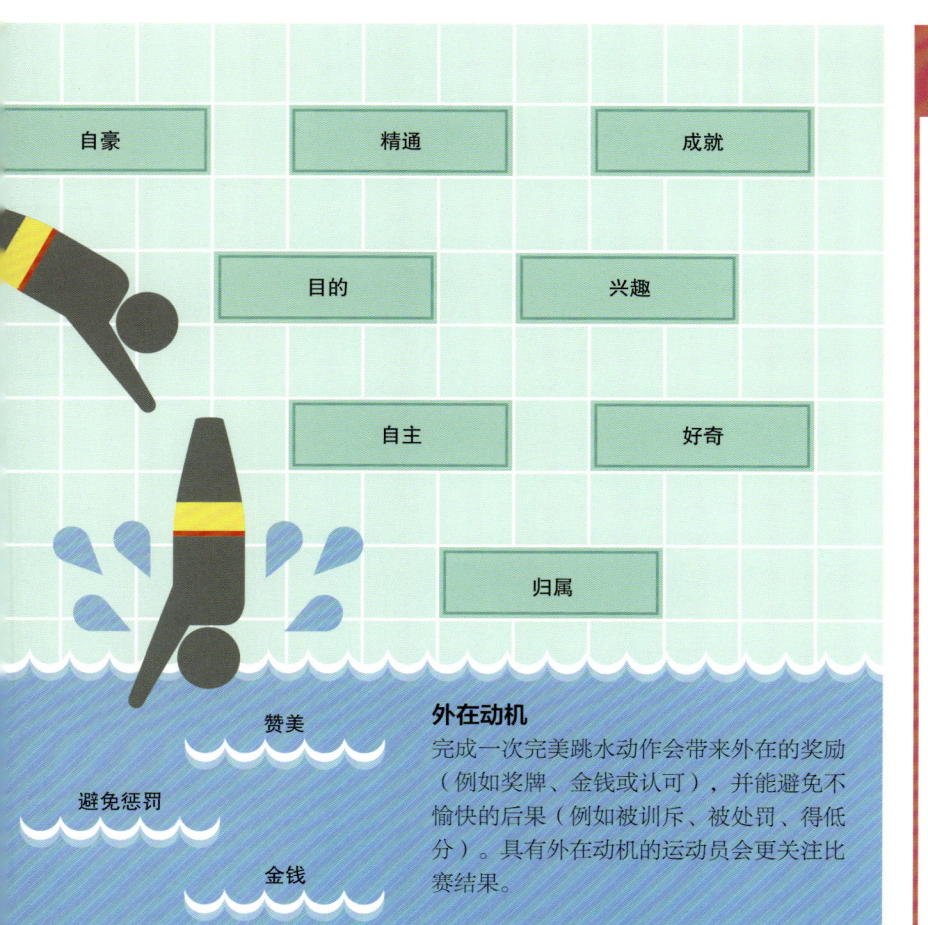

外在动机
完成一次完美跳水动作会带来外在的奖励（例如奖牌、金钱或认可），并能避免不愉快的后果（例如被训斥、被处罚、得低分）。具有外在动机的运动员会更关注比赛结果。

团队动机与社会惰化

团队表现并不一定会随着团队规模的增加而提高，因为存在社会惰化现象，即当多人参与时，参与者对团队目标的贡献程度往往比他们在单独完成相同任务时的贡献要少。社会惰化可能会导致冲突，并对团队动机产生负面影响。

例如，如果动机水平较高的团队成员总是觉得其他人会依赖他们来完成大部分工作，他们可能就会故意减少工作量，甚至停止合作，这样效率较低的成员就不能再利用他们了。

为了克服这个问题，教练可以采用绩效评估来明确每个队员的角色、长处和弱点以及每个人如何使团队受益。这有助于保证团队中的每位成员都朝着一个共同目标去努力。

进入状态

当一项活动所带来的挑战与个体应对挑战的能力之间达到平衡时，就会出现一种最佳心理状态。这就是所谓的心流状态。

什么是心流状态？

匈牙利心理学家米哈里·齐克森米哈里（Mihaly Csikszentmihalyi）提出了一种状态，在此状态中，人们会全身心地投入某项活动，其他一切都不再重要；这种体验非常令人愉悦，人们完全会为了这件事而不惜代价继续做下去。他将这种难以捉摸的状态称为"心流"。

心流状态是运动员最丰富、最能提高成绩的体验之一。人们有时将它称为"进入状态"，是指运动员能够完全投入比赛，失去时间感，专注当前任务而不受任何干扰，感受到挑战但并非不知所措，有一种与比自己更伟大的事物相连的感觉。在心流状态下，个体的表现会非常稳定、自如和异常卓越。

达到心流状态

运动员无论自身水平如何，都能达到心流状态。教练可以创设一种有利于形成心流状态的环境，鼓励承诺与成就，为团队和个人设置明确的目标，给运动员提出在他们能力范围内的挑战性任务，并提供持续和非评判性的反馈。

前额叶皮层关闭
问题解决和自我批评等高级思维过程会暂时停止。

心流状态下的大脑

在心流状态下，大脑会经历各种变化，使人们能够全神贯注投入到任务中，不需要有意识的参与却能有出色的表现。

达到心流状态

▶ **选择你喜欢的活动** 如果你对某项任务非常期待，你就很容易沉浸于此。

▶ **保证其挑战性，但不能太难** 任务应该具有足够的挑战性，使你能够全神贯注，但不应该超出自己的能力范围。

▶ **找到自己的高峰期** 在能量高峰期更容易进入心流状态。

▶ **排除干扰** 排除干扰可以让你完全专注当前任务。

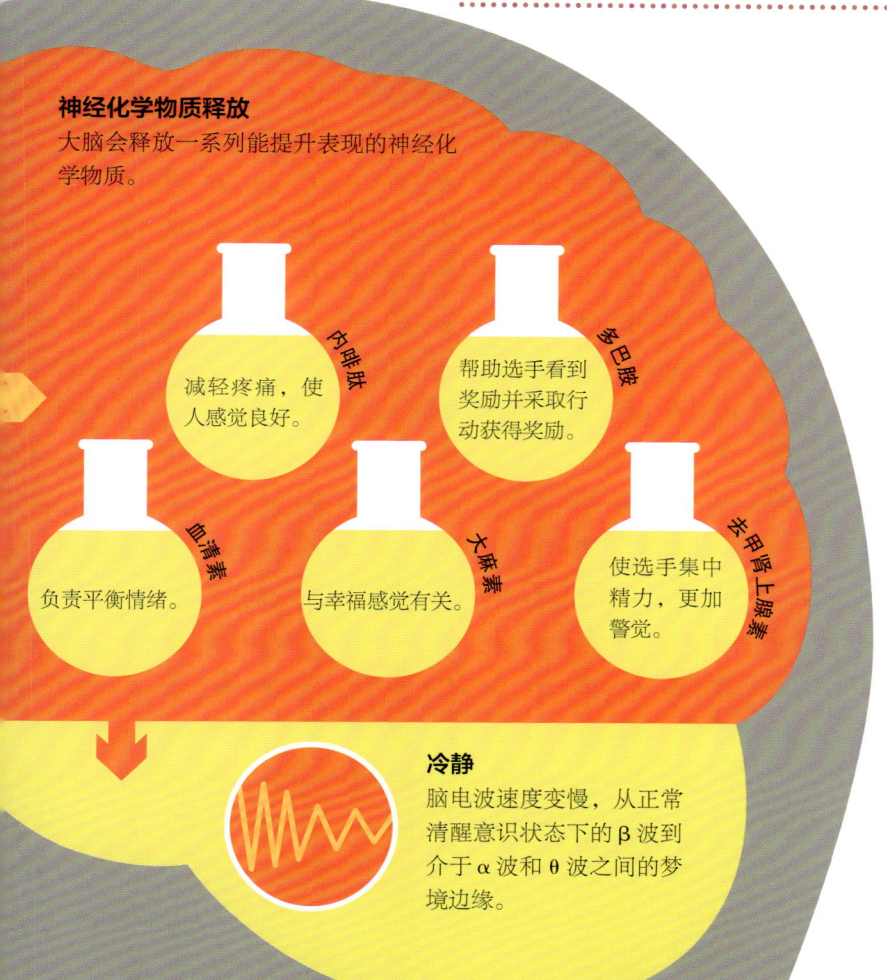

现实生活中的心理学 **242 / 243**
进入状态

神经化学物质释放
大脑会释放一系列能提升表现的神经化学物质。

- **内啡肽**：减轻疼痛，使人感觉良好。
- **多巴胺**：帮助选手看到奖励并采取行动获得奖励。
- **血清素**：负责平衡情绪。
- **大麻素**：与幸福感觉有关。
- **去甲肾上腺素**：使选手集中精力，更加警觉。

冷静
脑电波速度变慢，从正常清醒意识状态下的β波到介于α波和θ波之间的梦境边缘。

脑电波
神经元相互交流发出同步电脉冲就产生了脑电波。脑电波分为不同的速度带（赫兹，Hz）。脑电波速度越快，人就越警觉。

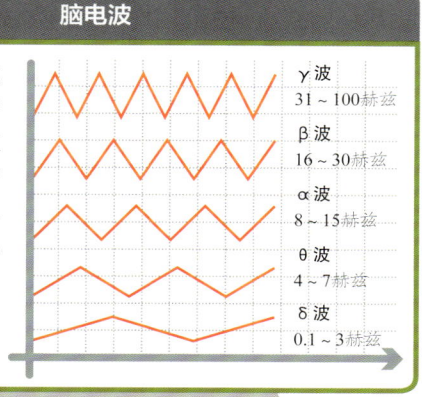

- γ波 31～100赫兹
- β波 16～30赫兹
- α波 8～15赫兹
- θ波 4～7赫兹
- δ波 0.1～3赫兹

团队合作与心流状态

强大的团队成员有时可以帮助整个团队达到心流状态。在合作型运动中，心流状态也非常重要。例如，网球双打比赛中两位选手必须协同一致，而花样滑冰更是如此，一方失误可能导致另一人摔倒。

▶ 队友之间的**团结**和情感联系能够提供积极反馈，有助于他们达到较高水平的成绩。

▶ 团队成员之间的**和谐**使他们能够比平时更顺利地沟通。

▶ 团队中所有成员之间的**有效互动**是必不可少的。在赛艇这样的运动中，如果一名队员跟不上节奏或落后，整个团队都会遭殃。定期的团队训练是关键。

在花样游泳这样的运动中，队员的**共同努力**至关重要。所有队员需要组成一个更大的视觉整体，他们完全彼此依赖，能够不费吹灰之力达到完美境界。

表现焦虑

许多运动员都会受神经紧张的影响而肌肉紧绷、表现失常。一些心理技巧有助于缓解这种焦虑。

什么是表现焦虑？

一定程度的赛前焦虑是正常、健康的，而且能够提高成绩。然而，在比赛期间持续的强烈焦虑会导致运动员表现不佳甚至身体"僵化"，损伤自尊而最终阻碍其职业发展。表现焦虑（有时也称为"窒息"或"怯场"）也会影响演员和音乐家。其生理症状包括心跳加速、口干舌燥、喉咙紧绷、身体发抖和恶心。这是一种"战斗或逃跑"反应，即大量的肾上腺素使身体处于高度兴奋状态。其心理症状包括突然不愿参加比赛或对运动项目失去兴趣、疲惫、睡眠紊乱，甚至抑郁。自我意识和过度思考身体动作可能引发表现焦虑。许多动作最好是在有意识的觉知状态之外进行，即依靠肌肉记忆，例如跑步、挥动球拍或拉小提琴。为了达到最佳水平，某些脑区应该处于自动控制状态，而不是有意识地监控动作。

谁能提供帮助？

运动员可以在教练或运动心理学

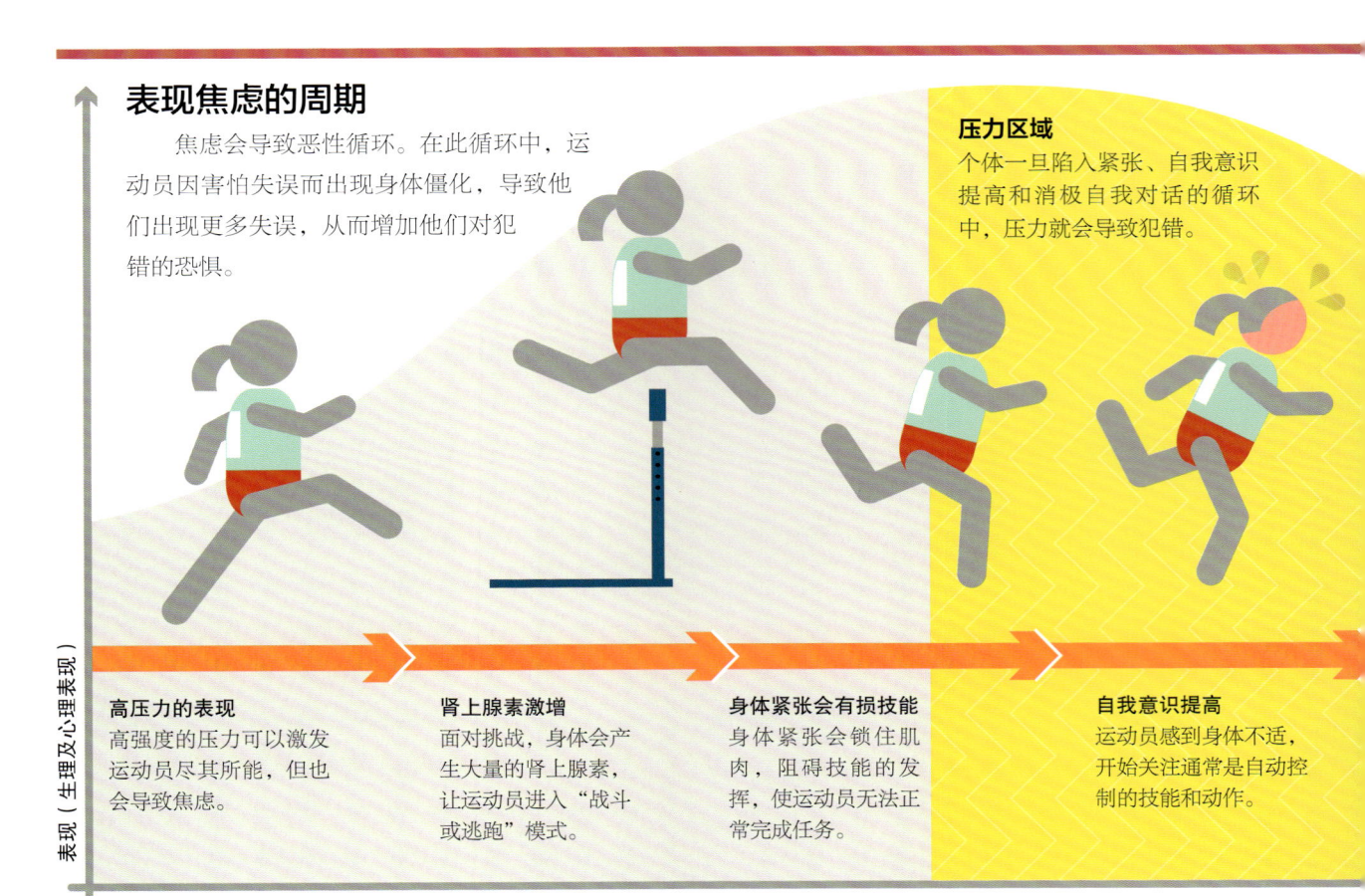

表现焦虑的周期

焦虑会导致恶性循环。在此循环中，运动员因害怕失误而出现身体僵化，导致他们出现更多失误，从而增加他们对犯错的恐惧。

压力区域

个体一旦陷入紧张、自我意识提高和消极自我对话的循环中，压力就会导致犯错。

高压力的表现
高强度的压力可以激发运动员尽其所能，但也会导致焦虑。

肾上腺素激增
面对挑战，身体会产生大量的肾上腺素，让运动员进入"战斗或逃跑"模式。

身体紧张会有损技能
身体紧张会锁住肌肉，阻碍技能的发挥，使运动员无法正常完成任务。

自我意识提高
运动员感到身体不适，开始关注通常是自动控制的技能和动作。

表现（生理及心理表现）

唤醒水平

家的帮助下控制比赛时发生"窒息"的倾向。克服焦虑的一个重要因素是人们对自身技能与能力的自信程度。教练或运动心理学家通过强调成功、表扬努力，并避免增加太多表现压力，可以帮助运动员建立信心和自我信念。随着时间的推移，这种方法可以帮助预防、减少和消除表现焦虑。

应对表现焦虑

虽然教练和心理学家可以帮助应对表现焦虑，但运动员自身也可以运用一些技巧和做法来减少焦虑。

> **将紧张情绪正常化** 每个人都会出现某种程度的表现焦虑——这很正常。

> **准备充分，提前排练** 锻炼肌肉记忆，建立信心。

> **想象一次成功的表现** 在头脑中将每个动作过一遍，想象一次没有苦恼和焦虑的经历。

> **积极的自我对话** 挑战消极观念，用积极观念取而代之。

> **照顾好自己** 锻炼身体，健康饮食，保证赛前有充足的睡眠。

> **记住自己是为享受乐趣而来** 将注意力从自我表现转移到对运动项目的纯粹享受上。

"永远不要让失败的恐惧阻碍你前进的道路。"

乔治·赫尔曼·"贝比"·鲁斯（George Herman "Babe" Ruth），
美国棒球传奇人物

僵化及失误增多
当焦虑和紧张加剧时，运动员会出现身体僵化，无法继续完成动作而导致更多失误。

消极的内心独白
自我对话变得更消极并具有批判性，运动员会关注自己的失误和弱点。

更多失误
消极的内心独白会增加焦虑和分心，从而导致更多失误。

唤醒水平
一定程度的高唤醒水平可以提升个体的表现。然而，如果焦虑超过了最佳唤醒水平，就会导致自我怀疑、身体僵化和失误。

心理计量测验

二十世纪初，心理计量测验首次应用于教育心理学领域。如今心理计量测验深受雇主们的欢迎，他们可以采用这些测验来分析新员工的适合性。

什么是心理计量测验？

1905年，法国的一项法律规定，6岁至14岁的儿童必须接受义务教育。对此，法国心理学家阿尔弗雷德·比奈（Alfred Binet）设计了第一套现代智力测验。一些学习困难儿童难以应对学校课程的要求，因此教育系统需要采用某种方法来衡量这些学生的困难程度，以便确定哪些儿童需要接受特殊教育。因此，比奈着手设计用来评估个体先天能力而非学业成绩的测验。他在两个女儿身上先试验了自己的方法，因为他对女儿们探索和回应世界的不同方式很感兴趣。

比奈在同事西奥多·西蒙（Theodore Simon）的帮助下，开发设计了30个测验。在控制条件下，每个年龄组都有一些测验。这些测验的难度分布广泛，包括计算图片中花瓣的数量，或者凭着记忆画画。测验目标是让孩子在自己年龄组的测验中通过更多题目，并达到该年龄组能力的标准水平。

斯坦福大学心理学家路易斯·推孟修订了这些测验，并于1916年出版了《斯坦福-比奈智力量表》。这些测量方法是二十世纪大多数智力测验的基础。如今，心理计量测验在很大程度上仍要归功于法国和美国人的工作，但心理测验的范围已经扩大，它们不单单是测量儿童智力，还可用于成人招聘和职业选择等领域。雇主可以采用心理计量测验来筛选出不合适的应聘者，并将个体与最适合的职业进行匹配。因此，人们相信测验的准确性是非常重要的。

保证测验公平

心理计量测验的结果会直接影响一个人是否能得到心仪的工作，所以测验必须遵守严格的标准。测验应该是：

▶ **客观的** 不能让记分者的主观意图影响测验分数。

▶ **标准化的** 所有被试的测验条件必须相同。能力倾向测验有严格的时间限制，通常是每个问题一分钟。然而，人格测验可以没有时间限制，因为准确性和诚实比速度更重要。

▶ **可靠的** 没有任何影响测验结果的因素。

▶ **预测性的** 测验必须能够准确预测被试在现实生活中的表现。

▶ **非歧视性的** 测验不能让被试因性别、种族等因素而处于不利地位。

测验种类

大多数采用心理计量测验的雇主都会用人格问卷来评估应聘者的动机、热情和适应特定工作环境的能力。随着越来越多的工作逐渐以客户为中心，管理层级也普遍减少，与人沟通和相处的"软技能"正变得越来越重要，而这些技能正是人格测验可以测量的。雇主也可以采用能力倾向测验来测量某些特殊能力而非一个标准的智力分数。

80% 的英国和美国大公司在招聘员工时会采用心理计量测验。

能力倾向测验

被试在考试条件下回答多项选择题（通常是在线答题），这些题目涉及多个科目或是他们所申请工作的相关领域。大多数的一般能力倾向测验会包括语言、数字和抽象推理题，以评估个体的沟通能力、计算能力和学习新技能的能力，而其他测验则更专业化。

- ✓ **语言能力** 拼写；语法；采用类推法工作；能够遵循指令和评估争论——针对大多数工作。
- ✓ **数字能力** 算术；数字序列；基础数学——针对大多数工作；解释图表、图形、数字或统计数据——针对管理岗位。
- ✓ **抽象推理** 识别一种模式的逻辑并完成序列任务（通常是图形化的模式）——针对大多数工作。
- ✓ **空间能力** 操作二维图形；在二维图像中可视化三维图形——针对需要良好空间技能的工作。
- ✓ **机械推理** 评估个体对物理和机械原理的理解——针对军事、应急服务、工艺、技术和工程领域的工作。
- ✓ **故障诊断** 评估个体在电子和机械系统中发现故障并进行修复的逻辑能力——针对技术工作。
- ✓ **数据检查** 评估个体进行错误检查的速度和准确性——针对文书和数据录入工作。
- ✓ **工作抽样** 真实环境的模拟训练；参加小组会议；呈现报告——针对某种特定工作。

"心理计量学所呈现的是人类并不擅长的东西——客观、公正、可靠、有效测量人的特质与特点。"

大卫·休斯（David Hughes），
曼彻斯特商学院组织心理学讲师

人格问卷

被试需要回答一系列问题，例如"我喜欢聚会和其他社交场合"，回答是/否或正确/错误，或者对同意/不同意的程度进行五点评分或七点评分。问题没有正确或错误答案，要求人们真实回答。有些人不喜欢参加聚会却声称自己喜欢，最后他们可能会发现自己的工作必须面对客户，而这是他们完全不适合的角色。

心理生活百科

索引

粗体标出的页码是指主要条目

十二步治疗计划 117

A
ACT（接纳与承诺疗法）**126**
ADHD（注意力缺损多动障碍）8, **66~67**, 100
AS 参见 阿斯伯格综合征
ASD（自闭症谱系障碍）66, **68~69**, 96, 97
ASR（急性应激反应）**63**, 64
阿布格莱布监狱 208
阿道夫·希特勒 210
阿尔伯特·班杜拉 169, 172
阿尔伯特·冯·施伦克·诺丁 195
阿尔茨海默病 76
阿尔弗雷德·阿德勒 15
阿尔弗雷德·比奈 246
阿斯伯格综合征（AS）**69**
埃德温·洛克 180
埃里克·埃里克森 15, 148, 149, 150
癌症 80, 112, 115
艾伦·巴德利 31
艾伦·克霍夫 161
艾滋病 75
爱德华·T. 霍尔 220
爱好 146
爱情 **155**
　　爱情与约会 **160~161**
　　需要 152~153
　　婚恋依恋 157
　　爱情科学 **158~159**
安眠类药物 142~143
安妮·莱文森 163
安全 152~153, 188, 189, **192~193**
　　社区安全 **222~223**
安全感 154, 156
安全摄像头 222, 223
按摩 135
按压位置 135

B
β受体阻滞剂 63
B.F. 斯金纳 17
BDD（躯体变形障碍）**59**
巴甫洛夫的狗 16
拔毛障碍 **60**
拔毛症 60
暴力
　　暴力行为的循环 **199**
　　政治暴力 205, 210, 213
暴露疗法 **128**
暴食-清除循环 92

暴食症 90, 94
悲伤 33, 38, 41, 64, 73, 94, 133
背外侧前额叶皮层 27, 230
被告 194, 200, 201
被害妄想 75
本我 14~15
笨手笨脚 67
比例 231
边缘化 211, 214, 218
边缘系统 26, 32~33, 143
边缘型人格障碍 **105**
辩证行为疗法 参见 DBT
表情扭曲 73
表现焦虑 **244~245**
表现目标 172
表演型人格障碍 **105**
不安 52, 66, 73, 79, 99
不道德行为 208~209
不宁腿综合征 98, 99
不孕 90
布鲁斯·塔克曼 182
布洛卡区 25, 27

C
CBT（认知行为疗法）13, **125**
　　监狱中的CBT 202, 203
　　第三浪潮 **126**
CBT第三浪潮 **126**
CCTV（闭路电视）223
CLT 参见 认知学习理论
CPT（认知加工疗法）**127**
CTE（慢性创伤性脑病变）**78**
CT扫描 13, 26
参与型领导 185
操作性条件作用 **17**, 125
测谎仪 196
策略家庭疗法 **140**
查尔斯·达尔文 22
产后精神病 42
产后情绪低落 42~43
产后抑郁症（PPD）（分娩后抑郁症）**42~43**
超我 14~15
沉默不回应 165
成就导向型领导 184
成瘾 36, **82**, 117
承诺
　　消费者承诺 228
　　承诺与爱情 158
　　恋爱关系中的承诺 162, 163
城市社区 **220~221**
惩罚 17
痴呆 **76~77**, 78, 79

　　治疗痴呆的药物 142~143
冲动 64, 65, 66, 67
冲动控制障碍 60, **82**, 83, 84, 85
抽动障碍 66, **100~101**
仇恨言论 212
仇外心理 212
出生顺序 139
出生体重偏低 66
初级视觉皮层 27
创伤 46, 62, 78, 86, 88, 89, 127, 136
　　与生理问题 135
创伤后应激障碍 参见 PTSD
创伤及应激相关障碍 **62~65**
唇/腭裂 96
词语联想 120
雌激素 159
刺激-反应 16
猝倒 99
催产素 137, 159
催眠疗法 **136**
"存在"/成长的需要 153
存在孤独与陪伴孤独 133
存在主义疗法 **133**
错乱 42, 76, 77, 78, 79, 80, 98, 99, 148, 149
错误 192~193

D
DBT（辩证行为疗法）**126**
DID（分离性身份识别障碍）**86~87**
DMDD（分裂性情绪失调症）**44**
DNA脱氧核糖核酸 22, 23
大麻素 243
大脑
　　生物治疗 **142~143**
　　消费者神经科学 230~231
　　心流状态 242~243
　　大脑功能 **24~29**
　　信息加工 20~21
　　学习 168~169
　　大脑与爱情 155, 159
　　绘制脑地图 **26~27**
　　生存反应 62
　　青少年大脑 22
大脑半球 **24**, 25, 26
大脑皮层 24, 26, 31, 33
大屠杀 211, 212
大卫·M. 查维斯 216
大卫·W. 麦克米伦 216
大卫·库伯 168
代表性启发 204
代际模式 139
担忧 38, 50, 52, 53, 54, 55, 59, 61, 90, 99, 106

单纯曝光效应 158
党派关系 206~207
盗窃癖 84
道路交通 192~193
　事故 63
等级 208, 212
地位 146
巅峰体验 153
电休克疗法 参见 ECT
顶叶 26, 27
定向障碍 42, 98, 99
冬季抑郁 45
动机
　教育 166, 168, 169, 172, 173, 175
　缺乏动机 71
　自我实现 **152~153**
　运动 **240~241**
　职场 176, **180**
动物辅助疗法 137
动物恐惧症 49
独裁主义 210, 212
赌博障碍 **83**
短时记忆 30, 31
锻炼 39, 168
　过度锻炼 59, 82, 92
　锻炼心理学 236~237
锻炼成瘾 82
对称
　消费者神经科学 231
　与对称有关的恐惧 56
对人恐惧症 **108~109**
对自己的行为负责 133
多巴胺 29, 40, 66, 70, 143, 159, 168, 243
多动 66
多发性硬化症 75
多样性 **217**
多重人格障碍 参见 DID

E

ECT（电休克疗法）13, 142, 143
EFT 参见 情绪释放技术
EMDR（眼动脱敏及再加工）**136**
ETS（强化思维技能）202
额颞叶痴呆 76
额叶 26, 27, 33
恶意挑衅 223
噩梦 62, 98
恩德·托尔文 30
儿童
　ADHD **66~67**
　适应性障碍 **64**
　ASD **68~69**
　阿斯伯格综合征 **69**
　依恋 154, **156~157**
　沟通障碍 **96~97**
　发展 17, 21

DMDD **44**
高功能自闭症 **69**
身份认同的形成 **148~149**
学习 168~169
忽略/虐待 141
儿童保护 223
纵火狂 **85**
反应性依恋障碍 **65**
选择性缄默症 **55**
分离焦虑障碍 **54**
参见 家庭
儿童排泄障碍 **108~109**
儿童期流畅性障碍 96, 97
二元论 24, 25

F

fMRI功能性磁共振成像 26, 230
发掘潜能 131, 152~153
发展心理学 13, **146~153**
发作性睡病 98~99
法律体系
　认知心理学 21
　司法心理学 194
法庭 194, **200~201**
反刍障碍 95
反复确认 56, 57
反馈 181
反社会型人格障碍 **104**, 105
反向 118
反应性依恋障碍 **65**
犯罪行为 **198~199**, 202
犯罪行为的生理因素 199
犯罪活动 80
犯罪调查 194, **196~199**
犯罪与社区安全 222~223
方法论的行为主义 16
防御 165
防御机制 **15**, 86, 118, 153
非理性信念与行为 122~123
非人性化 202, 208, 211
菲尔·瑞思 168
菲利普·津巴多 202, 208, 209
分离焦虑障碍 **54**
分离性行为 63
分离性身份识别障碍 参见 DID
分离性神游 89
分离性遗忘症 **89**
分离性障碍 **86~89**
分裂型人格障碍 102, 103
分裂性情绪失调症 参见 DMDD
分裂样人格障碍 102, 103
分娩 38, 42
分娩并发症 70
愤怒 33, 44, 62, 94, 105, 127, 133, 199, 207, 237
愤怒管理 85, 137, 203
封闭技能 239

否认 15, 80, 118, 199
夫妻治疗 **154**
弗洛伊德的性理论 14~15
服从 208
辅助运动皮层 27
父母
　联系 65
　父母与儿童发展 17
　过度保护 54
　培训和支持 54
赋权 **218~219**
腹内侧前额叶皮层 230

G

GABA伽马氨基丁酸 29
GAD（广泛性焦虑障碍）**52**, 59
改变
　改变消费者行为 **228~229**
　变革与赋权 218, 219
　促成变革的指导方针 187
　职场变革 177, **186~187**
改进建议 187
改善 187
感官 20
感觉
　情感 70, 74
　感觉与记忆 30
感觉技能 69
感觉皮层 27, 32
感知到的威胁 56
高尔顿·奥尔波特 13, 212~213
高功能自闭症（HFA）69
高效的机器 **190~191**
睾酮 159
格式塔疗法 133
格式塔心理学 13, **18**
个人成长 130, 132
个人成长的障碍 153
个人空间 220, 221
个人推荐 224
个人信息 179
个人预防计划 203
个人中心疗法 18, **132**
个人主义 19
个体
　个体与社区 216~217
　赋权 218~219
个体差异 22
工业心理学 12, 166, **177**
工作分析 178
工作量 189
工作问题 38, 41
工作样本 179, 247
公共空间 220, 222
公众意见 205
攻击性 70, 78, 80, 85, 102, 156, 199

共识原则 229
共同资源 215
沟通
　　沟通与改变 187
　　沟通问题 68, 71
　　恋爱关系中的沟通 154, **164**
沟通障碍 **96~97**
购物
　　购物成瘾 82
　　参见 消费者心理学
孤独感 38, 137
孤立 52, 53, 58, 92, 97, 137
古希腊 12
谷氨酸盐 28
怪异姿态 73
关系
　　平衡 138
　　建立/破裂 155, **162~165**
　　约会 **160~161**
　　问题 38, 41, 65, 78, 132
　　依恋心理学 **156~157**
　　恋爱关系心理学 154~**165**
　　爱情科学 **158~159**
　　恋爱关系的发展阶段 162~**165**
关系伦理 141
观念与文化 217
光照水平 45
广场恐惧症 50
广泛性焦虑障碍 参见 GAD
广告 **224**
归属感 152~153, 210
归因理论 204
规范 147, 214, 215
国家训练实验室 172
过程损失 182
过度节食 59, 90~91, 92
过度嗜睡 **98~99**
过分关注外貌 59

H
HFA 参见 高功能自闭症
HFE心理学 13, **188~193**
　　设计显示设备 **190~191**
　　人为失误及预防 **192~193**
哈里·哈洛 154
哈罗德·普罗山斯基 220
海伦·费舍尔 159
海马 26, 31, 32, 62
害怕被污染 56
害怕造成伤害 56, 58
汉斯·艾森克 150
航空安全 188, 189, 192~193
合理化 118
合作式治疗 **123**
荷尔蒙 16, 18, 23, 28, 159
核能 188, 192

赫尔的驱力理论 241
黑客 195
亨廷顿氏舞蹈症 100
呼吸
　　呼吸困难 48
　　正念呼吸 129
　　呼吸技巧 134, 135
呼吸系统115
互动 216~217
互惠 229
化学物质失调 23
怀孕 38, 42, 70
　　厌食与怀孕 90
　　怀孕期间的营养 96
　　异食癖 95
环境
　　环境与社区 215, **220~221**
　　与环境脱节 88
环境刺激 20, 169
环境心理学 221
环境因素 22, 23, 38, 46, 48, 65, 70, 80, 82, 88, 142, 148, 150, 151, 154
幻觉 42, 70, 72, 74, 78, 99
幻想 133
换气过度 46
唤醒 82, 98, 227, 245
　　动机的唤醒理论 **241**
谎言测试仪 196
回避型人格障碍 **106**, 107
秽语 101
婚恋依恋 157, **158~159**
混合性痴呆 76
混乱型精神分裂症 70
活动低下型谵妄 79
活动亢进型谵妄 79
活在当下 153
火灾与纵火狂 **85**

J
肌肉抽动 100, 102
肌肉骨骼系统 115
肌肉萎缩症 68
积极倾听 164
积极倾听与消极倾听 164
积极心理学 **129**
基本归因错误 204
基本教义派行为主义 17
基底神经节 101
基蒂·吉诺维斯 223
基斯·戴维斯 161
基因 22, 23
　　基因与人格 150
　　基因与恋爱关系 154, 159
激情 158
急性错乱状态 参见 谵妄
急性应激反应 参见 ASR

疾病焦虑障碍 **61**
集体无意识 120
集体主义 19
嫉妒妄想 75
几何形状 231
计算机/网络成瘾 82
计算机科学 20~21
计算障碍 174
记忆 20, 21, **30~31**
　　被隐藏的记忆 118
　　分离性遗忘症 **89**
　　记忆与设计显示设备 190, 191
　　记忆的不可靠性 196
　　记忆差错 192
　　记忆问题 71, 77, 78, 79, 86
季节性情感障碍 参见 SAD
既定事实 133
绩效评估 181
家庭
　　家庭冲突 64
　　家庭动力学 138, 139, **141**
　　家庭与认同 147
　　家庭失衡 141
　　系统疗法 **138~141**
家庭系统疗法 139
甲亢 46
价格与消费者 225, 228, 230
价值观 147, 215
间隔化 118
间歇性爆发性障碍 82
监狱 151, 195, **202~203**, 208
缄默
　　紧张症 73
　　选择性缄默症 **55**
健康
　　身心健康 **114~115**
　　关注健康 52, 61, 108~109
　　健康与治疗 **112~113**
健康心理学家 13, **112**, 114~115
健忘 67, 86
僵直 73
奖励计划 67
交互分析 **121**
交替人格 86
交通心理学 **193**
焦点解决短期治疗 **134**
焦虑 46~47, 51, 56~57, 189
　　焦虑管理 237
　　表现焦虑 **244~245**
焦虑障碍 **46~55**
焦躁 73
角色扮演 133
角色与认同 147
教学
　　教育心理学 **166~167**
　　教学心理学 172~173

参见 教育
教育
　　认知心理学 21
　　教育与认同 146
教育心理学 12, **166~175**
　　评估问题 **174~175**
　　教育理论 **168~171**
　　教学心理学 **172~173**
　　心理计量测验 246
阶级与身份认同 147
接纳与承诺疗法 参见 ACT
杰拉尔德·克洛尔 161
紧急情况 222, 223
紧张
　　肌肉紧张 100, 244
　　缓解负性紧张 135
紧张型精神分裂症 70
紧张症 73
进化论 150
进化心理学 **22**
进食障碍 **90~95**
进食障碍的身体形象 90~95
经典性条件作用 **16**, 124
经济忧虑 38, 41, 52, 83
经颅磁刺激 参见 TMS
经络 135
惊恐发作 46, 48, 50, 51, 54, 62, 63, 86
惊恐障碍 **46~47**
惊奇 33
精神病行为 199
精神病态 **104**
精神病症状 39, 70, 71, 72, 103, 199
精神分裂症 22, **70~71**, 72, 75, 80, 102, 142
精神分析 13, 14, 15, 116, 119, 130
精神分析理论 **14~15**
精神科护士 112
精神科医生 112
精神失常 200
精神外科手术 143
精神运动功能 73
精神障碍 58, **70~75**, 85
警察 194, **196~199**
酒精滥用 38, 62, 75, **80~81**, 115
就业 参见 职场
决策 20, 52, 62, 73, 77, 183, 189
军事战争 62, 78

K
卡尔·罗杰斯 13, 18, 131
卡尔·荣格 13, 15, 120, 178
卡里尔·鲁斯布尔特 158~159, 161
开放技能 238
开放式问题 131, 196
开放性 151
康复 115
　　罪犯改造 195, 202~203

抗焦虑药物 142~143
抗精神病药物 142~143
抗利尿激素 159
抗抑郁药物142~143
科技与心理学 **188~193**
可持续性 177
可得性启发 204
可视化 129, 133, 134, 169, 236
刻板 73
客体关系 **121**
课堂
　　课堂混乱 175
　　教育理论 168
　　课堂结构 167
　　教师课堂教学效率 172
空间 220
空间关系学 220
空椅子技术 133
恐怖主义 212, **213**
恐惧 33
恐惧症 **48~51**
控制
　　进食障碍 90
　　控制能力受损 81
　　被控制感 70
抠皮障碍 **60**
抠皮症 **60**
口吃 96, 97
跨文化心理学 215
快乐原则 15
狂杀症 **108~109**
眶额叶皮层 27

L
蜡样屈曲 73
狼疮 75
勒内·笛卡儿 12, 24, 25
理想自我 18~19
理性情绪行为疗法 参见 REBT
练习
　　与学习 168, 169, 170, 171, 172
　　与运动 238, 239
恋爱关系中的冲突 154
链球菌 101
量刑 201
临床面谈 37
临床心理学家 **113**
领导力
　　领导与变革 187
　　政治领导人 207
　　优秀领导的品质 184
　　变革型领导 **185**
　　职场中的领导 177, 183, **184~185**
颅骨撞击 78
鲁宾花瓶错觉 18
路径-目标理论 184~185

路易斯·推孟 13, 246
路易体痴呆 76
罗伯特·豪斯 184
罗伯特·加涅 168
罗伯特·斯腾伯格 158
罗伯特·扎伊翁茨 158
罗杰·斯佩里 25
逻辑 20, 24, 128, 168, 247

M
马丁·路德·金 185
马丁·塞利格曼 129
马克·耐普 162~163
马克·齐默曼 218
玛丽·安斯沃思 154, 157
迈尔斯-布里格斯性格分类指标（MBTI） 178
慢性创伤性脑病变 参见 CTE
冒险行为 81
梅毒 75
媒体
　　媒体与消费者行为 226, 227, 230, 231, 232, 233, 234
　　社交媒体 147, 207
　　媒体与投票行为 **207**
孟乔森综合征 **108~109**
梦 14, 98
　　释梦 118, 119, 120
　　反复做梦 63
梦游 98, 99
米哈里·齐克森米哈里 242
免疫系统 80, 159
面部表情
　　有意识的及反射性的面部表情 33
　　面部表情僵硬 55
面具 202
面谈
　　犯罪调查 **196~197**
　　职场 176, **179**
灭绝 211, 213
蔑视 165
民族主义 207, **210~213**
名人代言 **234~235**
名人跟踪者 **235**
明确指示 67
模仿动作 73
模仿言语 73, 101
模因 231
末世四骑士 164, **165**
默里·鲍恩 139
目标
　　可实现的目标 134
　　自我实现 152~153
　　设置目标 180~181, 236
　　SMART目标 240
　　职场 177, 180~181
目的感 153

目光呆滞 73

N
N-REM（非快速眼动）睡眠 98
脑电波 243
脑干 27
脑瘤 75
脑瘫 68, 96, 100
脑震荡后综合征 参见 CTE
内啡肽 29, 243
内疚 38, 45, 60, 82, 84, 92, 94, 109, 127, 132, 133, 148
    缺乏内疚感 104
内森·斯普林 168
内向型 120, 178
内在动机 240
能力倾向测验 247
年龄与认同 147
颞顶联合区 27
颞叶 26, 27
疟疾 75

O
OCD（强迫症）48, **56~57**, 58, 59, 60, 100, 107, 124
欧文·詹尼斯 208
呕吐 92, 95

P
PACE（有趣的，接纳的，好奇的，同理的）141
PD（人格障碍）80, **102~107**
    A类群：奇异/古怪 **102~103**
    B类群：戏剧性/情绪化/不稳定 **104~105**
    C类群：焦虑/恐惧 **106~107**
PERMA模型 129
PPD 参见 产后抑郁症
PTSD（创伤后应激障碍）48, **62**, 63, 127, 136, 222
帕金森病 22, 75, 76, 78, 109
判断 20
    判断力受损 77, 78
旁观者效应 **222~223**
陪审团 200, 201
培训 188
批评 165
    建设性批评 181
疲劳 42, 43, 45, 71, 99, 108, 197, 239, 240, 244
脾气暴躁 44
匹克病 76
偏见
    认知偏见 **21**
    评审团偏见 200, 201
    绩效评估偏见 18
偏见 212
偏执 42, 70
偏执型精神分裂症 70
偏执型人格障碍 102, 103
贫穷 177
贫血 60, 95
品牌 163, 225, **232~233**
    名人代言 **234~235**
品牌识别棱镜 232
评估中心 179

Q
欺凌 38, 90
奇怪的运动反应 68
歧视 **210~213**
企业 167
前额叶皮层 62, 242
前意识心理 **14~15**
潜意识 14, 15, 118
谴责群体外成员 211
强化 17
强化理论 180
强化思维技能 参见 ETS
强迫 **56~57**, 82, 84, 90, 107, 117, 125, 128
强迫型人格障碍 106, **107**
强迫性的兴趣 69
强迫症 参见 OCD
"怯场" 244
侵犯 63, 213
侵入性想法 56, 57, 84
亲密感与爱情 158
亲密空间 220
青春期少年 参见 青少年
青少年 22, **148~149**
轻度躁狂 40, 44
倾向理论 150
清除性进食障碍 95
情爱妄想 74
情感分裂性精神障碍 72
情感性的物品 58
情境恐惧症 49
情境疗法 141
情境论 209
情绪 **32~33**
    情绪与消费者行为 **226~227**
    扁平化情绪 71
    无法控制或表达情绪 76
    情绪与记忆 30
    情绪与投票 **207**
情绪聚焦疗法 134
情绪取向疗法 134
情绪释放技术（EFT）135
情绪调节 126
情绪稳定剂 41, **142~143**
丘脑 26, 30, 32
躯体疗法 135
躯体妄想 74
躯体症状障碍 61, **108~109**
去甲肾上腺素 29, 40, 66, 143, 243

去抑制效应 223
去抑制型社会参与障碍 65
权威
    权威与消费者行为 228
    服从权威 208, 210
全科医生 112, 113
缺乏意志力 71
"缺失"的需要 153
群体动力学 138, 139, 182, 184, 208
群体内/群体外的心态 **210~211**, 212
群体认同 146
群体思维 **183**, **208**
群体外歧视 **210~212**

R
REBT（理性情绪疗法）**127**
REM（快速眼动）睡眠 98, 99, 136
让·马丁·沙可 119
让·诺艾·卡普费雷 232
让·皮亚杰 13, 166, **168~169**
人本主义 13, **18~19**, 130
人本主义理论 151
人本主义疗法 117, **130~137**
人道主义工作心理学运动 177
人格 **150~151**
    品牌 **232~233**
    改变 40, 86
    人格发展 **14~15**
    人格障碍 参见 PD
    人格与工作适应性 178
    人格问卷 246, **247**
人格解体 **88**, 202
人际效能 126
人口密度 220, 221
人类特质 188
人体测量学 189
人体工程学 189
人为失误 189, 190, **192~193**
人因工程 参见 HFE心理学
认同
    身份转换 **86~87**
    身份认同的形成 **148~149**
    个人的认同 **146~147**
    人格 **150~151**
认知行为疗法 参见 CBT
认知加工疗法 参见 CPT
认知解离 126
认知疗法 122, **124**, 125
认知面谈技巧 **196**
认知偏见 21
认知评估 227
认知心理学 13, **20~21**
认知学习理论（CLT）**168~169**
认知训练 17
认知与行为疗法 116, **122~129**
认知与行为疗法的方法 128

日程安排
　　规划日程安排 236
　　建立可预测的日程安排 67
荣格疗法 **120**
辱骂 212

S
SAD（季节性情感障碍）**45**
SCD 参见 社会性沟通障碍
SIT（压力接种疗法）**128**
SMART目标 240
SSRIs（选择性血清素再摄取抑制剂）46, 69, 74, 84, 142
丧亲 38, 46, 62, 63, 64
闪回 62, 63
设备设计 188, **190~191**
设定明确的界限 67
社会等级 212
社会惰化 **241**
社会分裂 211
社会工作者 112
社会公正 218
社会功能受损 81
社会环境与犯罪行为 199
社会交往 220
　　社会交往困难 65, 68, 69, 77
社会空间 220, 221
社会排斥 212
社会认同 146
社会认同理论 211
社会线索 223
社会性沟通障碍（SCD）96, **97**
社会学习 150
社会学习理论 **169**
社会支配理论 211
社会组织 188
社交焦虑障碍 **53**, 59
社交恐惧 52
社交媒体 147, 207, 226, 230, **231**, 233
社区心理学 13, **214~223**
　　赋权 **218~219**
　　社区的工作原理 **216~217**
　　社区安全 **222~223**
　　城市社区 **220~221**
社区心理学家 217, 218
身体
　　与身体脱节 88
　　身心二元论 25
　　躯体疗法 **135**
　　身体与压力 115
身体"僵化" 244, 245
身体检查 37
神经递质 **28~29**, 40, 143, 159
神经发育障碍 **56~71**
神经科学 24, 168~169
　　消费者神经科学 **230~231**

神经认知障碍 **76~79**
神经通路 28, 30, 137
神经系统 23, 115
神经心理学 24
神经性贪食症 90, **92~93**
神经性厌食症 **90~91**, 92
神经元 28, 30, 168, 169
神经质 151
肾上腺素 29, 46, 62, 159, 244
生存反应 62
生活方式管理 41, 42, 44, 45, 50, 58
生活经历与人格 150
生理需要 152~153
生态系统 215, 216
生物-心理-社会模型 **114~115**
生物心理学 13, **22~23**
生物学因素 16, 17, 18, 150
生物治疗 **142~143**
生殖系统 115
声音
　　声音心理学 190
　　对声音的敏感 69
失眠 98~99
失误 参见 人为失误
失误及预防 **192~193**
失业 38, 177
实现 152~153
食物，进食障碍 90~95
世界卫生组织 39
市场营销
　　客户概况分析 **227**
　　参与式营销 233
　　营销的黄金法则 **228**
　　神经营销学 230
视觉反应
　　消费者 230~231
　　显示设备 190~191
视觉与听觉警报 190
视邻居为"他者" 211
视频 230
视频监控 223
适应 215
适应性障碍 **64**
嗜睡 43, 71, 79, 80, 93
受害者研究 **203**
受体 27, 32, 143
书写障碍 174
疏离 65
双胞胎 22, 23, 151
双相障碍 **40~41**, 72, 75, 142
双向发展疗法 141
睡眠
　　睡眠障碍 **98~99**
　　睡眠紊乱 42, 54, 63, 64, 66, 68, 79
　　睡眠过量 45
　　失眠 52, 53, 62

睡眠与学习 169
睡眠呼吸暂停 98
睡眠侵犯 98
睡眠瘫痪 98, 99
说服 228~229
说话性语音障碍 96, **97**
司法心理学 13, **194~203**
　　法庭 **200~201**
　　犯罪调查 **196~199**
　　监狱 **202~203**
斯蒂夫·达克 164
斯坦福监狱试验 **151**, 202, 209
斯坦利·米尔格拉姆 208
死亡的必然性 133
搜索引擎优化（SEO）228
髓鞘 169
缩阳症（生殖器收缩综合征）**108~109**

T
TMS（经颅磁刺激）142, 143
胎儿酒精综合征 68
太极 135
态度
　　改变消费者 228~229
　　态度与文化 215
态势感知 189
碳水化合物 45
唐·伯恩 161
唐氏综合征 68, 96, **108~109**
特质理论 150, 151
提升表现的神经化学物质 243
提升运动技能 **238~239**
体重
　　进食障碍 **90~94**
　　体重增加 80
替代疗法 115
替罪羊 211
天性与教养 22, 151
条件作用 **16~17**
听到声音 70, 86
庭审 **200~201**
同伴群体 146
同理受害者 202, 203
同理心
　　难以同理 77, 104, 199
　　丧失同理心 208
　　治疗师 121, 131, 132
　　同理受害者 202, 203
同一性地位理论 **149**
痛苦耐受 126
偷窃 84
头部受伤 78, 200
头脑风暴 182
头痛 52, 54, 63, 78, 83, 143
投票行为 205, **206~207**
突触传递 28

突然缺席 86
图雷特综合征 66, **101**
图式理论 205
团队动机 **241**
团队发展 177, **182~183**
团队合作
    团队合作与心流状态 **243**
    职场 189
团队建设
    运动 237
    职场 182~183
团体治疗 **117**
推理 20
推销 225, 228
退缩性 71
褪黑素 45, 99
囤积障碍 **58**

W

外向型 120, 178
外向性 151
外在动机 240, 241
完美主义 52, 69, 107
网络欺诈者 195
网络引诱 223
妄想 40, 42, 70, 72, 74~75, 76, 79, 103, 108
妄想障碍 **74~75**
危险
    对危险的预期 52
    缺乏危险意识 66
威尔尼克区 25, 27
违规 193
违拗 73
围产期精神疾病 **42~43**
文化
    文化与社区 214, 215
    文化周期 216~217
    文化与认同 147
    客户概况分析 227
    风俗 215
    网络欺凌 223
    网络犯罪 **195**
    环性心境障碍 40
文化心理学 13, **214~215**
问卷 115
问题解决 76, 125, 132, 168
无反应性 73
无行为能力 200
无家可归 218, 219
无意识心理 14~15, 150
    情绪反应 32~33
    心理动力学疗法 118~121
无意义 133
物质滥用 22, 38, 62, 65, 75, **80~81**, 115
物质使用障碍 **80~81**, 102

X

西奥多·西蒙 246
西格蒙德·弗洛伊德 13, **14~15**, 16, 23, 118, 119, 150, 156
吸引
    肢体语言 160
    化学吸引 **159**
稀缺 229
系统理论 138
系统疗法 13, 117, **138~141**
系统脱敏 128
下丘脑 26, 32, 62
显示设备的设计与感知 **190~191**
现实定向疗法 79
现实解体 **88**
现实疗法 **132**
现实群体冲突理论 211
相互依存 215
消费者关系 163
消费者评论 224
消费者心理学 13, **224~235**
    消费者心理学与品牌 163, 225, **232~233**
    改变消费者行为 **228~229**
    消费者神经科学 **230~231**
    名人的力量 **234~235**
    理解消费者行为 **226~227**
消费者预测 226
消化系统 115
消极倾听 **164**
消极思维 50, 51, 52, 53, 64, 115, 122, 123, 124, 125, 126, 127, 133, 135, 236
小脑 27
效价 227
邪恶品性 208~209
心悸 52
心境
    心境障碍 **38~45**
    情绪低落 38, 42, 59, 94
    神经递质与心境 29
    情绪波动 40~41, 42, 63, 72, 79
心理测验 **37**, 179
心理动力学理论 150
心理动力学疗法 39, 116, **118~121**
心理行为主义 17
心理计量测验 13, **246~247**
心理健康
    与犯罪行为 199
    与生理健康 **114~115**
    心理健康评估 115
心理教育 55, **113**, 127
心理模型 190, 191
心理适应 22
心理学/心理学家
    社区 **214~223**
    消费者 **224~235**
    教育 **166~175**
    司法 **194~203**
    HFE **188~193**
    工业/组织 **176~187**
    政治 **204~213**
    恋爱关系 **154~165**
    角色与类型 **112~113**
    与自我认同 **146~153**
    运动 **236~247**
心理学历史 **12~13**
心理障碍 **34~109**
    诊断障碍 **36~37**
心理治疗 **116~117**
心流状态 242
心率增加 29, 32, 46, 47, 48, 63
心血管系统 115
新弗洛伊德流派 15
信息加工 **20~21**, 22
信息图 230
形成刻板印象 210
行为
    行为与大脑活动 **24~25**
    消费者行为 **226~227**
    行为与文化因素 215
    行为与情绪 **32~33**
    行为与非理性信念 **122~123**
    行为习得16~17
    行为与潜意识心理 14
    不道德行为 208~209
行为策略 123
行为疗法 122, **124**, 125
行为评估 37
行为问题 175
行为周期 125
行为主义 13, **16~17**
行为主义理论 150, 151
行为主义心理学 13, 16~17, 150
兴奋剂 **142~143**
杏仁核 26, 32, 33, 62, 135, 231
幸福
    社区 215, 217, **219**
    情绪健康 203
性
    性成瘾 82
    健康的性 203
性别
    歧视 212
    性别与认同 147
性别焦虑症 **108~109**
性功能障碍 **108~109**
性情论 209
性吸引 159
性心理发展阶段 14~15
性选择 150
性欲倒错障碍 **108~109**
嗅觉 159
嗅球 26

虚构 30
虚假供述 200
虚假新闻 207
需要
　　五种基本需要 132
　　需要层次理论 152~153, 180
选举 206~207
选择
　　诚实的选择 153
　　选择的悖论 226~227
选择性缄默症 55
学生与教学方法 172~173
学习 20
　　学习困难 65, 97, **174~175**
　　教育理论 **166~169**
　　目标 172
　　学习阶段 239
　　学习停滞期 238~239
　　学习金字塔 172
　　改善学习的策略 166~167
学校 167
　　问题 64
　　参见 教育
血管性痴呆 76
血清素 29, 40, 45, 70, 143, 159, 243
血液-注射-受伤恐惧症 49
寻求保证 57

Y
压力 38, 41, 55, 189
　　适应性障碍 64
　　压力对身体的影响 **115**
　　ASR 63
　　分离性障碍 88, 89
　　表现焦虑 **244**
　　PTSD **62**
压力接种疗法 参见 SIT
压抑 15, 118, 119
亚伯拉罕·马斯洛 13, 18, 152, 153
亚里士多德 24
亚伦·贝克 13, 124
亚瑟·W. 斯塔茨 17
亚文化 146
言语
　　言语困难 68, 77, 96~97
　　选择性缄默症 55
言语抽动 100, 101
言语治疗 55, 96
言语重复 101
颜色心理学 190, 231
眼动脱敏及再加工 参见 EMDR
眼神交流 55, 68, 71, 179, 181
厌恶 33, 73, 94, 108, 207
厌恶疗法 128
药物的副作用 143
药物治疗 117, **142~143**

药物治疗 13, **142~143**
夜间进食障碍 95
夜惊 98, 99
一般医学专家 112
一元论 25
伊莲·哈特菲尔德 161
伊斯兰世界的学者 12
医院 188, 192
依赖型人格障碍 **106**, 107
依恋
　　依恋心理学 **156~157**
　　爱情科学 **158~159**
　　依恋类型 156
　　依恋理论 65, **154**
仪式性动作 56, 57
收拾或整理 68
宜人性 151
疑病症 **61**
乙酰胆碱 28
艺术类疗法 **137**
异食癖 **95**
异态睡眠 98~99
抑郁 18, 22, **38~39**, 40~41, 42~43, 45
易怒 44
意识心理 14~15
　　情绪反应 32~33
音乐疗法 137
音量控制不足 66
婴儿依恋 156~157
营养不良 95
应对机制 128
拥挤 221
幽闭恐惧症 **51**
瑜伽 135
与机构的互动 217
与睡眠相关的痛苦呻吟 98
与主要照顾者的联系 65
语无伦次 79
语言
　　发展 17
　　问题 25, 68, 76
语言障碍 96, **97**
语言治疗 55
欲望 159
约翰·F.肯尼迪 208
约翰·鲍尔比 154, 156
约翰·戈特曼 154, 164
约翰·华生 13, 16
约会 155, **160~161**
约会教练 161
阅读障碍 174
运动
　　CTE 78
　　进入状态 **242~243**
　　提升技能 **238~239**
　　保持动机 **240~241**

表现焦虑 **244~245**
运动心理学 **236~245**
运动抽动 100, 101
运动技能 69, 76
运动皮层 27
运动协调障碍 108, 174
运动员 **236~245**
运动障碍 **100~101**

Z
在线社区 **223**
早产 66, 68
躁狂 40~41, 44, 72
责任
　　接受责任 133
　　责任分散 223
　　责任与自由 133
　　共同责任 141
　　个人责任 203
责任心 151
诈病 200
詹姆斯·凯利 215
詹姆斯·玛夏亚 149
谵妄（急性错乱状态）79
"战斗或逃跑"反应 32, 46, 63, 135, 244
战区 192
战争与民族主义 210
长时记忆 30, 31
掌握目标 172
障碍的抑郁症状 48, 53, 58, 59, 63, 65, 66, 68, 73, 75, 76, 80, 83, 84, 90, 92, 94, 102, 105, 108~109
招聘 176, **178~179**
诊断 **36~37**
枕叶 26, 27
整容手术 59
整体疗法 135
正面肯定 134, 135
正念 48, 126, **129**
正念行走 129
正念进食 129
正念身体觉知 129
证人
　　犯罪案件的证人 222~223
　　犯罪调查中的证人 194, 196, 197
　　专家证人 195, **201**
政府 167
政治决策 205, **208~209**
政治认同 147
政治心理学 13, **204~213**
　　民族主义 **210~213**
　　服从与决策 **208~209**
　　投票行为 **206~207**
支持小组 46
支持型领导 185
知觉 18~19

设计显示设备 190~191
感觉和视知觉受损 69
知识的获得 168~169
肢体语言与吸引 159, 160
职场评估 176, **181**
职场中的心理学 **176~187**
    认同 147
    领导力 **184~185**
    管理人才 **180~181**
    组织文化与变革 **186~187**
    心理计量测验 **246~247**
    招聘 **178~179**
    安全 188
    团队发展 **182~183**
指导型领导 185
治疗
    治疗与健康 **112~113**
    治疗的作用 **116~117**
"窒息" 244, 245
智商 200, 246
中脑边缘脑区 230
中性刺激 16, 124
种族冲突 210
种族灭绝 208, 210, 211, 212, 213
种族中心主义 212
种族主义 207, 210, 212
重复的行为 60, 68, 97
猪湾事件 **208**
注意
    注意与设计显示设备 190, 191
    注意与记忆 30
    注意力分散 66, 67
    注意力缺损多动障碍 参见 ADHD

专家证人 195, **201**
专注 38, 52, 62, 63, 66, 67, 71, 76, 77, 79
咨询师 112
咨询心理学家 113
自卑情结 15
自闭症谱系障碍 参见 ASD
自残 38, 42
自大妄想 74
自恋型人格障碍 **105**
自然环境恐惧症 49
自然选择 22, 150
自杀
    监狱 202
    自杀念头 38, 73, 86
自上而下的分析 198
自我 14~15
    自我心态 121
自我暴露 161, 164
自我对话 236, 245
自我分化 139
自我价值 18~19
自我觉知 123, 130~131, 133, 134
    内在及公众自我觉知 147
自我接纳 130~131, 132, 137
自我认同的心理学 **146~153**
自我实现 18, 19, 130~131, 132, 146, 152~153
自我完善 131
自我效能 172
自我效能理论 180
自我心理学 **121**
自我信念 132, 245
自我形象 18~19, 232
    消极的自我形象 59, 92

自我意识 53, 244
自下而上的分析 198
自信 245
自信训练 123
自由联想 118, 119
自由意志 16, 18, 133
自由与责任 133
自主 218
自助 53
自助小组 50, **117**
自尊 132, 137, 147
    低自尊 38, 42, 65, 94
字体 230
宗教
    与歧视 212
    与认同 146
纵火狂 **85**
阻抗分析 118, 119
组织
    组织文化 **186**
    赋权 218~219
    参见 职场
组织能力差 67
组织心理学 12, 166, 177
罪犯
    评估罪犯 195
    监狱 202~203
    罪犯特征分析 198
    庭审 200~201
尊重 137, 152, 153, 165
作态 73

致　　谢

DK出版社感谢凯瑟琳·希尔（Kathryn Hill）、娜塔莎·可汗（Natasha Khan）和安迪·舒德克（Andy Szudek）协助编辑工作；感谢亚历珊德拉·比登（Alexandra Beeden）负责校对工作；感谢海伦·彼得斯（Helen Peters）负责索引工作。

出版商谨此对同意复制照片的人士表示感谢。

(Key: a-above; b-below/bottom; c-centre; f-far; l-left; r-right; t-top)

33 Alamy Stock Photo: David Wall (bc). **39 Alamy Stock Photo:** Anna Berkut (r). **48 Alamy Stock Photo:** RooM the Agency (cra). **51 Alamy Stock Photo:** Chris Putnam (b). **57 Getty Images:** Mike Kemp (br). **63 iStockphoto.com:** PeopleImages (crb). **77 Getty Images:** danm (crb). **93 Alamy Stock Photo:** dpa picture alliance (r). **103 Alamy Stock Photo:** StockPhotosArt - Emotions (crb). **117 Alamy Stock Photo:** BSIP SA (cra). **121 iStockphoto.com:** Antonio Carlos Bezerra (cra). **136 Alamy Stock Photo:** Phanie (cl). **143 iStockphoto.com:** artisteer (tr). **154 iStockphoto.com:** Ales-A (crb). **159 Alamy Stock Photo:** ANZAV (crb). **180 Alamy Stock Photo:** Drepicter (ca). **189 iStockphoto.com:** Eraxion (cr). **193 iStockphoto.com:** DKart (cra). **196 Alamy Stock Photo:** Allan Swart (cr). **202 iStockphoto.com:** PattieS (ca). **217 Getty Images:** Plume Creative (br). **221 iStockphoto.com:** LanceB (b). **243 Alamy Stock Photo:** moodboard (br)

Cover images: Front: **123RF.com:** anthonycz cla, Chi Chiu Tse ca/ (Bottle), kotoffei cla/ (Capsules), Vadym Malyshevskyi cb/ (Brain), nad1992 cl, nikolae c, Supanut Piyakanont cra, cb, Igor Serdiuk cla/ (Spider), Marina Zlochin bc; **Dreamstime.com:** Amornme ca, Furtaev bl, Surachat Khongkhut crb, Dmitrii Starkov tr/ (cloud), Vectortatu tr

All other images © Dorling Kindersley
For further information see:
www.dkimages.com